重庆市骨干高等职业院校建设项目规划教材
重庆水利电力职业技术学院课程改革系列教材

工程测量

（修订本）

主　编　常允艳　陈志兰　徐　健
副主编　陈文玲　祝　婕　戴　卿
主　审　王大国

黄河水利出版社
·郑　州·

内容提要

本书是重庆市骨干高等职业院校建设项目规划教材、重庆水利电力职业技术学院课程改革系列教材之一，由重庆市财政重点支持，根据高职高专教育工程测量课程标准及理实一体化教学要求编写完成。本书主要内容包括：测量基础知识、水准测量、角度测量、距离测量、直线定向、测量误差的基本知识、控制测量、地形图测绘、施工测量基本工作、渠道测量和水工建筑物及水库测量等，重点突出高等职业技术教育培养应用型、技能型人才的教学要求。

本书可供高职高专水利水电建筑工程、水利水电工程管理、水利工程施工、农田水利工程、工业与民用建筑、给水排水工程专业教学使用，也可供土建类相关专业及建筑工程专业技术人员学习参考。

图书在版编目(CIP)数据

工程测量/常允艳，陈志兰，徐健主编.—郑州：黄河水利出版社，2016.11 （2024.1 修订本重印）
重庆市骨干高等职业院校建设项目规划教材
ISBN 978-7-5509-1591-6

Ⅰ.①水… Ⅱ.①常…②陈…③徐… Ⅲ.①工程测量-高等职业教育-教材 Ⅳ.①TB22

中国版本图书馆 CIP 数据核字(2016)第 302576 号

组稿编辑：王路平 电话：0371-66022212 E-mail：hhslwlp@163.com

出 版 社：黄河水利出版社 网址：www.yrcp.com
地址：河南省郑州市顺河路黄委会综合楼 14 层 邮政编码：450003
发行单位：黄河水利出版社
发行部电话：0371-66026940、66020550、66028024、66022620(传真)
E-mail：hhslcbs@126.com
承印单位：河南新华印刷集团有限公司
开本：787 mm×1 092 mm 1/16
印张：18.5
字数：430 千字 印数：2 001—2 500
版次：2016 年 11 月第 1 版 印次：2024 年 1 月第 2 次印刷
2024 年 1 月修订本

定价：43.00 元

前 言

按照“重庆市骨干高等职业院校建设项目”规划要求，水利水电建筑工程专业是该项目的重点建设专业之一，由重庆市财政支持、重庆水利电力职业技术学院负责组织实施。按照子项目建设方案和任务书，通过广泛深入的行业、市场调研，与行业、企业专家共同研讨，不断创新基于职业岗位能力的“三轮递进，两线融通”的人才培养模式，以水利水电建设一线的主要技术岗位核心能力为主线，兼顾学生职业迁徙和可持续发展需要，构建基于职业岗位能力分析的教学做一体化课程体系，优化课程内容，进行精品资源共享课程与优质核心课程的建设。经过三年的探索和实践，已形成初步建设成果。为了固化骨干建设成果，进一步将其应用到教学之中，最终实现让学生受益，经学院审核，决定正式出版系列课程改革教材，包括优质核心课程和精品资源共享课程等。

本书编写过程中，考虑到高等职业技术教育的教学要求，并借鉴高等院校现有《工程测量》教科书的体系，本着既要贯彻“少而精”，又力求突出科学性、先进性、针对性、实用性和注重技能培养的原则。本书主要内容包含测量基础知识、水准测量、角度测量、距离测量、直线定向、测量误差的基本知识、控制测量、地形图测绘、施工测量基本工作、渠道测量和水工建筑物及水库测量等。本书配套有《工程测量实训手册》（另册），主要包含水准测量、角度测量、距离测量、全站仪测量及施工放样等实训内容。本书采用新标准、新规范编写，并简要介绍了新方法、新技术的发展趋势。各专业可根据自身的教学目标及教学时数，对教材内容进行取舍。

为了不断提高教材质量，编者于 2024 年 1 月，根据国家及行业最新颁布的规范、标准等，以及近年来在教学实践中发现的问题和错误，对教材进行了全面修订完善。

本书由重庆水利电力职业技术学院与长江工程职业技术学院共同承担主要编写工作。本书由重庆水利电力职业技术学院常允艳、长江工程职业技术学院陈志兰、重庆水利电力职业技术学院徐健共同担任主编，并负责全书统稿；由长江工程职业技术学院陈文玲、祝婕，重庆水利电力职业技术学院戴卿担任副主编；由青海省电力设计院秦瑞，中南大学张猛，重庆水利电力职业技术学院谭娟、李淋玉、贺婷婷、邓晓、王文鑫、李华楠、张军红、谢立亚等参编。全书由西南科技大学王大国教授担任主审，谨此致以衷心的感谢！

由于编者水平有限，书中难免存在错漏和不足之处，恳请广大师生及专家、读者批评指正。

编 者

2024 年 1 月

目 录

项目一　测量基础知识

【学习目标】

掌握测量学的研究对象及三项基本工作任务；理解测量工作的基准面和基准线；理解测量坐标系的分类；理解水平面代替水准面的限度；掌握地面点位确定的方法及坐标系的分类；掌握测量工作的基本原则。

【重点】

地面点位的确定及坐标系的组成。

【难点】

高斯平面直角坐标系的形成。

任务一　测量的任务和作用

测量学是研究地球的形状和大小以及确定地面(包含空中、地下和海底)点位的科学。根据它的任务与作用,包括两个部分:

测定(测绘)——由地面到图形。指使用测量仪器,通过测量和计算,得到一系列测量数据,把地球表面的地形缩绘成地形图。

测设(放样)——由图形到地面。指把图纸上规划设计好的建筑物、构筑物的位置在地面上标定出来,作为施工的依据。

按照研究对象和研究范围的不同,测量学可划分为以下几个学科:

(1)大地测量学。是研究整个地球的形状和大小,解决大地区控制测量和地球重力场问题的学科。可分为常规大地测量学和卫星大地测量学。

(2)地形测量学。指主要研究测绘地形图的基本理论、技术与方法的学科。地形测量学的任务就是将地球表面的地物和地貌测绘成按一定比例尺和图式符号表示的地形图。

(3)摄影测量与遥感学。是研究利用摄影或遥感技术获取被测物体的形状、大小和空间位置(影像或数字形式),进行分析处理,绘制地形图或获得数字化信息的理论和方法的学科。

(4)工程测量学。主要是研究工程建设在规划、勘测设计、施工和运营管理各阶段所进行的测量工作。按工程建设的对象不同,工程测量又分为水利、建筑、公路、铁路、矿山、隧道、桥梁、城市和国防等工程测量。

(5)海洋测量学。是研究测绘海岸、水面及海底自然与人工形态及其变化状况的基本理论、技术和方法的学科。

(6)地图制图学。主要是利用测量所获得的成果资料,研究如何投影编绘和制印各种地图的测量工作。

水利工程建设也离不开测量工作,即水利工程测量。它属于工程测量学的范畴,它的主要任务是:

(1)为水利工程规划设计提供所需的地形资料,规划时需提供中、小比例尺地形图及有关信息,进行建筑物的具体设计时需提供大比例尺地形图。

(2)在工程施工阶段,要将图上设计好的建筑物按其位置、大小测设于地面,以便据此施工,称为施工放样。

(3)在施工过程中及工程建成后的运行管理中,都需要对建筑物的稳定性及变化情况进行监测——变形观测,确保工程安全。

任务二　地面点位置的确定

地面点位的确定,一般需要三个量。在测量工作中,我们一般用某点在基准面上投影的平面位置(x,y)和该点离基准面的高度(H)来确定。

一、测量基准面

(一)大地水准面

从地表水陆构成来看,陆地占29%,水域占71%,我们可以把地球看成是一个由海水包围着的球体。从地形上来看,地球表面高低起伏,极不规则,很难用数学公式来表达。

例如:我国西藏与尼泊尔交界处的珠穆朗玛峰最高海拔8 846.27 m,太平洋西部的马里亚纳海沟最低海拔11 022 m,但地球的半径大约是6 371 km,因此地球表面的起伏可以忽略不计。

铅垂线——地球上的任意一点都受到离心力和地球引力的双重作用,这两个力的合力称为重力,重力的方向线称为铅垂线。铅垂线是测量工作的基准线。

水准面——自由、静止的水面,它是受地球重力影响而形成的,一个处处与重力方向线垂直的连续曲面,是一个重力场的等位面。

大地水准面——设想由静止的平均海水面向陆地延伸形成的重力等位面(见图1-1)。大地水准面是一个封闭曲面,是唯一的,处处与铅垂线垂直,是高程的起算面。大地水准面是测量工作的基准面,是不能用数学公式表示的不规则曲面。

大地体——由大地水准面包围成的形体。

(二)参考椭球面

大量的测量实践证明,大地体并不是一个正球体,而是一个椭球体。

地球内部物质的密度分布不均匀,必然使地面各点的重力的大小和方向不同,从而引起各点的铅垂线方向发生不规则变化,而大地水准面处处与铅垂线垂直,以致大地水准面成为一个略有起伏的不规则表面。

为了测量计算和制图方便，我们采用一个规则的、与大地水准面非常接近的曲面来表示，这个曲面称为参考椭球面。该曲面包围的形体称为参考椭球体，它是由一个椭圆绕其短轴旋转而成的，所以也称旋转椭球体（见图1-2）。参考椭球的表面是一个规则的数学曲面，它是测量计算和投影制图所依据的面。参考椭球体的大小可以通过天文、大地、重力和卫星测量数据来推算。

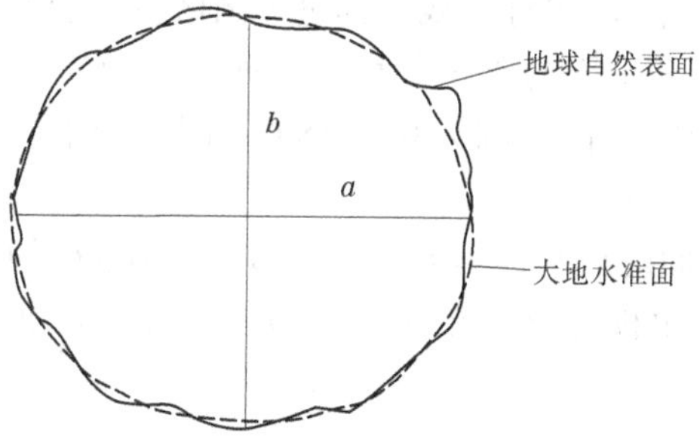

图1-1 大地水准面

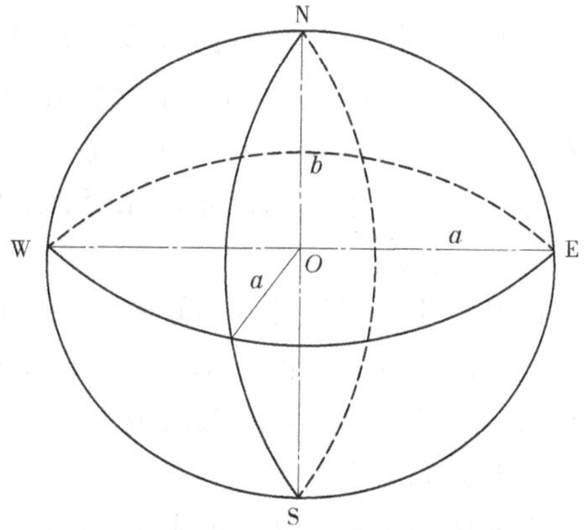

图1-2 旋转椭球体

参考椭球体的大小通常用椭球参数长半轴 a、短半轴 b、扁平率 f 来表示。

$$f = \frac{a - b}{a}$$

参考椭球体的数学表达式为

$$\frac{x^2}{a^2} + \frac{y^2}{a^2} + \frac{z^2}{b^2} = 1$$

新中国成立以来，我国曾采用克拉索夫斯基椭球参数（$a = 6\,378\,245$ m，$f = 1:298.3$），称为1954年北京坐标系，是从苏联联测延伸得到的。而后我国也采用国际大地测量与地球物理协会（IUGG）1975年十六届大会推荐的椭球数值，称为1980国家大地坐标系，其大地原点位于陕西省泾阳县永乐镇，椭球参数为

$$a = 6\,378\,140\ \text{m},\ b = 6\,356\,755\ \text{m},\ f = (a - b)/a = 1:298.257$$

我国从2008年7月1日起，启用2000国家大地坐标系，椭球参数为

$$a = 6\,378\,137\ \text{m},\ b = 6\,356\,752\ \text{m},\ f = (a - b)/a = 1:298.257\,222\,101$$

由于参考椭球的扁率很小，在普通测量中又近似地把大地视作圆球体，其半径采用与参考椭球同体积的圆球半径：$R = \frac{1}{3}(a + a + b) = 6\,371\ \text{km}$。当测区范围较小时，又可以将该部分球面当成平面看待，亦即将水准面当成平面看待，称为水平面。

二、地面点位置的表示方法

测量上将空间坐标系分解成确定点的球面位置的坐标系（二维）和高程系（一维）。确定点的球面位置的坐标系有地理坐标系、地心空间直角坐标系和平面直角坐标系三类。

(一)地理坐标系

地理坐标系又可分为天文地理坐标系和大地地理坐标系两种。

1. 天文地理坐标系

天文地理坐标又称天文坐标,表示地面点在大地水准面上的位置,它的基准是铅垂线和大地水准面,它用天文经度 λ 和天文纬度 φ 两个参数来表示地面点在球面上的位置(见图 1-3)。

过地面上任一点 P 的铅垂线与地球旋转轴 NS 所组成的平面称为该点的天文子午面,天文子午面与大地水准面的交线称为天文子午线,也称经线。称过英国格林尼治天文台 G 的天文子午面为首子午面。过 P 点的天文子午面与首子午面的二面角称为 P 点的天文经度。在首子午面以东为东经,以西为西经,取值范围为 0°~180°。同一子午线上各点的经度相同。

过 P 点垂直于地球旋转轴的平面与地球表面的交线称为 P 点的纬线,过球心 O 的纬线称为赤道。过 P 点的铅垂线与赤道平面的夹角称为 P 点的天文纬度。在赤道以北为北纬,在赤道以南为南纬,取值范围为 0°~90°。

2. 大地地理坐标系

大地地理坐标又称大地坐标,是表示地面点在参考椭球面上的位置,它的基准是法线和参考椭球面,用大地经度和大地纬度表示(见图 1-4)。

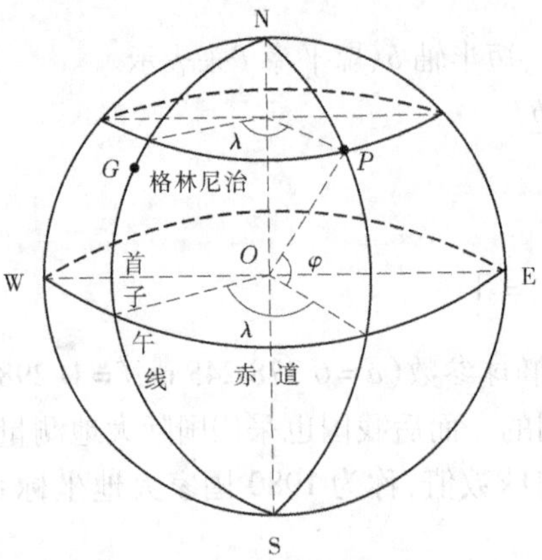

图 1-3 天文地理坐标系

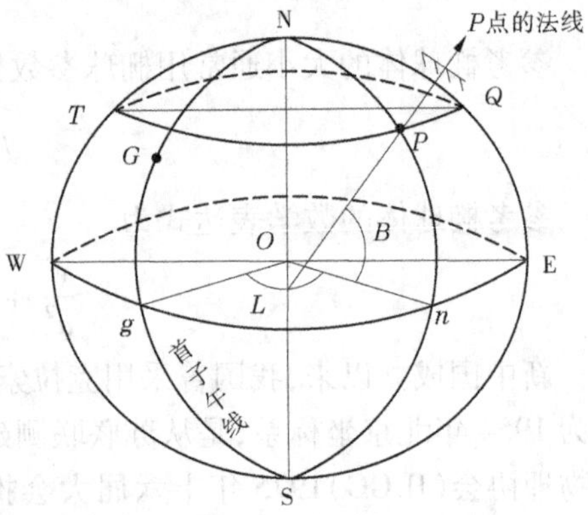

图 1-4 大地地理坐标系

P 点大地经度:过 P 点的大地子午面和首子午面所夹的两面角。

P 点大地纬度:过 P 点的法线与赤道面的夹角。

注:(1)大地经度、纬度是根据起始大地点(又称大地原点,该点的大地经纬度与天文经纬度一致)的大地坐标,按大地测量所得的数据推算而得的。

(2)由于天文坐标和大地坐标选用的基准线和基准面不同,所以同一点的天文坐标与大地坐标不一样,不过这种差异很小,在普通测量工作中可以忽略。

3. 我国常用的坐标系统

我国以陕西省泾阳县永乐镇大地原点为起算点,由此建立的大地坐标系称为 1980 国家大地坐标系,又称 1980 西安坐标系,简称 80 系或西安系。

通过与苏联1942年普尔科沃坐标系联测，经我国东北传算过来的坐标系称为1954北京坐标系，其大地原点位于苏联列宁格勒天文台中央。

WGS-84坐标系：WGS的英文意义是World Geodetic System（世界大地坐标系），它是美国国防部为进行GPS导航定位于1984年建立的地心坐标系，于1985年投入使用。在实际测量工作中很少直接使用WGS-84坐标系，而是将其转换成其他坐标系再使用。

WGS-84椭球采用国际大地测量与地球物理联合会第十七届大会测量常数推荐值，采用的两个常用基本几何参数：长半轴 $a=6\ 378\ 137$ m；扁率 $f=1:298.257\ 223\ 563$。

（二）地心空间直角坐标系

地心空间直角坐标系的原点设在地球椭球的中心 O，用相互垂直的 x、y、z 三个轴表示，x 轴通过起始子午面与赤道的交点，z 轴与地球旋转轴重合，形成右手坐标系，如图1-5所示。

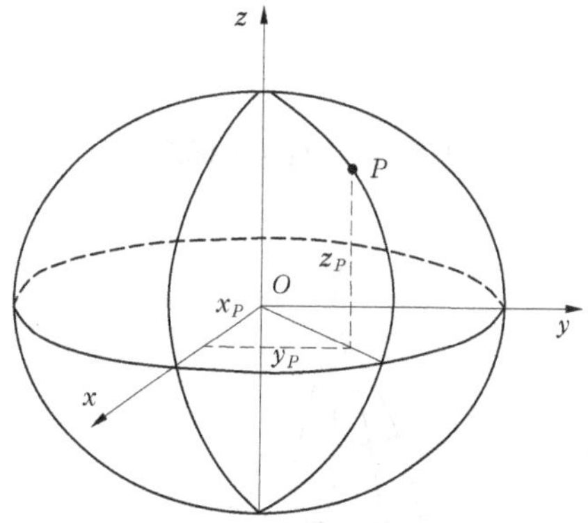

图1-5 地心空间直角坐标系

（三）平面直角坐标系

1. 独立直角坐标系

在小范围进行测量工作时，可用水平面作为基准面，平面直角坐标系的原点以 O 表示（见图1-6）。通过 O 点的南北方向线为 x 轴（纵轴），向北为正，向南为负；通过 O 点而垂直于 x 轴的东西方向线为 y 轴（横轴），向东为正，向西为负。象限次序按顺时针方向排列。为了避免测区内各点的坐标出现负值，通常将原点 O 选在测区西南角上，使地面各点都投影于第Ⅰ象限内。如图1-6所示，地面点 A、B 的位置分别用平面直角坐标 (x_A, y_A)、(x_B, y_B) 表示；该两点的坐标之差称为坐标增量，以 Δx、Δy 表示。坐标增量可以通过测量有关距离和角度进行计算求得。

2. 高斯平面直角坐标

在大范围进行测量工作时，由于水平面和水准面存在较大的差异，所以不能用水平面代替水准面。应将地面点投影到椭球面上，再按一定的条件投影到平面上，形成统一的平面直角坐标系。我国现采用的是高斯-克吕格投影方法，该方法是按一定经差将地球椭球面划分成若干投影带，如图1-7所示。

再将每一带投影到平面上，以中央子午线的投影为纵轴，赤道线的投影为横轴，建立统一的平面直角坐标系，如图1-8所示。

分带时，既要考虑投影后长度变形不大，又要使带数不至于过多以减小换带计算工作，通常按经差6°或3°分为六度带或三度带。六度带自0°子午线起每隔经差6°自西向东分带，将整个地球分成60个投影带。用第1、第2、第3、…、第60表示投影带的带号，如图1-9所示。三度带是在六度带的基础上分成的，它的中央子午线与六度带的中央子午线和分带子午线重合，即自东经1.5°子午线起每隔经差3°自西向东分带，将整个地球分成120个投影带，用第1、第2、第3、…、第120表示投影带的带号。

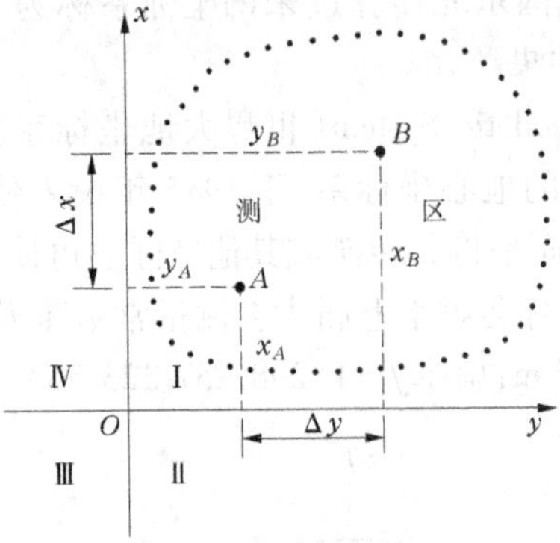

图 1-6 独立直角坐标系

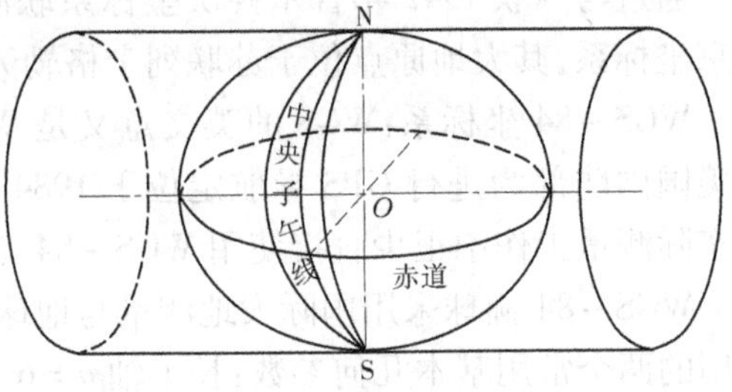

图 1-7 高斯投影

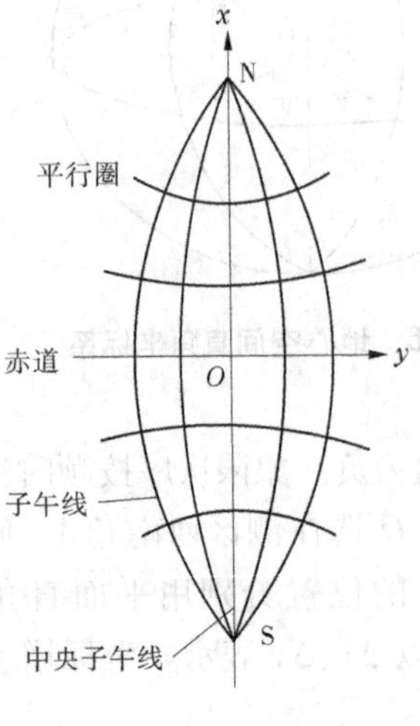

图 1-8 高斯平面直角坐标系

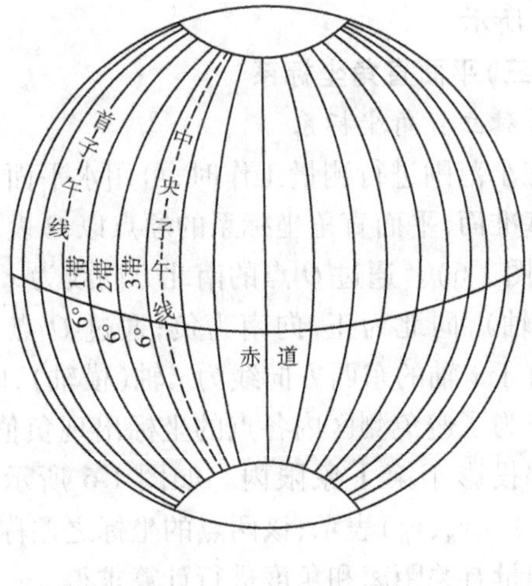

图 1-9 六度带

六度带中任意带的中央子午线经度 L_0 为

$$L_0 = 6N - 3$$

式中,N 为 6°投影带的带号,如图 1-10 所示。

三度带中任意带的中央子午线经度划为

$$L_0 = 3n$$

式中,n 为 3°投影带的带号,如图 1-10 所示。

【例 1-1】 已知某六度带带号为 $N = 21$,问此带的范围是多少?

$$L_0 = 6° \times N - 3 = 123°$$

往东移 3°,往西移 3°,范围为 120° ~126°。

若已知某点的经度,如何确定该点所在的投影带及其中央子午线的经度?

$$N = \mathrm{INT}\left[\frac{L}{6}\right] + 1$$

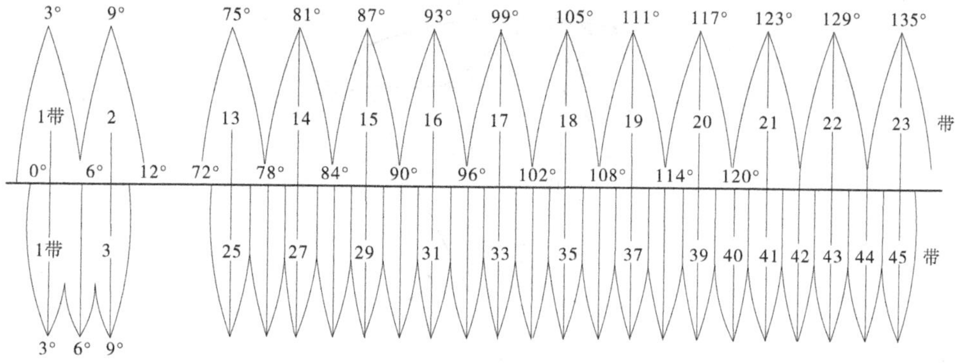

图 1-10 分带投影

【例 1-2】 已知某点 P 的经度为 113°26′($L_P = 113°26'$),问点 P 的六度带带号为多少?

$$113°26' \div 6 = 18.9°;N = 18 + 1 = 19$$

注:六度带可以满足中、小比例尺测图精度的要求(1:25 000 以上)。对于更大比例尺的地图,则要用三度带。

高斯平面直角坐标以赤道为零起算,赤道以北为正,以南为负。我国位于北半球,纵坐标均为正,横坐标有正有负。为了使用方便,避免横坐标出现负值,规定将坐标纵轴西移500 km 当作起始轴。带内的横坐标值均加500 km。设 A 点 $x_A = 3\ 281\ 547.56$ m, $y_A = -298\ 541.12$ m,则横坐标为 $y_A = (-298\ 541.12) + 500\ 000 = 201\ 458.88$(m)。前者称为自然值,后者称为统一值。因为不同投影带内的点可能会有相同坐标值,也为了标明其所在投影带,规定在横坐标前冠以带号。例如 A 点位于第 15 带,则横坐标为 $y_A = 15\ 201\ 458.88$ m。

(四)高程系统

1. 绝对高程

地面点沿铅垂线方向至大地水准面的距离称为绝对高程,亦称为海拔。在图 1-11 中,地面点 A 和 B 的绝对高程分别为 H_A 和 H_B 。

由于受潮汐、风浪等影响,海水面是一个动态的曲面。它的高低时刻在变化,我国规定以黄海平均海水面作为我国的大地水准面。我国的验潮站设立在青岛,并在观象山建立了水准原点。经过多年观测后,1956 年得到从水准原点到验潮站的平均海水面高程为72.289 m。这个高程系统称为 1956 年黄海高程系统,全国各地的高程都是以水准原点为基准得到的。

20 世纪 80 年代,我国根据验潮站多年的观测数据,又重新推算了新的平均海水面,由此测得水准原点的高程为 72.260 m,称为 1985 年国家高程基准。

2. 相对高程

地面点沿铅垂线方向至任意水准面的距离称为该点的相对高程,亦称为独立高程(用 H' 表示)。在图 1-11 中,地面点 A 和 B 的相对高程分别为 H_A' 和 H_B',两点高程之差称为高差,以符号"h"表示。图 1-11 中,A、B 两点的高差为:$h_{AB} = H_B - H_A = H'_B - H'_A$。

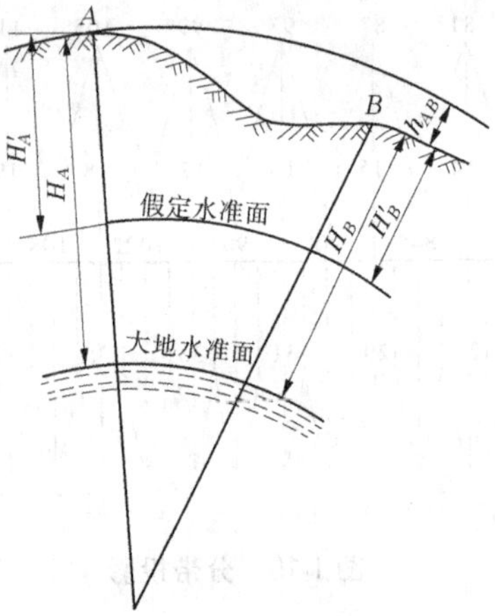

图 1-11 高程系统

在测量工作中,一般采用绝对高程,只有在偏僻地区,没有已知绝对高程点或相对独立的地区时,才采用相对高程。

任务三 用水平面代替水准面的限度

一、地球曲率对水平距离的影响

如图 1-12 所示,设地面上有 A、B 两点,在球面上的投影分别为 a、b,在水平面上的投影为 a、b'。若以平面上的距离 $ab'(D')$ 代替球面上的距离 $ab(D)$,其误差为 ΔD,则

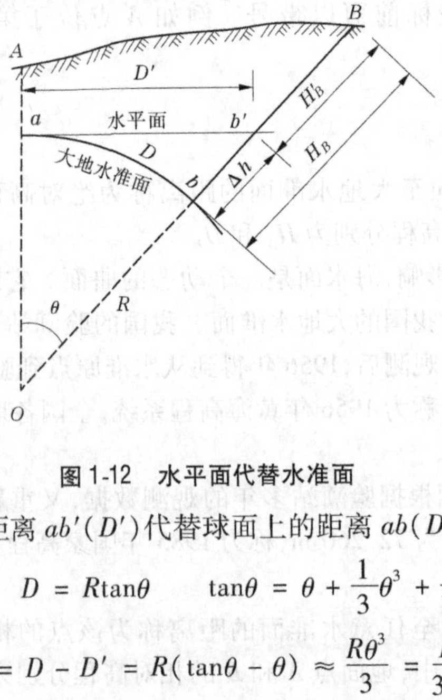

图 1-12 水平面代替水准面

$$D' = R\theta \qquad D = R\tan\theta \qquad \tan\theta = \theta + \frac{1}{3}\theta^3 + \frac{2}{15}\theta^5 + \cdots$$

$$\Delta D = D - D' = R(\tan\theta - \theta) \approx \frac{R\theta^3}{3} = \frac{D^3}{3R^2}$$

即
$$\frac{\Delta D}{D}=\frac{D^2}{3R^2}$$
式中,$R=6\ 371$ km ,θ 为弧长 D 所对的圆心角,用不同的 D 代入上式,结果见表 1-1。

表 1-1 用水平面代替水准面对距离的影响

距离 D(km)	距离误差 ΔD(cm)	相对误差 $\Delta D/D$	距离 D(km)	距离误差 ΔD(cm)	相对误差 $\Delta D/D$
10	8	1:122 000	50	102.7	1:49 000
25	12.8	1:200 000	100	821.2	1:12 000

结论:在 10 km 为半径的范围内进行距离测量时,可用水平面代替水准面,即不考虑地球曲率对距离的影响。

二、地球曲率对高程的影响

从图 1-12 中可看出:B 点在水准面和水平面上的投影分别为 b 和 b',b 和 b'两点的高程显然是不同的,从图中可以看出,高程差值为 Δh:
$$R^2+D^2=(R+\Delta h)^2 \qquad D^2=2R\Delta h+\Delta h^2$$
$\Delta h=\dfrac{D^2}{2R+\Delta h}$,$\Delta h$ 与 $2R$ 相比很小,可忽略不计,所以
$$\Delta h=\frac{D^2}{2R}$$
用不同的 D 代入上式,结果见表 1-2。

表 1-2 用水平面代替水准面对高程的影响

D(m)	100	200	500	1 000
Δh(mm)	0.8	3.1	19.6	78.5

结论:在高程测量中,即使距离很短也应用水准面作为基准面,即必须考虑地球曲率的影响。

三、地球曲率对水平角的影响

如果把水准面近似地看作圆球面,则野外实测的水平角应为球面角,三点构成的三角形应为球面三角形。这样用水平面代替水准面之后,角度就变成用平面角代替球面角,三角形就变成用平面三角形代替球面三角形。由于球面三角形三内角之和不等于 180°,所以这样代替的结果必然产生角度误差 ε(球面角超)。ε 的计算公式为
$$\varepsilon=\frac{P}{R^2}\rho$$
式中,$\rho=206\ 265''$,P 为球面三角形的面积,以不同的 P 值代入上式,结果见表 1-3。

表 1-3 用平面代替水准面对角度的影响

面积 P(km^2)	10	100	1 000	10 000
角度误差 $\Delta\alpha$($''$)	0.02	0.17	1.69	16.91

从表1-3中的数值可以看出，用水平面代替水准面产生的角度误差影响是很小的。对水平角测量来说，一般工程测量中可以用水平面代替球面。

任务四　测量的基本工作

一、测量的基本工作

在测量工作中，地面点的三维坐标(x,y,H)一般是间接测出的。设A、B、C为地面上的三点（如图1-13所示），投影到水平面上的位置分别为a、b、c。如果A点的位置已知，要确定B点的位置，需要确定B点到A点在水平面上的水平距离D_{AB}和B点位于A点的方位。图中ab的方向可用通过a点的指北方向与ab的夹角（水平角）α表示，有了D_{AB}和α，B点在图中的平面位置b就可以确定。由于A、B两点的高程不同，除平面位置外，还要知道它们的高低关系，即A、B两点的高程H_A、H_B或A、B两点间的高差H_{AB}，这样B点的位置就完全确定了。如果还要确定C点在图中的位置c，则需要测量BC在水平面上的水平距离D_{BC}及过b点相邻两边的水平夹角β以及H_C或H_{BC}。

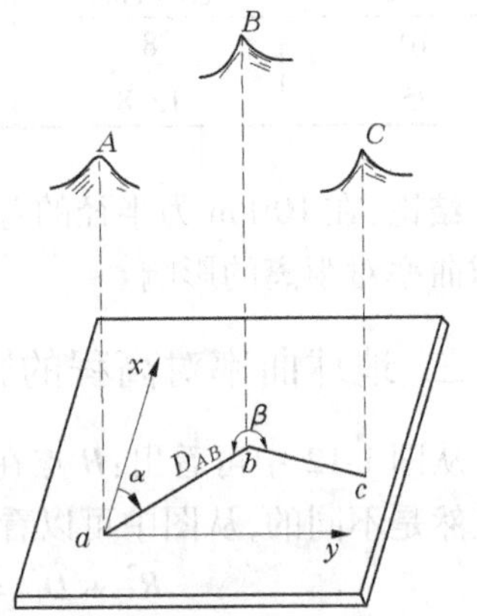

图1-13　测量基本工作

由此可知，水平距离、水平角及高程是确定地面点相对位置的三个基本几何要素。测量地面点的水平距离、水平角及高程是测量的基本工作。

二、测量的基本原则

无论是测绘地形图还是施工放样测量，要在某一点上测绘该地区所有的地物和地貌或测设建筑物的全部细部是不可能的。所以，测量工作必须按照一定的原则进行，这就是在布局上“由整体到局部”，在工作步骤上“先控制后碎部”，即先进行控制测量，然后进行碎部测量。

项目小结

本章主要讲述了测量学的基本概念和确定地面点所必需的坐标系，具体有下面一些基本内容：

(1)测量学的概念及测量学科分类。

(2)测量学中常用的确定地面点位置的两种三维坐标系，一种是地心空间直角坐标系，一种是地面点的大地坐标系。地面点的位置表示还可以用二维坐标和一维高程综合表示空间位置，介绍了平面坐标系和高程系，并对我国的高程系做了说明。

(3)介绍了基本测量工作和测量的基本原则。

项目考核

一、选择题

1. 已知地面两点距离为 11 km，则求得用水平面代替水准面对距离的影响是(　　)。

A. 10.93 mm　　B. 109.3 mm　　C. 15.32 mm　　D. 1.093 mm

2. 地球最高峰——珠穆朗玛峰的绝对高程约是(　　)。

A. 8 868 m　　B. 8 846 m　　C. 8 688 m　　D. 8 488 m

3. 测量中的大地水准面指的是(　　)。

A. 近似的、静止的、平均的、处处与重力方向垂直的海平面

B. 静止的、平均的、处处与重力方向垂直的海水面

C. 近似的、静止的、平均的、处处与重力方向垂直的封闭曲面

D. 静止的、平均的、处处与重力方向垂直的封闭曲面

4. 在高斯投影中，离中央子午线越远，则变形(　　)。

A. 越大　　B. 越小

C. 不变　　D. 北半球越大，南半球越小

5. 在半径为 10 km 的圆面积之内进行测量时，不能将水准面当作水平面看待的是(　　)。

A. 距离测量　　B. 角度测量　　C. 高程测量　　D. 以上答案都不对

6. 已知 A 点的 1956 年黄海高程系高程为 $H_A = 162.229$，若把该点换算成 1985 年国家高程基准的高程应该是(　　)。

A. 162.229　　B. 162.200　　C. 162.258　　D. 89.969

7. 测量工作的基准面是(　　)。

A. 水平面　　B. 水准面　　C. 大地水准面　　D. 参考椭球面

8. 地面点沿铅垂线方向到任意水准面的距离称为(　　)。

A. 相对高程　　B. 绝对高程　　C. 大地高　　D. 力高

9. 关于测量坐标系和数学坐标系的描述中，正确的是(　　)。

A. 测量坐标系的横轴是 x 轴，纵轴是 y 轴

B. 数学坐标系的象限是顺时针排列的

C. 数学坐标系中的平面三角形公式，只有通过转换后才能用于测量坐标系

D. 在测量坐标系中，一般用纵轴表示南北方向，横轴表示东西方向

10. 在高斯平面直角坐标系中，已知某点的通用坐标为 $x = 3\ 852\ 321.456$ m，$y = 38\ 436\ 458.167$ m，则该点的自然坐标是(　　)。

A. $x = 3\ 852\ 321.456$ m，$y = 8\ 436\ 458.167$ m

B. $x = 52\ 321.456$ m，$y = 38\ 436\ 458.167$ m

C. $x = 3\ 852\ 321.456$ m，$y = -436\ 458.167$ m

D. $x = 3\ 852\ 321.456$ m，$y = -63\ 541.833$ m

二、判断题

1. 地面点到黄河入海口平均海水面的垂直距离称为绝对高程。 ( )

2. 水准面处处与重力方向垂直。 ( )

3. 从赤道面起,向北0°~180°称为北纬;向南0°~180°称为南纬。 ( )

4. 测量上是用地面某点投影到参考曲面上的位置和该点到大地水准面的铅垂距离来表示该点在地球上的位置。为此,测量上将空间坐标系分解为平面坐标系(二维)和高程系(一维)。 ( )

5. P 点位于第20带内,其横坐标为 $y_P = -58\ 269.593$ m,则有 $Y_P = 20\ 441\ 731.407$ m。 ( )

6. 我国从2008年7月1日开始,启用2000国家大地坐标系。 ( )

7. 2000国家大地坐标系是地心坐标系,坐标原点位于地球质量中心,坐标轴指向与国际上定义的一致。 ( )

8. 在半径为10 km的区域,地球曲率对水平距离的影响可以忽略不计,但不能忽略地球曲率对高差的影响。 ( )

9. 测量坐标系中,象限的编号顺序为逆时针方向。 ( )

10. 在我国领土范围内,统一六度带与统一三度带的投影带号不重叠。 ( )

三、问答题

1. 什么是绝对高程、相对高程、高差?

2. 什么是大地体及大地水准面?

3. 测量学中的平面直角坐标系和数学上的平面直角坐标系有何不同?

4. 高斯平面直角坐标系是怎么建立的?

5. 测量的基本原则是什么?

6. 表示地面点位的坐标系有哪些?

7. 已知点 M 位于东经117°47′,计算它所在投影带的六度带号和三度带号。

项目二　水准测量

【学习目标】

理解水准测量的原理，运用原理解决实际问题，培养学生助人为乐的良好习惯和团结合作的团队精神。

【重点】

水准测量的原理、施测方法及成果整理。

【难点】

水准测量原理的应用。

水准测量，是用水准仪和水准尺测定地面上两点间高差的方法。在地面两点间安置水准仪，观测竖立在两点上的水准标尺，按尺上读数推算两点间的高差。通常由水准原点或任一已知高程点出发，沿选定的水准路线逐站测定各点的高程。

任务一　水准测量原理

一、基本原理

水准测量的原理是利用水准仪提供的一条“水平视线”，在两点上竖立带有刻划的标尺上读数，以测量两点间的高差，从而再由已知点高程推算出未知点高程。

如图 2-1 所示，在 A、B 两点上竖立带有刻划的标尺（此标尺通常称为水准尺），在 A、B 两点之间安置一台能够提供水平视线的仪器（此仪器称为水准仪），然后由水准仪提供的水平视线分别读出 A 点在标尺上的读数 a 和 B 点在标尺上的读数 b，若已知 A 点高程为 H_A，则 A、B 两点间高差为

$$h_{AB} = a - b = H_B - H_A \tag{2-1}$$

则有

$$H_B = H_A + h_{AB} \tag{2-2}$$

测量前进的方向通常是从已知点 A 向未知点 B 方向前进的，所以前进方向是与其高差 h_{AB} 的下标 AB 的方向是一致的。通常我们把 h_{AB} 称为 A 点到 B 点的高差。因此，图 2-1 中 a 为后视读数，A 为后视点，b 为前视读数，B 为前视点。

高差总是等于后视读数减去前视读数，所以：

如果 $a > b$，则有

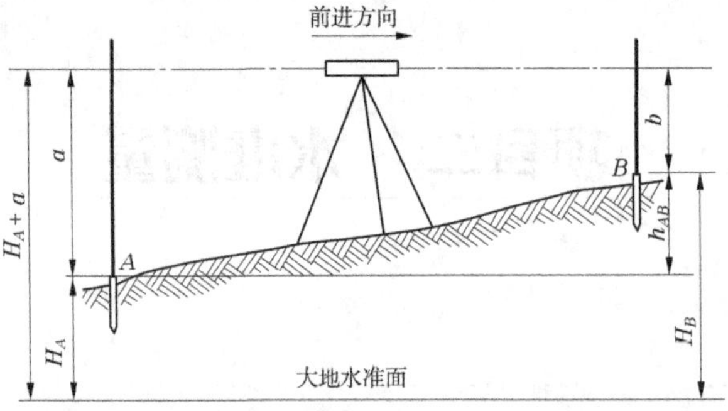

a—后视读数；b—前视读数；A—后视点；B—前视点；

H_A+a—视线高程；H_A—后视点高程；H_B—前视点高程；h_{AB}—A点与B点之间高差

图2-1 水准测量基本原理

$$h_{AB}=a-b>0 \tag{2-3}$$

后视读数大于前视读数，则表明 B 点高于 A 点，由 A 向 B 前进为向上走；

如果 $a<b$，则有

$$h_{AB}=a-b<0 \tag{2-4}$$

后视读数小于前视读数，则表明 B 点低于 A 点，由 A 向 B 前进为向下走。

高差有正负之分，并且有

$$h_{AB}=-h_{BA} \tag{2-5}$$

高程计算方法主要有高差法和视线高法两种。

高差法是指直接由高差计算未知点高程的方法。

高差法的高程是通过高差传递的，测得两点间高差 h_{AB} 后，由已知的 A 点高程 H_A，可求得 B 点的高程为

$$H_B=H_A+h_{AB} \tag{2-6}$$

视线高法是利用视线高程推算未知点高程的方法。视线高法的高程是通过视线高传递的，当安置一次仪器需要求出多个点的高程时，视线高法则比高差法更为方便，更具优势。

由图2-1可以知道，后视点 A 的高程加后视读数 a 就可以得到仪器的水平视线的高程，用 H_i 表示，即

$$H_i=H_A+a \tag{2-7}$$

由此得到 B 点的高程等于视线高减去前视读数 b，则有

$$H_B=H_i-b=H_A+a-b \tag{2-8}$$

二、连续水准测量

测量过程中，通常将安置仪器的地方称为测站；两相邻水准点间的水准测线称为测段；将水准点或其他高程点包含在水准路线中的观测称为联测；自路线中任一水准点起，至其他任何固定点的观测称为支测；新设水准路线中任一点连接其他水准路线上水准点的观测称为接测。检查已测高差的变化是否符合规定而进行的观测称为检测；因成果质量不合格而重新进行的观测称为重测。每隔一定时间对已测水准路线进行的水准测量称

为复测。

当地面上两点的距离较远，或两点间的高差太大时，仅放置一次仪器已不能测定其高差，此时就需增设若干个临时传递高程的立尺点，作为传递高程的过渡点，称为转点（简记为 TP），依次连续地在转点间安置水准仪以测定相邻转点间的高差，最后取各个高差的代数和，便可得到起终两点间的高差，这种方法称为连续水准测量。将连续水准测量所经过的路线称为水准测量路线，简称水准路线。

如图 2-2 所示，在实际水准测量中，A、B 两点间高差较大或相距较远，安置一次水准仪不能测定两点之间的高差。此时则需要沿 A、B 的水准路线增设若干个必要的临时立尺点，即转点（用作传递高程）。根据水准测量的原理依次连续地在两个立尺点中间安置水准仪来测定相邻各点间高差，再求和得到 A、B 两点间的高差值：

$$\begin{aligned} h_1 &= a_1 - b_1 \\ h_2 &= a_2 - b_2 \\ &\vdots \\ h_n &= a_n - b_n \end{aligned} \tag{2-9}$$

则

$$h_{AB} = h_1 + h_2 + \cdots + h_n = \sum h = \sum a - \sum b \tag{2-10}$$

若两点间为 n 站，则 A、B 两点间的高差 h_{AB} 为

$$h_{AB} = \sum_{i=1}^{n} h_i = \sum_{i=1}^{n} a_i - \sum_{i=1}^{n} b_i \tag{2-11}$$

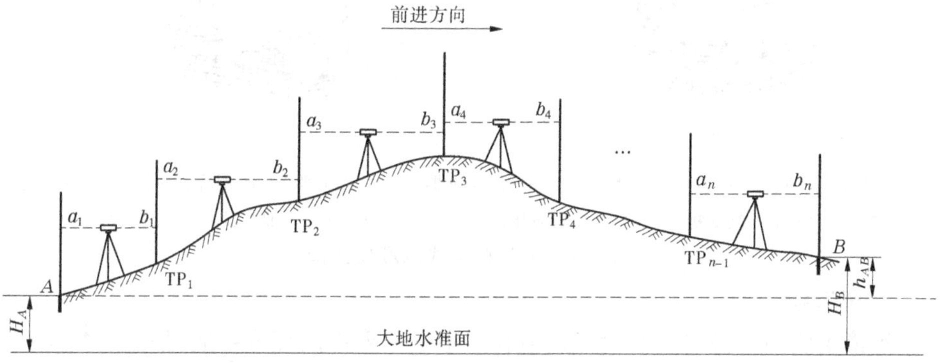

图 2-2　连续水准测量

所以，A、B 两点间的高差 h_{AB} 等于所有后视读数 a 之和减去所有前视读数 b 之和。由连续水准测量的过程可以知道，两个水准点之间设置的转点，是为了保证正确地传递高程，因此要求在相邻站的观测过程中，必须使转点保持稳定不动。

任务二　水准测量的仪器和工具

水准仪是为水准测量提供水平视线的仪器，其配套工具有水准尺和尺垫。

目前，我国水准仪按其精度分为 DS_{05}、DS_1、DS_3 和 DS_{10} 等几个等级。“D”“S”分别为“大地测量”“水准仪”的汉语拼音第一个字母，下标 05、1、3 和 10 表示水准仪精度，即每千米水准测量高差中数的偶然中误差。下标数字越小，对应仪器精度越高。进口的水准仪型号比较多，也没有此种规律。

在国产水准仪中，DS_{05} 和 DS_1 属于精密水准仪，DS_3 及 DS_{10} 为普通水准仪，其中 DS_3 水准仪应用较为广泛，如国家三等水准测量、四等水准测量、建筑工程测量和地形测量等。本次任务重点介绍 DS_3 型水准仪。

一、DS_3 微倾式水准仪的构造

如图 2-3 所示，DS_3 微倾式水准仪主要由望远镜、水准器及基座三部分组成。仪器通过基座与三脚架连接，支承在三脚架上，基座装有三个脚螺旋，用以粗略整平仪器。望远镜旁装有一个管水准器（亦称水准管），转动望远镜上的微倾螺旋，可使望远镜做微小的上仰下俯，管水准器也随之上仰下俯，当管水准器的气泡居中时，则望远镜视线水平。仪器在水平方向的转动，是由水平制动螺旋和水平微动螺旋控制的。

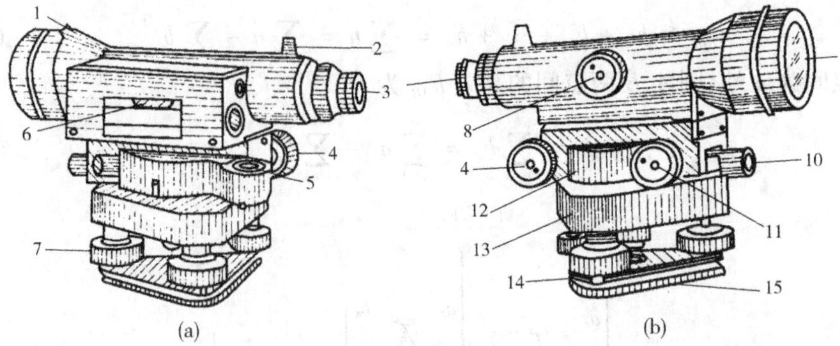

1—准星；2—缺口；3—目镜；4—微倾螺旋；5—圆水准器；6—管水准器；7—脚螺旋；8—物镜调焦螺旋；9—物镜；10—水平制动螺旋；11—水平微动螺旋；12—旋转轴平台；13—轴座；14—三角压板；15—底板

图 2-3 DS_3 微倾式水准仪结构

（一）望远镜

望远镜主要由物镜、目镜、对光透镜和十字丝分划板四部分组成，如图 2-4 所示。

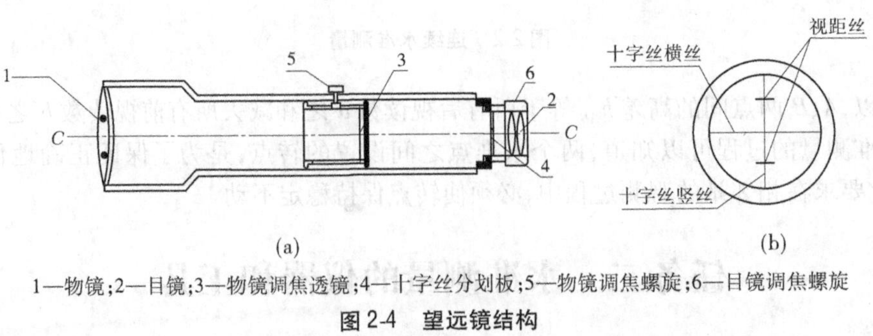

1—物镜；2—目镜；3—物镜调焦透镜；4—十字丝分划板；5—物镜调焦螺旋；6—目镜调焦螺旋

图 2-4 望远镜结构

物镜和目镜多采用复合透镜组。物镜的作用是和调焦透镜一起将远处的目标在十字

丝分划板上形成缩小而明亮的实像;目镜的作用是将物镜所形成的实像与十字丝一起放大成虚像。

十字丝:是用来瞄准目标和读数的,其形式一般如图 2-4(b)所示。一般在玻璃平板上刻有相互垂直的纵横细线,称为横丝(又叫中丝)和纵丝(又叫竖丝)。与横丝平行而距离相等的上下两根短细线,称为视距丝,用于测量距离。当十字丝分划线成像不清晰时,可以调节目镜调焦螺旋使其变清晰。

视准轴:十字丝的交点和物镜光心的连线通常称为视准轴,视准轴也是用以瞄准和读数的视线。水准测量就是在视准轴水平时,用十字丝的中丝在水准尺上截取读数的。

如图 2-5 所示,根据几何光学原理可知,目标经过物镜及对光透镜的作用,在十字丝附近成一倒立实像。物镜和目镜多采用复合透镜组,目标 AB 经过物镜成像后形成一个倒立而缩小的实像 ab,移动对光透镜,可使不同距离的目标均能清晰地成像在十字丝分划板上。再通过目镜的作用,便可看清同时放大了的十字丝和目标影像 $a'b'$。由于目标离望远镜的远近不同,借转动对光螺旋使对光透镜在镜筒内前后移动,即可使其实像恰好落在十字丝平面上,再经过目镜的作用,将倒立的实像和十字丝同时放大,这时倒立的实像成为倒立而放大的虚像。

望远镜的放大率 V:经过望远镜放大的虚像与用眼睛直接看到目标大小的比值。国产 DS_3 型水准仪望远镜的放大率一般为 30 倍。

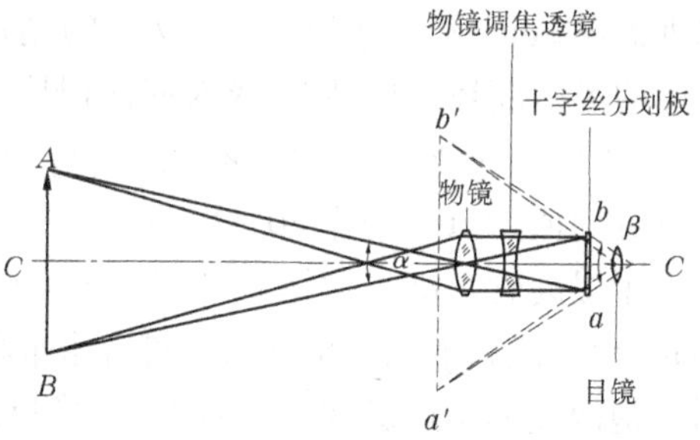

图 2-5　望远镜成像原理

为了使不同视力的人都能看到落在十字丝分划板上的清晰影像,目镜上配有对光螺旋,旋转目镜对光螺旋,调节目镜与十字丝分划板的距离,以使不同视力的人看清十字丝。也就是旋转目镜看清十字丝,旋转对光螺旋,看清落在十字丝分划板上的清晰影像。

(二)水准器

水准器分为管水准器和圆水准器两种。水准器是用以整平仪器的装置,使仪器竖轴竖直。

1. 管水准器

管水准器(又称水准管)用于精确整平仪器,由一个内表面磨成圆弧的玻璃管制成。它是一玻璃管,其纵剖面方向的内壁被研磨成一定半径的圆弧形,管水准器上一般刻有间隔为 2 mm 的分划线,分划线的中点 O 称为管水准器零点,通过零点与圆弧相切的纵向切线 LL 称为管水准器轴。管水准器轴平行于视准轴。当气泡两端与零点对称时,即气泡中点与水准管零点重合时称为气泡居中,这时水准管轴 LL 一定处于水平位置,如图 2-6 所示。

水准管上气泡中心偏离零点 2 mm 所对的圆心角,称为水准管的分划值,用 τ 表示,即

$$\tau = \frac{2\ \text{mm}}{R}\rho \tag{2-12}$$

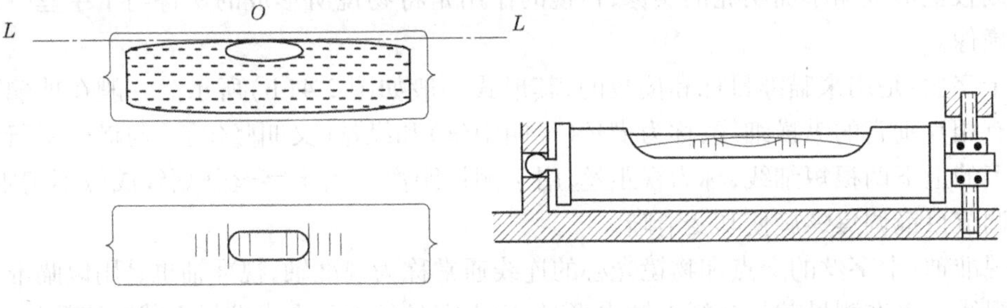

图 2-6　管水准器

式中　τ——管水准器分化值(″)；

R——管水准器圆弧半径，mm；

ρ——一弧度的秒值，$\rho=206\ 265''$。

管水准器分化值(见图 2-7)与圆弧半径成反比，半径 R 越大，分化值 τ 越小，整平的精度越高，气泡移动也越灵活。所以，一般把水准气泡移动到最高点的能力称为水准器的灵敏度。因此，管水准器分划愈小，管水准器灵敏度愈高，用其整平仪器的精度也愈高。水准器的灵敏度还与管水准器内壁面研磨质量、气泡长度、液体性质和温度等因素有关。DS_3 型水准仪的水准管分划值为 20″，记作 20″/2 mm。

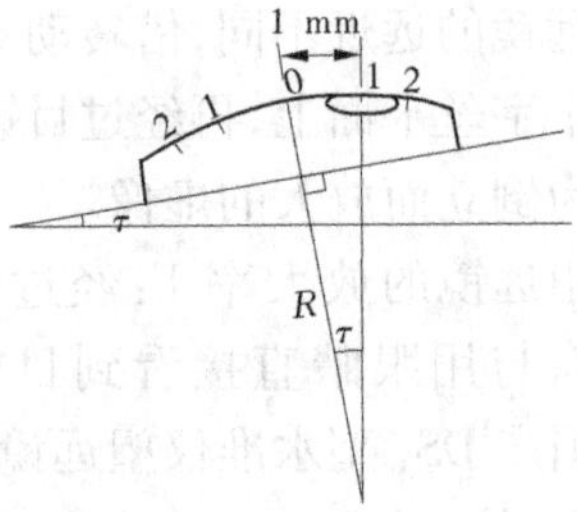

图 2-7　管水准器分化值

为了提高管水准器气泡居中的精度，水准仪很多采用符合水准器，如图 2-8 所示。符合水准器是管水准器上方设置的一组符合棱镜，三次反射气泡两端的半边影像，之后使其影像反映在望远镜的符合水准器的放大镜内，用于指示气泡是否居中。如果气泡不居中，在放大镜内看到的气泡两半边影像是错开的，如图 2-9(a)、(b)所示，当转动微倾螺旋使气泡两半边的影像吻合时，则气泡完全居中，如图 2-9(c)所示。

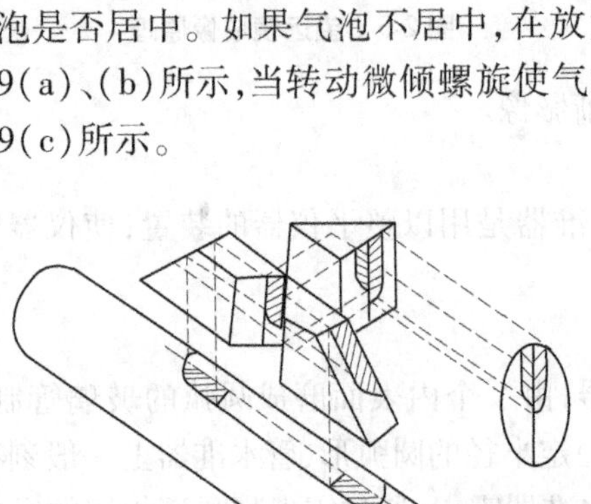

图 2-8　符合水准器

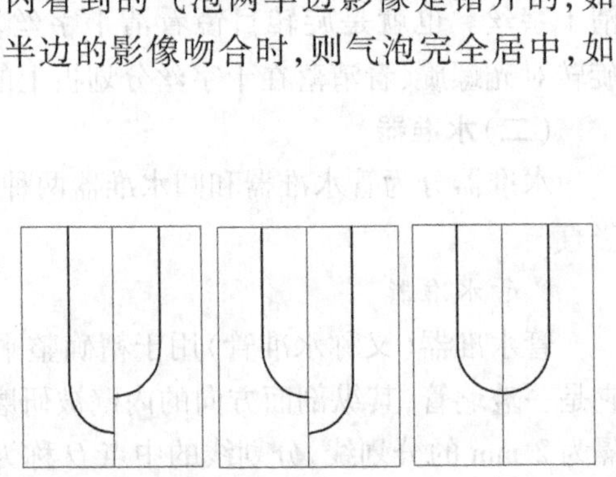

图 2-9　用微倾螺旋调平符合水准器

2. 圆水准器

圆水准器装在水准仪基座上，用于粗略整平。圆水准器顶面的玻璃内表面研磨成球面，其半径为0.2～2 m，球面的正中刻有圆圈，其圆心称为圆水准器的零点。过零点的球面法线$L'L'$，称为圆水准器轴，如图2-10所示。圆水准器轴$L'L'$平行于仪器竖轴VV。当圆水准气泡中心与水准器中心点重合时，则圆水准器轴就处于铅垂位置。

当气泡居中时，水准轴垂直，此时圆气泡顶面即为水平面，气泡中心与零点重合。气泡中心偏离零点2 mm时竖轴所倾斜的角值，称为圆水准器的分划值，一般为8′～10′。由于圆气泡的半径小，精度较低，因此圆水准器只能用于粗略整平仪器。

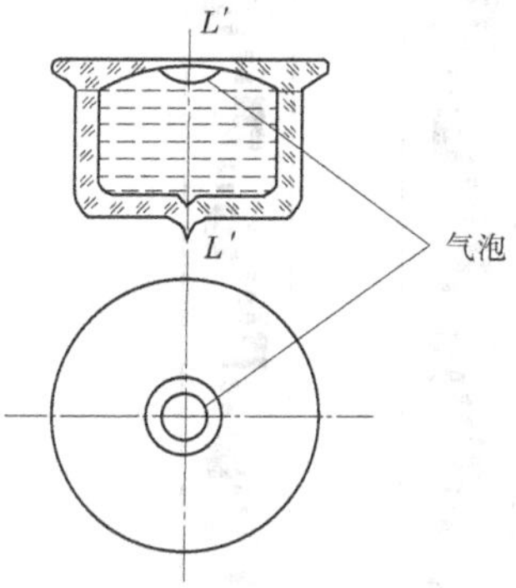

图2-10 圆水准器

（三）基座

基座的作用是支承仪器的上部，并通过连接螺旋与三脚架连接。它主要由轴座、脚螺旋、连接板构成，如图2-11所示。

轴座：承托仪器上部。

脚螺旋：调节脚螺旋使圆水准器气泡居中。

连接板：连接三脚架。

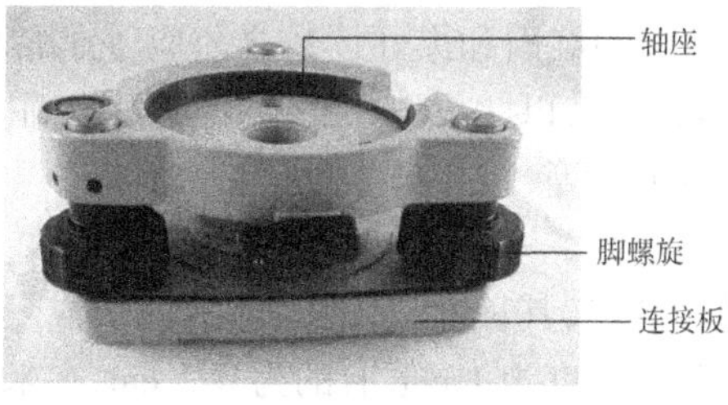

图2-11 基座

二、水准尺和尺垫

(一)水准尺

水准尺是进行水准测量时与水准仪配合使用的标尺。常用的水准尺有直尺(也称双面水准尺)和塔尺两种,一般用干燥优质木材、铝合金或玻璃钢制成。水准测量一般使用直尺,当精度要求不高时可以采用塔尺。

水准尺如图 2-12 所示。

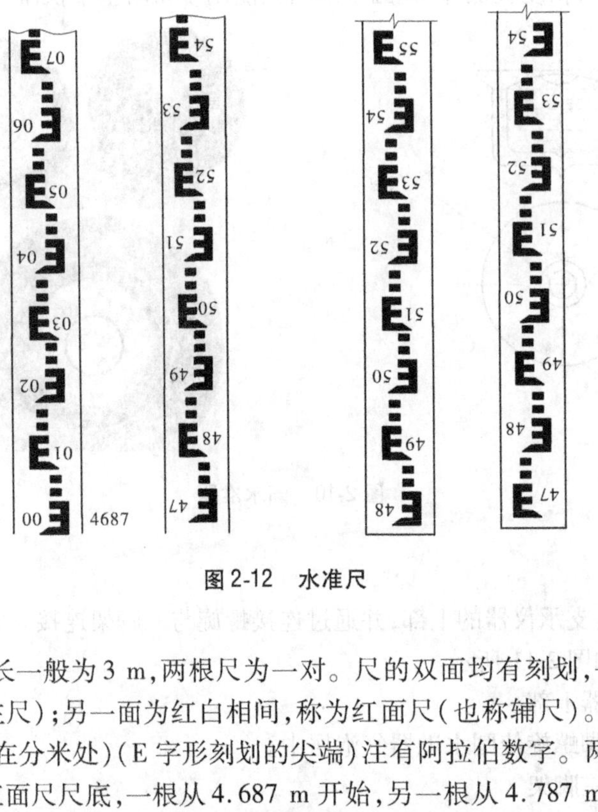

图 2-12 水准尺

1. 双面水准尺

双面水准尺尺长一般为 3 m,两根尺为一对。尺的双面均有刻划,一面为黑白相间,称为黑面尺(也称主尺);另一面为红白相间,称为红面尺(也称辅尺)。两面的刻划均为 1 cm,每 10 cm 处(在分米处)(E 字形刻划的尖端)注有阿拉伯数字。两根尺的黑面尺尺底均从零开始,而红面尺尺底,一根从 4.687 m 开始,另一根从 4.787 m 开始。在视线高度不变的情况下,同一根水准尺的红面和黑面读数之差应等于常数 4.687 m 或 4.787 m,这个常数称为尺常数,用 K 来表示,以此可以检核读数是否正确。双面尺应该成对使用,以检核读数有无错误,一般用于三等、四等水准测量。

2. 塔尺

塔尺是一种逐节缩小的组合尺,其长度为 2 ~5 m,有两节或三节连接在一起,尺的底部为零点,尺面上黑白格相间,每格宽度为 1 cm,有的为 0.5 cm,在米和分米处有数字注记。

塔尺各段接头处的磨损容易影响尺长的精度,故多用于普通水准测量。一般塔尺适用于铁路、公路、城市、矿山、水利、农田基本建设、国防等工程地形测量。

(二)尺垫

尺垫又称尺台,用生铁铸成,如图 2-13 所示。一般为三角形板座,其下方有三个脚,可以踏入土中。尺垫上方有一突起的半球体,水准尺立于半球顶面。尺垫用于转点处,测量时为了防止标尺下沉,常常将尺垫放在地上踏稳,然后把水准尺竖立在尺垫的半圆球顶上。除三角形尺垫外,也有圆形尺垫。

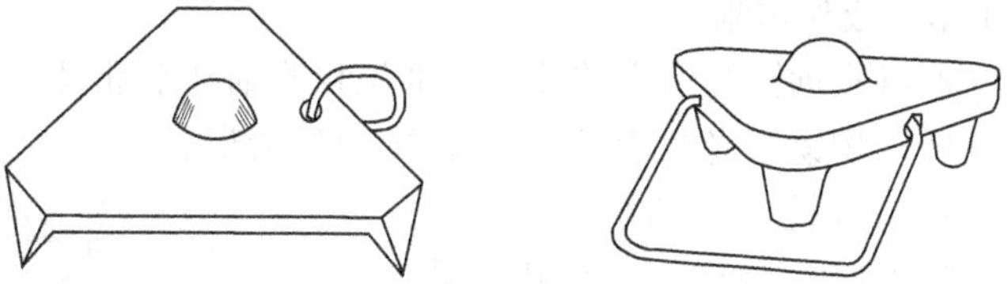

图 2-13 尺垫

三、水准仪的使用

微倾式水准仪的基本操作步骤为:安置仪器、粗略整平、瞄准水准尺、精确整平和读数。

(一)安置仪器

(1)选择便于安置水准仪的点,在测站上松开三脚架架腿的固定螺旋,考虑测量员身高与实地情况,支开三脚架,拉伸,使之为合适高度,再拧紧固定螺旋,并且使三脚架架头大致水平。

(2)从仪器箱中取出水准仪,用连接螺旋将水准仪固定在三脚架架头上,然后将三脚架的三个底脚踩实,并旋转脚螺旋使圆水准器的气泡居中;或者先踩实三脚架中的两个脚,然后稍微抬起第三个脚,并前后、左右摆动,使圆水准器的气泡接近居中,接下来踩实第三个脚,然后旋转脚螺旋使圆水准器的气泡居中。

(二)粗略整平

通过调节脚螺旋使圆水准器气泡居中,具体操作步骤如下:

(1)如图 2-14 所示,气泡不在圆水准器的中心而偏到 a 位置,这表示脚螺旋 1 一侧偏高,此时可用两手按箭头所指的相对方向转动脚螺旋 1 和 2,使气泡沿着 1、2 连线方向移动,直到气泡由 a 移至 b 位置。

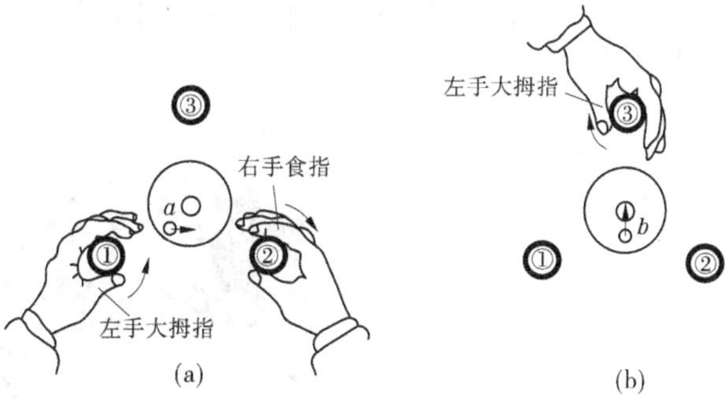

图 2-14 圆水准器整平

(2)用左手按箭头所指方向转动脚螺旋 3,使气泡由 b 移至中心。

这时仪器的竖轴大致竖直,即仪器大致水平,视准轴粗略水平。

整平规律为:气泡移动的方向始终与左手大拇指旋转脚螺旋时的移动方向一致,与右手大拇指旋转脚螺旋时的移动方向相反。

（三）瞄准水准尺

（1）目镜调焦。当仪器粗略整平后，松开制动螺旋，将望远镜转向明亮的背景，转动目镜对光螺旋，使十字丝成像清晰。

（2）初步瞄准。通过望远镜筒上方的照门和准星粗略瞄准水准尺，旋紧制动螺旋。

（3）物镜调焦。转动物镜对光螺旋，使水准尺的成像清晰。

（4）精确瞄准。在望远镜内看到水准尺后转动微动螺旋，使十字丝的竖丝瞄准水准尺边缘或中央，如图 2-15 所示。

（5）消除视差。眼睛在目镜端上下移动，有时可看见十字丝的中丝与水准尺影像之间相对移动，这种现象叫视差。产生视差的原因是水准尺的尺像与十字丝平面不重合。视差的存在将影响读数的正确性，应予以消除。消除视差的方法是仔细地转动物镜对光螺旋，直至尺像与十字丝平面重合，影像清晰，反复几次，直到十字丝和水准尺成像均清晰，眼睛上下晃动时读数不变。

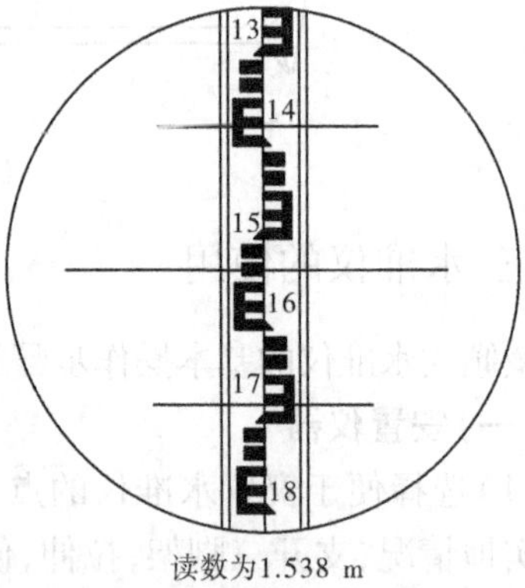

图 2-15 精确瞄准与读数

（四）精确整平

精确整平简称精平。眼睛观察水准气泡观察窗内的气泡影像，用右手缓慢地转动微倾螺旋，使气泡两端的影像严密吻合，此时视线即为水平视线。微倾螺旋的转动方向与左侧半气泡影像的移动方向一致，如图 2-16 所示。

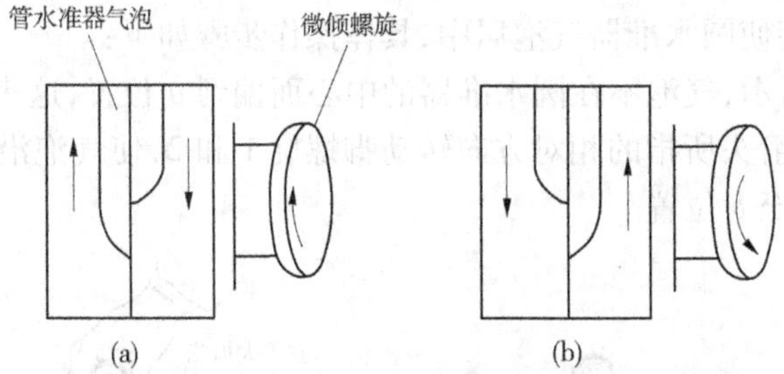

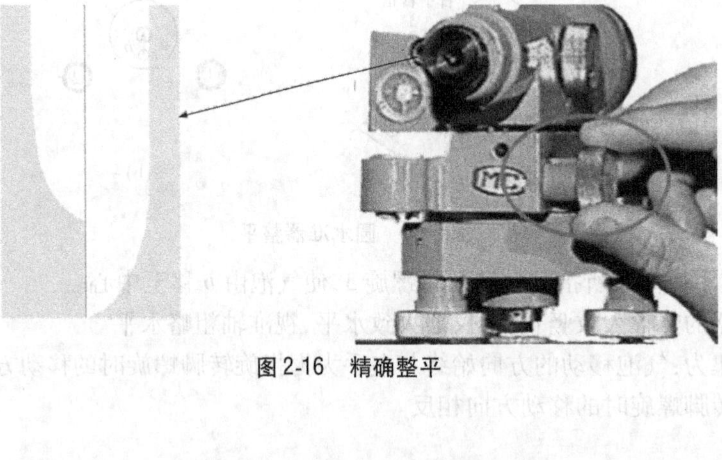
图 2-16 精确整平

（五）读数

符合水准器气泡居中后，应立即用十字丝中丝在水准尺上读数。

读数时应从小数向大数读，读四位。米、分米看尺面上的注记，厘米数尺面上的格数，毫米估读。

对于望远镜成倒像的仪器，即从上往下读，望远镜成正像的仪器，即从下往上读。如图2-15所示，从望远镜中看到的水准尺影像是倒像，在尺上应从上向下读取。读数是1.538 m，习惯上可以不读小数点，直接读出1538四位数字，默认单位为毫米。读数后再检查符合水准器气泡是否居中，若不居中，应再次精平，重新读数。

如果使用的是自动安平水准仪，仪器无微倾螺旋，故不需进行精平工作。

任务三　水准测量施测方法及成果整理

国家水准网中水准点的高程是由一、二、三、四等水准测量测定的，其中一等水准测量精度最高，四等水准测量最低。三等水准测量每千米水准测量的偶然中误差不应超过3.0 mm，全中误差不应超过6.0 mm，四等水准测量每千米水准测量的偶然中误差不应超过5.0 mm，全中误差不应超过10.0 mm，

三、四等水准网是在一、二等水准网的基础上进一步加密的，根据需要在高等级水准网内布设附合路线、环线或结点网，直接提供地形图和各种工程建设所必需的高程控制点。

单独的三等水准附合路线，长度应不超过150 km，环线周长应不超过200 km，同级网中结点间距离应不超过70 km，山地等特殊困难地区可适当放宽，但不宜大于上述各指标的1.5倍。

单独的四等水准附合路线，长度应不超过80 km，环线周长应不超过100 km，同级网中结点间距离应不超过30 km，山地等特殊困难地区可适当放宽，但不宜大于上述各指标的1.5倍。

水准路线50 km内的大地控制点、水文站、气象台（站）等，应根据需要列入水准路线予以联测。若联测确有困难，可进行支测。支测的等级可根据固定点所需的高程精度和支线长度决定。若使用单位没有特殊的精度要求，则当支线长度在20 km以内时，按四等水准测量精度施测，支线长度在20 km以上时，按三等水准测量精度施测。

三、四等水准路线上，每隔4～8 km应埋设普通水准标石一座，在人口稠密、经济发达地区可缩短为2～4 km，荒漠地区及水准支线可增长至10 km左右。支线长度在15 km以内可不埋石。

水准路线以起止地名的简称定为线名，起止地名的顺序为起西止东、起北止南。环线名称，取环线内最大的地名后加“环”字命名。三、四等水准路线的等级，各以Ⅲ、Ⅳ书写于线名之前表示。

路线上的水准点，应自该线的起始水准点起，以数字1，2，3…顺序编号定号，环线上点号顺序取顺时针方向，点号列于线名之后。

水准支线以其所测高程点名称后加“支”字命名。支线上的水准标石，按起始水准点

到所测高程点方向，以数字1,2,3…顺序编号。

利用旧水准点时，应使用旧水准点名号。若确需重新编号，应在新名号后以括号注明该点埋设时的旧名号。

新设的水准路线的起点与终点，应是已测的高等或同等水准路线的水准点。新设的三、四等水准路线距已测的各等水准点在4 km以内时，应予以联测或接测。接测时应按规定对已测水准点进行检测。对已测路线上水准点的接测，按新测路线和已测水准路线中较低等级的精度要求施测。新设路线和已测路线重合时，若旧标石符合要求，应尽量利用旧水准点。若旧水准点不符合要求，应另行选埋，新埋水准标石的编号为原来号后加注埋设时的两位数年代号，但应对标志完好的旧水准点进行联测。

三、四等水准网布设前，应进行踏勘，收集地质、水文、气象及道路等资料。在已有的各等级水准路线基础上进行技术设计，根据大地构造、工程地质、水文地质条件，优选最佳路线构成均匀网形。水准网布设前，应进行技术设计，获得水准网和水准路线的最佳布设方案。技术设计的要求、内容和审批程序按照CH/T 1004测绘技术设计规定执行。

一、水准标志

水准点(Benchmark，简称BM)是在高程控制网中用水准测量的方法测定其高程的控制点。水准点的高程采用正常高程系统，按照1985国家高程基准起算，青岛水准原点高程为72.260 m。水准点一般分为永久性和临时性两大类，按安装方式分为明标和暗标两类。

金属水准标志的圆球部应采用铜或不锈钢材料制作，圆盘和根络可用普通钢材。规格见图2-17，图中(a)、(b)为安置在钢管标石上的水准标志，(c)为安置在混凝土标石上的水准标志。钢管标石水准标志的圆盘直径，由采用的钢管直径和壁厚决定，应确保镶接牢固。

(一)选点

水准路线应利于施测的公路、大路及坡度较小的乡村路布设。水准路线尽量避免跨越500 m以上的河流、湖泊、沼泽等障碍物。

水准点应选在土质坚实、安全僻静、观测方便和利于长期保存的地点。

在以下地点不适宜选设水准点：

(1) 容易受水淹、潮湿或地下水位较高处。

(2) 容易发生土崩、滑坡、沉陷、隆起等地面局部变形的地点。

(3) 距离铁路50 m、距离公路30 m以内(道路水准点除外)或其他受剧烈震动的地点。

(4) 短期内由于建设发展，可能毁坏标石或不便观测的地点。

(二)埋石

1.标石类型

三、四等水准点采用的标石类型和适用地区见表2-1。

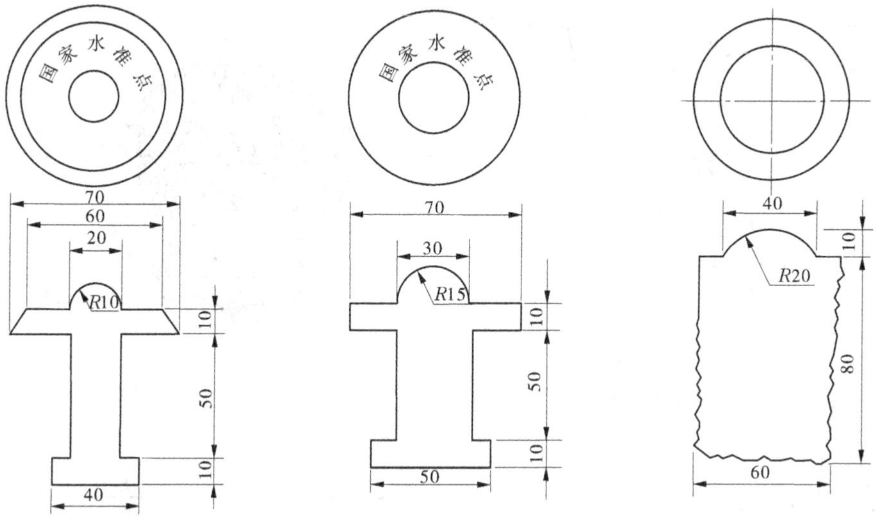

(a)金属标志　　(b)玻璃钢标志　　(c)岩石标志

图 2-17　水准标志　（单位:mm）

表 2-1　三、四等水准点采用的标石类型和适用地区

序号	标石类型	适用地区
1	混凝土普通水准标石	土层不冻或冻土深度小于 0.8 m 的地区
2	岩层普通水准标石	岩层出露或埋入地面不深于 1.5 m 处
3	混凝土柱普通水准标石	冻土深度大于 0.8 m 的地区
4	钢管普通水准标石	冻土深度大于 0.8 m 的地区
5	墙角水准标志	坚固建筑物或直立石崖处
6	道路水准标石	道路肩部

2. 标石埋设

标石柱体可先行预制，底盘应在现场浇灌。标石的制作与埋设规格及材料用量，按图 2-18、图 2-19 执行。

标石顶面的水准标志，采用加接铁质根络的铜或不锈钢半球顶的标志，也可采用玻璃钢或石质标志，标志规格见图 2-17。

标石埋设后，应该在现场测绘点之记详图，如图 2-20。

混凝土普通水准标石的顶面中央嵌一水准标志。用字模在标石顶面压印水准路线等级、名称、水准点编号及埋设年、月，如图 2-21 所示。

标石底盘均可用土模浇灌混凝土。

3. 标石外部整饰

水准标石埋设后，应进行外部整饰，要求既利于保护标石，又不影响环境美观。主要要求如下：

（1）标石埋设后，一般应该按照图 2-21 的规格建造保护井，加盖保护盘。保护井壁不应妨碍下个标志的测量。

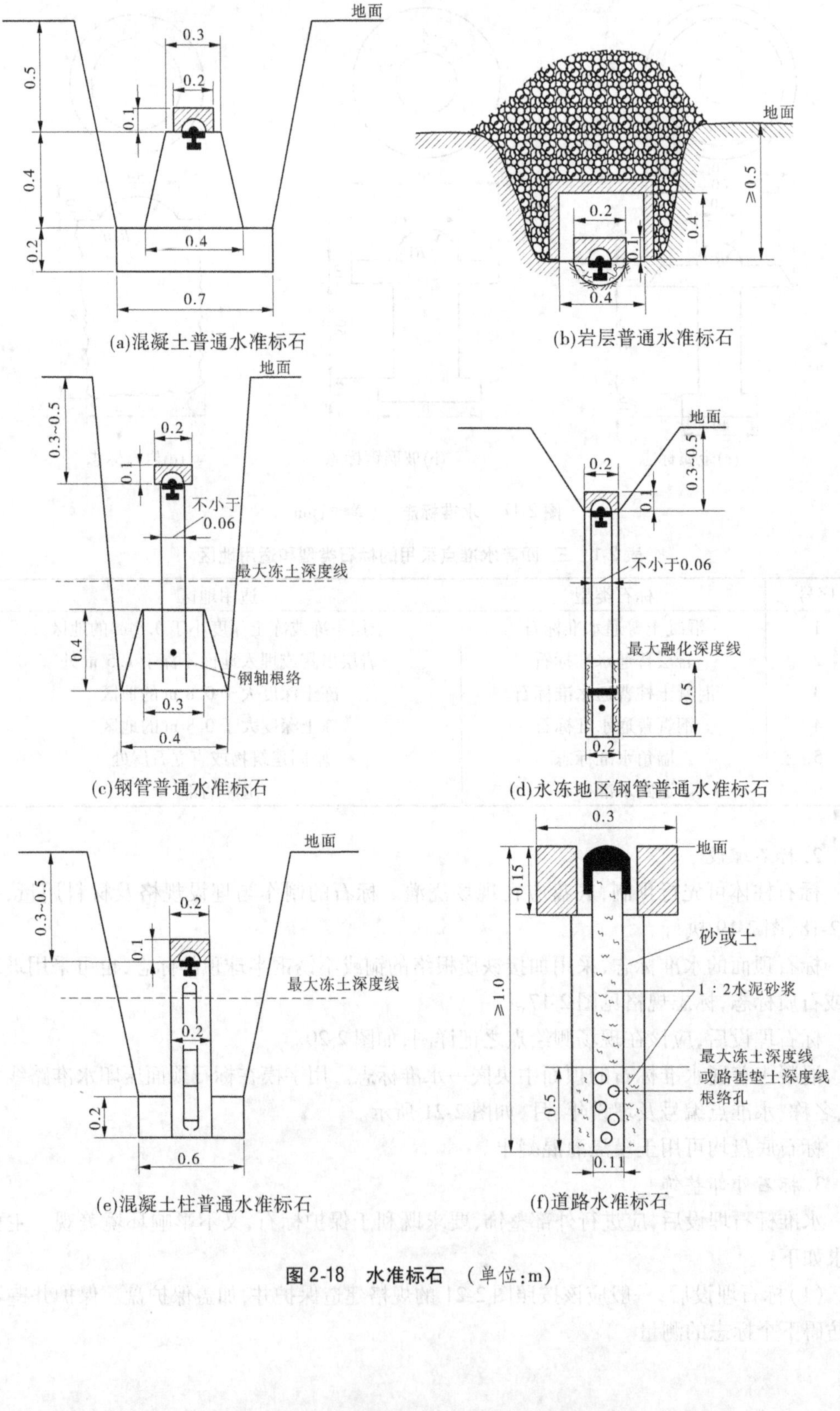

图 2-18　水准标石　（单位：m）

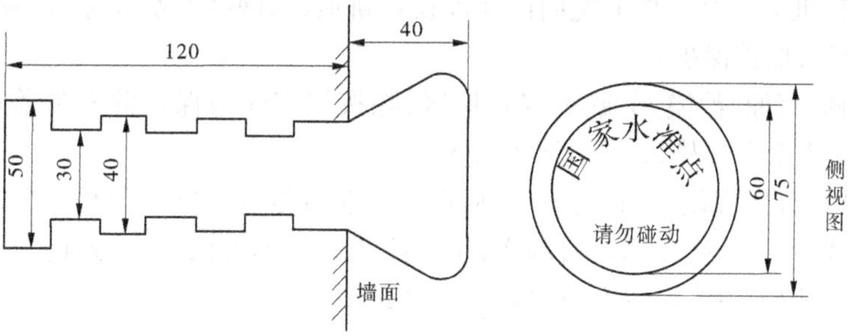

图 2-19 墙角水准标志 （单位：mm）

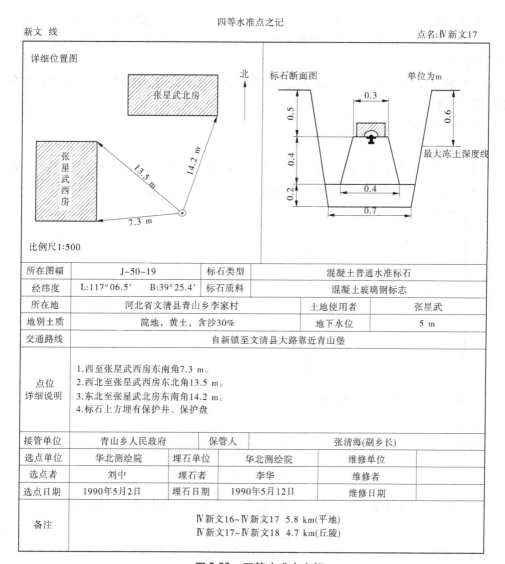

四等水准点之记

新文 线

点名:Ⅳ新文17

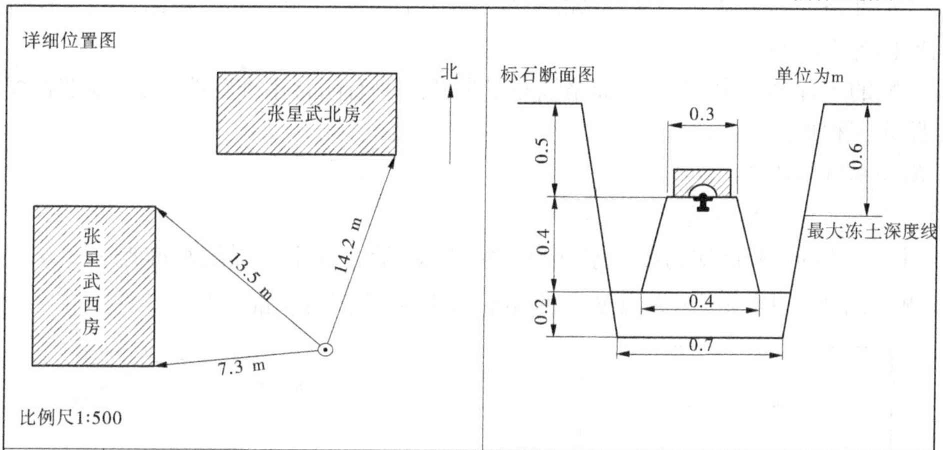

所在图幅	J-50-19	标石类型	混凝土普通水准标石		
经纬度	L:117°06.5′ B:39°25.4′	标石质料	混凝土玻璃钢标志		
所在地	河北省文清县青山乡李家村	土地使用者	张星武		
地别土质	院地，黄土，含沙30%	地下水位	5 m		
交通路线	自新镇至文清县大路靠近青山堡				
点位详细说明	1.西至张星武西房东南角7.3 m。 2.西北至张星武西房东北角13.5 m。 3.东北至张星武北房东南角14.2 m。 4.标石上方埋有保护井、保护盘				
接管单位	青山乡人民政府	保管人	张清海(副乡长)		
选点单位	华北测绘院	埋石单位	华北测绘院	维修单位	
选点者	刘中	埋石者	李华	维修者	
选点日期	1990年5月2日	埋石日期	1990年5月12日	维修日期	
备注	Ⅳ新文16~Ⅳ新文17 5.8 km(平地) Ⅳ新文17~Ⅳ新文18 4.7 km(丘陵)				

图 2-20 四等水准点之记

(2)埋设在机关、学校、住宅院内以及埋设在耕地、水网区的水准标石,应按图2-21的规格建造保护井,加盖保护盘。

(3)在森林、草原、沙漠、戈壁等空旷地区,除按规定建造保护井和加盖保护盘外,还可在附近设2~3个方位桩,也可建造小型觇标。

(4)在山区、林区埋设标石,可在距水准点最近的路边设置方位桩。方位桩、觇标可采用木材、石料、混凝土或金属材料制作,用红漆或压印的方法将点号和点位方向写在醒目位置。在点之记中注明设置方位物的方向和距离。

二、水准测量的施测方法

(一)水准路线

在水准点间进行水准测量所经过的路线,称为水准路线。相邻两水准点间的路线称为测段。水准路线的布设分为单一水准路线和水准网。若干条单一水准路线相互连接构成的图形称为水准网。

在一般的工程测量中,单一水准路线布设形式主要有闭合水准路线、附合水准路线和支水准路线三种形式。

1. 闭合水准路线

1)闭合水准路线的布设方法

如图2-22所示,从已知高程的水准点BM_A出发,沿各待定高程的水准点1、2、3、4进行水准测量,最后又回到原出发点BM_A的环形路线,称为闭合水准路线。

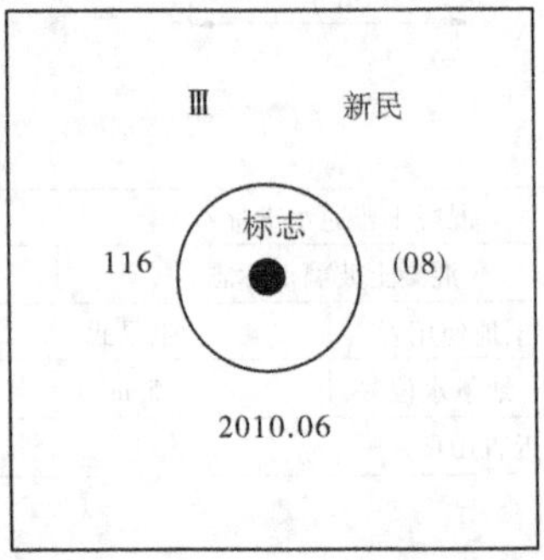

图2-21 水准标石顶面水准标志

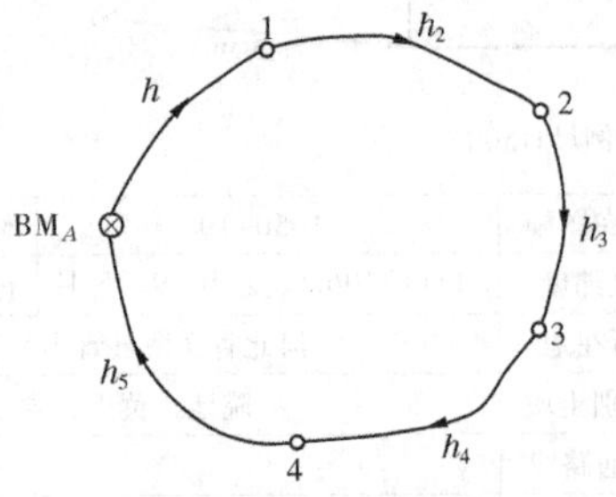

图2-22 闭合水准路线

2)成果检核

从理论上讲,闭合水准路线各测段高差代数和应等于零,即

$$\sum h_{理} = 0 \tag{2-13}$$

各测段高差代数和$\sum h_{测}$与其理论值$\sum h_{理}$的差值,称为高差闭合差f_h,即

$$f_h = \sum h_{测} - \sum h_{理} \tag{2-14}$$

如果各测段高差代数和不等于零,则高差闭合差为

$$f_h = \sum h_{测} \tag{2-15}$$

高差闭合差f_h的大小反映了测量成果的质量，闭合差的允许值$f_{h允}$视水准测量的等级不同而异，对于等外水准测量有

平地 $$f_{h允} = \pm 40\sqrt{L} \quad (\text{mm})$$

山地 $$f_{h允} = \pm 12\sqrt{N} \quad (\text{mm}) \tag{2-16}$$

式中 L——路线长度，即为所有测站前后视距离之和，km；

N——水准路线测站总数。

山地一般指每千米测站数在15个测站以上的地形。

若高差闭合差的绝对值大于$f_{h允}$，说明测量成果不符合要求，应予重测。

2. 附合水准路线

1）附合水准路线的布设方法

如图2-23所示，从已知高程的水准点BM_A出发，沿待定高程的水准点1、2、3进行水准测量，最后附合到另一已知高程的水准点BM_B所构成的水准路线，称为附合水准路线。

2）成果检核

从理论上讲，附合水准路线各测段高差代数和应等于两个已知高程的水准点之间的高差，即

$$\sum h_{测} = H_B - H_A \tag{2-17}$$

实际上，两者往往不相等，其差值即为高差闭合差：

$$f_h = \sum h_{测} - (H_B - H_A) \tag{2-18}$$

高差允许值同闭合导线。

3. 支水准路线

1）支水准路线的布设方法

如图2-24所示，从已知高程的水准点BM_A出发，沿待定高程的水准点1进行水准测量，这种既不闭合又不附合的水准路线，称为支水准路线。支水准路线要进行往返测量，以资检核。

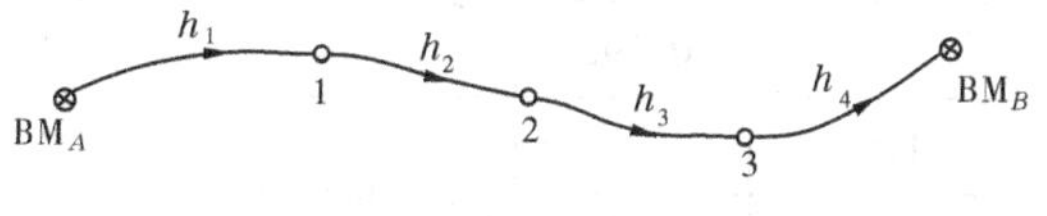

图2-23 附合水准路线

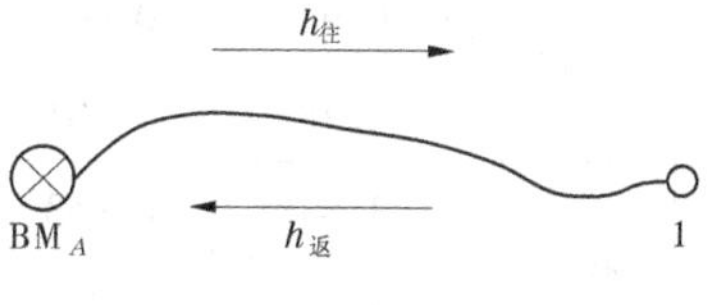

图2-24 支水准路线

2）成果检核

从理论上讲，支水准路线往测高差与返测高差的代数和应等于零，即

$$h_{往} + h_{返} = 0 \tag{2-19}$$

如果不等于零，则高差闭合差为

$$f_h = h_{往} + h_{返} \tag{2-20}$$

各种路线形式的水准测量，其高差闭合差均不应超过容许值，否则即认为观测结果不

符合要求。

(二)施测方法

实际测量中,当欲测的高程点与已知的水准点之间相距较远、高差较大或者遇到障碍物使得视线受阻、不能安置一次水准仪完成观测任务时,则需采用分段、连续设站的方法施测。

1.普通水准测量的实施

(1)将水准尺立于已知高程的水准点上,作为后视尺。

(2)将水准仪安置于水准路线的附近合适的位置,并在路线的前进方向上取仪器至后视大致相等的距离放置尺垫,在尺垫上竖立水准尺作为前视尺。

这里应该注意尽量使仪器到前、后视尺的距离基本相等,前、后视距差的绝对值不得大于3.0 m,最大视距不大于150 m。

(3)将仪器粗略整平,照准后视尺,消除视差,用微倾螺旋调节水准管气泡使其居中,再用中丝读取后视读数,记入手簿(见表2-2)。

(4)转动水准仪照准部,照准前视尺,消除视差,此时水准管气泡一般会偏离少许,将水准管气泡居中,再用中丝读取前视读数,也记入手簿,并立即计算高差。

以上为第一个测站的全部工作。

(5)第一站结束之后,将仪器迁站至第二站,此时第一站的前视尺不动,并变成第二站的后视尺,第一站的后视尺移动到前面合适的位置变为第二站的前视尺,重复前面的工作进行第二站测量。

(6)继续沿着前进方向观测直到结束。

表2-2 水准测量记录手簿

测自____点至____点　　天气:______　　呈像:_____　　日期:_____

仪器号码:______　　观测者:______　　记录者:______

测站	测点	上丝读数(m)	下丝读数(m)	视距(m)	后视读数 a(m)	前视读数 b(m)	高差 h(m)	高程(m)	备注
1	A	2.099	1.743	35.6	1.921		+1.129	365.112	
	转点1	0.985	0.601	38.4		0.792			
2	转点1	1.785	1.401	38.4	1.595		+0.445		
	转点2	1.348	0.953	39.5		1.150			
3	转点2	1.602	1.239	36.3	1.420		+0.170		
	转点3	1.435	1.060	37.5		1.250			
4	转点3	1.345	1.000	34.5	1.174		−0.095		
	B	1.430	1.105	32.5		1.269		366.761	
Σ				292.7	6.110	4.461	+1.649		

校核计算:

$\sum$视距$=292.7$, $\sum a=6.110$, $\sum b=4.461$

$\sum a-\sum b=+1.649$, $H_B-H_A=+1.649$

计算一致,说明计算过程中没有错误

2. 三、四等水准测量

小区域地形图或施工测量中，多采用三、四等水准测量作为高程控制测量的首级控制。三、四等水准网是在一、二等水准网的基础上进一步加密的。根据需要在高等级水准网内布设附合路线、环线或结点网，直接提供地形测图和各种工程建设所必需的高程控制点。

1）水准测量及其对测站的技术要求

（1）水准测量的主要技术要求见表 2-3。

表 2-3 水准测量的主要技术要求

等级	水准仪型号	水准尺	路线长度（km）	观测次数		每千米高差中误差（mm）	往返较差、附合或环线闭合差	
				与已知点联测	附合或环线		平地（mm）	山地（mm）
三	DS_1	单面	≤50	往返各一次	往一次	6	$12\sqrt{L}$	$4\sqrt{N}$ 或 $15\sqrt{L}$
	DS_3	双面			往返各一次			
四	DS_3	双面	≤16	往返各一次	往一次	10	$20\sqrt{L}$	$6\sqrt{N}$ 或 $25\sqrt{L}$
五	DS_3	单面	—	往返各一次	往一次	15	$30\sqrt{L}$	—
图根	DS_{10}	单面	≤5	往返各一次	往一次	20	$40\sqrt{L}$	$12\sqrt{N}$

注：L 为附合路线或环线的长度，km；
N 为附合路线或环线的测站数；
山区指高程超过 1 000 m 或路线中最大高差超过 400 m 的地区。

（2）设置测站的要求见表 2-4。

表 2-4 设置测站的要求 （单位：m）

等级	类型	视线长度	前后视距差	任一测站上前后视距差累计	视线高度
三等	DS_3	≤75	≤2.0	≤5.0	三丝能读数
	DS_1、DS_{05}	≤100			
四等	DS_3	≤100	≤3.0	≤10.0	三丝能读数
	DS_1、DS_{05}	≤150			

（3）测站观测限差要求见表 2-5。

表 2-5 测站观测限差要求 （单位：mm）

等级	观测方法	基辅分划读数之差	基辅分划所测高差之差	单程双转点法观测时左右路线转点差	检测间歇点高差之差
三等	中丝读数法	2.0	3.0	—	3.0
	光学测微法	1.0	1.5	1.5	
四等	中丝读数法	3.0	5.0	4.0	5.0

使用双摆位自动安平水准仪观测时，不计算基辅分划读数之差。对于数字水准仪，同

一标尺两次观测所测高差的差执行基辅分划所测高差之差的限差。

2)三、四等水准测量的施测方法

三、四等水准测量一般采用双面尺法,且应该采用一对水准尺。下面分别介绍三、四等水准测量的实测方法。

三等水准测量的观测顺序为后—前—前—后:

(1)水准仪照准后视标尺的黑面,粗平后分别读取上丝、下丝数据,记入表2-6的(1)、(2)栏内。

(2)旋转微倾螺旋,使符合水准器严格居中,完成精平,待长水准管居中稳定后读取中丝读数,记入表2-6的(3)栏内。

(3)转动望远镜,照准前视标尺的黑面,确认符合水准气泡居中,再读取前视黑面中丝读数,记入表2-6的(4)栏内。

(4)读取前视黑面上、下丝读数,分别记入表2-6的(5)、(6)栏内。

(5)转动标尺,照准前视标尺的红面,读取红面中丝读数,记入表2-6的(7)栏内。

(6)转动望远镜,照准后视标尺的红面,确认符合水准气泡居中后,读取红面中丝读数,记入表2-6中的(8)栏内。

四等水准测量的观测顺序为后—后—前—前:

(1)水准仪照准后视标尺的黑面,粗平后分别读取上丝、下丝数据,记入表2-6的(1)、(2)栏内。

(2)旋转微倾螺旋,使符合水准器严格居中,完成精平,待长水准管居中稳定后读取中丝读数,记入表2-6的(3)栏内。

(3)后视标尺转为红面,确认符合水准气泡居中,读取红面中丝读数,记入表2-6的(8)栏内。

(4)转动望远镜,照准前视标尺,重复上述(1)、(2)、(3)步骤读取前视黑面上、下丝,前视黑面中丝读数,分别记入表2-6的(5)、(6)、(4)栏内。

(5)转动标尺,照准前视标尺的红面,读取红面中丝读数,记入表2-6的(7)栏内。

(6)转动望远镜,照准后视标尺的红面,确认符合气泡居中后,读取红面中丝读数,记入表2-6中的(8)栏内。

3)三、四等水准测量测站上的计算及检核

(1)前后视距、前后视距差、视距累积差计算及检核。

后视距离:(12) = |(1) − (2)| ×100 = |后视下丝 − 后视上丝| ×100。

前视距离:(13) = |(5) − (6)| ×100 = |前视下丝 − 前视上丝| ×100。

视距差:(14) = (12) − (13) = 后视距离 − 前视距离。

视距累积差:(15) = 本站的(14) + 前站的(15)。

(2)高差计算及检核。

红、黑面读数之差:(9) = (4) + K − (7) = 前视黑面中丝 + K − 红面中丝。

考虑到K值的参与计算影响计算速度,因此对表2-6中(9)和(10)的计算可用如下方法:

(9) = (4)的后两位尾数 − [(7)的后两位尾数 + 13]

(14) = (3)的后两位尾数 - [(8)的后两位尾数 + 13]

红、黑面高差：

(16) = (3) - (4) = 后视黑面中丝 - 前视黑面中丝

(17) = (8) - (7) = 后视红面中丝 - 前视红面中丝

红、黑面高差之差：(11) = (10) - (9)。

高差中数：$(18) = \frac{1}{2}[(16) + (17) \pm 100]$。

高差中数取位到 0.1 mm。

表 2-6　三、四等水准测量原理观测手簿

测自________至________　　　　______年______月______日

开始时间：______时______分　　　　天气：________

结束时间：______时______分　　　　呈像：________

测站站号	后尺 下丝	前尺 下丝	方向及尺号	标尺读数		K+黑-红	高差中数	备注
	后尺 上丝	前尺 上丝		黑面	红面			
	后距	前距						
	视距差 d	Σd						
	(1)	(5)	后	(3)	(8)	(10)		
	(2)	(6)	前	(4)	(7)	(9)		
	(12)	(13)	后 - 前	(16)	(17)	(11)	(18)	
	(14)	(15)						
1	1.515	2.060	后 1	1.212	5.900	-1		
	0.908	1.440	前 2	1.750	6.535	+2		
	60.7	62.0	后 - 前	-0.538	-0.635	-3	+0.536 5	
	-1.3	-1.3						
2	0.772	1.312	后 2	0.412	5.199	0		
	0.054	0.586	前 1	0.949	5.636	0		
	71.8	72.6	后 - 前	-0.537	-0.437	0	-0.537 0	
	-0.8	-2.1						
3	1.695	1.580	后 1	1.400	6.088	-1		
	1.050	0.948	前 2	1.264	6.051	0		
	64.5	63.2	后 - 前	+0.136	+0.037	-1	+0.136 5	
	+1.3	-0.8						
4	1.950	1.634	后 2	1.762	6.550	-1		
	1.576	1.261	前 1	1.449	6.136	0		
	37.4	37.3	后 - 前	+0.313	+0.414	-1	+0.313 5	
	+0.1	-0.7						
Σ								

注：(a)标尺参数为 $K_1 = 4\ 687$，$K_2 = 4\ 787$。

(b)手簿最后一格中的每一栏是用来统计前面各格中的对应栏数据之和的。

4) 迁站注意事项

(1) 只有当记录者经过以上计算，并确认各项指标合格之后，才可以通知观测者和立尺员移到下一站进行观测。

(2)只有仪器移动,后尺尺垫才可以移动。

5)三、四等水准测量应该遵守的原则

(1)数据计算的取位见表2-7。

表2-7 数据计算的取位

等级	往返测距离总和(km)	测段距离中数(km)	各测站高差(mm)	往返测高差总和(mm)	测段高差中数(mm)	高程(mm)
三	0.01	0.1	0.1	0.1	1	1
四	0.01	0.1	0.1	0.1	1	1

(2)观测时必须为仪器撑伞遮阳。

(3)除路线转弯外,每一测站上仪器和前后尺的位置应尽量接近一条直线。

(4)同一测站观测,一般不能调焦2次。

(5)每测段的往测与返测,其测站数均应为偶数。

(6)每一测站上,前后视距离要保持大致相等,可采用步测方法完成。

6)三、四等水准测量的内业计算

在外业结束后,便应计算水准路线上各待定点的高程,完成三、四等水准测量的内业计算。在计算之前,必须认真完全的检查外业观测手簿,确认没有错误后,相关责任人签字确认后,方可计算。水准测量的内业计算方法将在后面讲述。

7)水准测量注意事项

(1)尺垫只放在转点处,已知点和待测点均不得安放尺垫。

(2)每一测站中,仪器至前、后视尺距离应该基本相等,可步测确定。

(3)观测者迁站前,后视点尺垫不能动。

(4)立尺员在竖立水准尺时一定要扶稳、扶直,不能前后左右倾斜或摆动。

(5)估读要准确,读数时要仔细对光,消除视差,必须使水准管气泡居中,读完以后,再检查气泡是否居中。

(6)数据记录要规范,原始数据不得涂改,读错或者记错的数据应该画去(厘米、毫米位数数据除外),再将正确数据写在上方,并在相应的备注栏内注明修改原因,记录不得连笔书写,记录手簿要干净整齐。

(7)原始数据记录过程中一般使用铅笔记录,但不允许使用橡皮修改。

(8)为提高数据的准确性,读数时,记录员要复读,以便核对,所有计算成果必须经校核后才能使用。

三、成果整理

当水准测量外业结束后即可进行内业计算,即成果整理。计算前,必须对外业数据进行检查,没有错误才可以进行成果计算。

(一)计算高差闭合差及其允许值

高差闭合差计算总公式为$f_h = \sum h_{测} - \sum h_{理}$,则三种不同水准路线的高差闭合差计算公式为

$$\left.\begin{aligned} f_h &= \sum h_{测} \quad （闭合水准路线） \\ f_h &= \sum h_{测} - (H_{终} - H_{始}) \quad （附合水准路线） \\ f_h &= h_{往} + h_{返} \quad （支水准路线） \end{aligned}\right\} \tag{2-21}$$

式中 f_h——高差闭合差，m；

$\sum h_{测}$——实测高差总和，m；

$H_{终}$——路线终点已知高程，m；

$H_{始}$——路线起点已知高程，m。

高差闭合差f_h的大小反映了测量成果的质量，闭合差的允许值$f_{h允}$视水准测量的等级不同而异，对于等外水准测量，高差闭合差允许值计算公式为

$$\left.\begin{aligned} f_{h允} &= \pm 40\sqrt{L}\text{mm} \quad （平地） \\ f_{h允} &= \pm 12\sqrt{L}\text{mm} \quad （山地） \end{aligned}\right\} \tag{2-22}$$

式中 L——路线长度，即为所有测站前后视距离之和，km；

N——水准路线测站总数。

山地一般指每千米测站数在15个以上的地形。

判断高差闭合差与高差闭合差允许值的大小，若高差闭合差的绝对值大于$f_{h允}$，说明测量成果不符合要求，应予重测；如果高差闭合差小于高差闭合差允许值，则成果符合要求，可以进行闭合差的调整。

（二）高差闭合差的调整

1. 计算高差改正数

经过判断，高差闭合差在允许范围内，可进行闭合差的调整。闭合水准路线或者附合水准路线的高差闭合差分配原则是将闭合差按距离或者测站数成正比例反符号改正到各测段高差中。高差改正数计算公式为

$$\left.\begin{aligned} V_i &= -\frac{f_h}{\sum L}L_i \quad （按距离分配） \\ V_i &= -\frac{f_h}{\sum N}n_i \quad （按测站数分配） \end{aligned}\right\} \tag{2-23}$$

式中 V_i——测段高差的改正数，m；

f_h——高差闭合差，m；

$\sum L$——水准路线总长度，m；

L_i——测段长度，m；

$\sum N$——水准路线测站数总和；

n_i——测段测站数。

2. 计算检核

高差改正数的总和应该与高差闭合差的大小相等、符号相反，即

$$\sum V_i = -f_h \tag{2-24}$$

(三)计算高程

1. 计算改正后高差

将各测段高差观测值加上对应的高差改正数,求得各测段改正后的高差,即

$$h_i = h_{i测} + V_i \tag{2-25}$$

对于支水准路线,高差取与往测时符号相同,所以当闭合差符合要求时,各测段平均高差为

$$h = \frac{1}{2}(h_{往} - h_{返}) \tag{2-26}$$

式中 h——平均高差,m;

$h_{往}$——往测高差,m;

$h_{返}$——返测高差,m。

2. 计算各点高程

根据改正后的高差,由已知高程逐步推算其他各点的高程。

(四)算例

【例 2-1】 附合导线计算:完成附合水准路线成果计算,BM_A、BM_B为已知水准点,已知高程分别为 363.781 m 和 365.423 m。用普通水准测量的方法,测定 1、2、3 三个水准点的高程,各水准点间的距离及高差为 $L_{BM_{A-1}} = 3.0$ km, $L_{1-2} = 2.8$ km, $L_{2-3} = 2.2$ km, $L_{3-BMB} = 2.0$ km, $h_{BM_{A-1}} = -3.265$ m, $h_{1-2} = +3.061$ m, $h_{2-3} = -2.365$ m, $h_{3-BM_B} = +4.201$ m。高差闭合差的调整及高程计算见表 2-8。

表 2-8 附合水准测量成果计算表

测段编号	点名	距离 L(km)	测站数 n	实测高差(m)	改正数(m)	改正后的高差(m)	高程(m)	备注
1	2	3	4	5	6	7	8	9
	BM_A						363.781	已知
1		3.0		−3.265	+0.003	−3.262		
	1						360.519	
2		2.8		+3.061	+0.003	+3.064		
	2						363.583	
3		2.2		−2.365	+0.002	−2.363		
	3						361.220	
4		2.0		+4.201	+0.002	+4.203		
	BM_B						365.423	已知
Σ		10.0		+1.632	+0.010	+1.642		
辅助计算	1. $f_h = \sum h_{测} - (H_{终} - H_{始}) = 1.632 - (365.423 - 363.781) = -0.010$ m; 2. $f_{h允} = \pm 40\sqrt{L}$ mm $= \pm 126$(mm)判定$\lvert f_h \rvert < \lvert f_{h允} \rvert$,精度合格; 3. $\sum L = 10.0$(km), $\frac{-f_h}{\sum L} = +1.0$(mm/km)							

【例 2-2】 闭合导线计算:完成闭合水准路线成果计算,BM_A为已知水准点。用普通水准测量的方法,测定 1、2、3 三个水准点的高程,各水准点间的距离及高差为 $N_{BM_A—1}=8$,$N_{1—2}=8$,$N_{2—3}=10$,$N_{3—BM_B}=14$,$h_{BM_A—1}=+2.311$ m,$h_{1—2}=+0.765$ m,$h_{2—3}=-1.895$ m,$h_{3—BM_B}=-1.169$ m。高差闭合差的调整及高程计算见表 2-9。

表 2-9　闭合水准测量成果计算表

测段编号	点名	距离 L(km)	测站数 n	实测高差(m)	改正数(m)	改正后的高差(m)	高程(m)	备注
1	2	3	4	5	6	7	8	9
	BM_A						360.665	已知
1			8	+2.311	-0.002	+2.309		
	1						362.974	
2			8	+0.765	-0.002	+0.763		
	2						363.737	
3			10	-1.895	-0.003	-1.898		
	3						361.839	
4			14	-1.169	-0.005	-1.174		
	BM_A						360.665	已知
Σ			40	+0.012	-0.012	0		
辅助计算	1. $f_h=\sum h_{测}=+0.012$ m; 2. $f_{h允}=\pm 12\sqrt{40}=\pm 76$(mm)判定$\lvert f_h\rvert<\lvert f_{h允}\rvert$,精度合格; 3. $\sum N=40$(站),$\frac{-f_h}{\sum N}=-0.3$(mm/km)							

【例 2-3】 支线水准路线计算:BM_A为已知高程的水准点,其高程 $H_{BM_A}=360.112$ m,1 点为待定高程的水准点,h_1和 h_2为往返测量的观测高差。n_1和 n_2分别为往、返测的测站数,往、返测站数共 20 站,则 1 点的高程计算如下:

(1)计算高差闭合差。

$$f_h=h_1+h_2=+3.242\text{ m}+(-3.230\text{ m})=+0.012\text{ m}=+12\text{ mm}$$

(2)计算高差容许闭合差。

测站数:

$$n=(n_1+n_2)/2=20\text{ 站}/2=10\text{ 站}$$

$$f_{h允}=\pm 12\sqrt{n}=\pm 12\sqrt{10}=\pm 38(\text{mm})$$

判断:因为$\lvert f_h\rvert<\lvert f_{h允}\rvert$,所以精度符合要求。

(3)计算改正后高差。

取往测和返测的高差绝对值的平均值作为 BM_A和 1 点两点间的高差,其符号和往测高差符号相同,即

$$h_{BM_A—1}=(+3.242+3.230)/2=+3.236(\text{m})$$

(4)计算待定点高程。

$$H_1 = H_{BM_A} + h_{BM_A-1} = 360.112\ \text{m} + 3.236\ \text{m} = 363.348(\text{m})$$

任务四　水准仪的检验和校正

水准仪和水准尺除新使用或大修后应进行全面检验外，作业期间也应对水准仪和水准尺进行必要的检验和校正。

一、水准仪的检验和校正

在水准仪检验校正之前，应该进行一般性检查，包括望远镜的成像是否清晰，制动螺旋、微动螺旋、微倾螺旋和对光螺旋是否有效，脚螺旋转动是否灵活，脚架固定螺旋是否可靠，架头是否松动，气泡的运动是否正常等，如发现故障，均应及时修理。

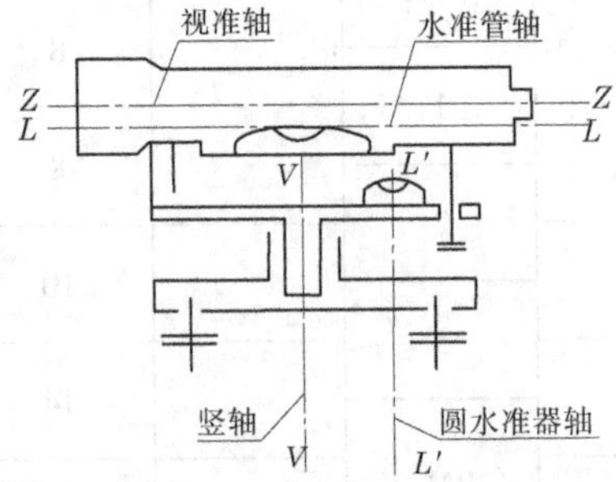

图 2-25　水准仪轴线关系图

（一）水准仪应满足的几何条件

如图 2-25 所示，水准仪各轴线间应满足的主要几何条件有：

（1）圆水准器轴应平行于仪器竖轴。

（2）十字丝的横丝应垂直于仪器竖轴。

（3）水准管轴应平行于视准轴。

（二）水准仪的检验和校正

1. 圆水准器轴应平行于仪器竖轴

1）检验方法

旋转脚螺旋使气泡居中，然后将仪器转动 180°，若气泡偏离中心，如图 2-26（b）所示，说明此项条件不满足，需要进行校正。

2）校正方法

如图 2-26（a）所示，设圆水准器轴与仪器竖轴不平行，夹角为 α。

当气泡居中时，圆水准器轴处于竖直位置，此时仪器竖轴相对于铅垂线倾斜 α 角。

当照准部绕其倾斜的竖轴转动 180°后，仪器竖轴的位置没有发生变化，而圆水准器则转到了竖轴的另一侧，且气泡不再居中。此时，圆水准器轴和铅垂线之间的夹角为 2α，它就是圆气泡偏离零点的弧长所对应的圆心角（见图 2-26（b））。

校正时，先转动仪器的脚螺旋使气泡向零点方向移动偏离值的一半。此时，仪器的竖轴处于铅垂位置（见图 2-26（c））。然后用校正针拨动圆水准器底部的三个校正螺丝，使气泡居中，则圆水准器轴平行于仪器竖轴（见图 2-26（d））。

圆水准器的校正结构如图 2-27 所示，此项检验校正工作一般要反复进行多次，直至仪器转到任何位置气泡都居中。

2. 十字丝横轴应垂直于仪器竖轴

1）检验方法

仪器整平后，以横丝的一端对准一个明显的标志，如图 2-28 中的 P 点，拧紧制动螺

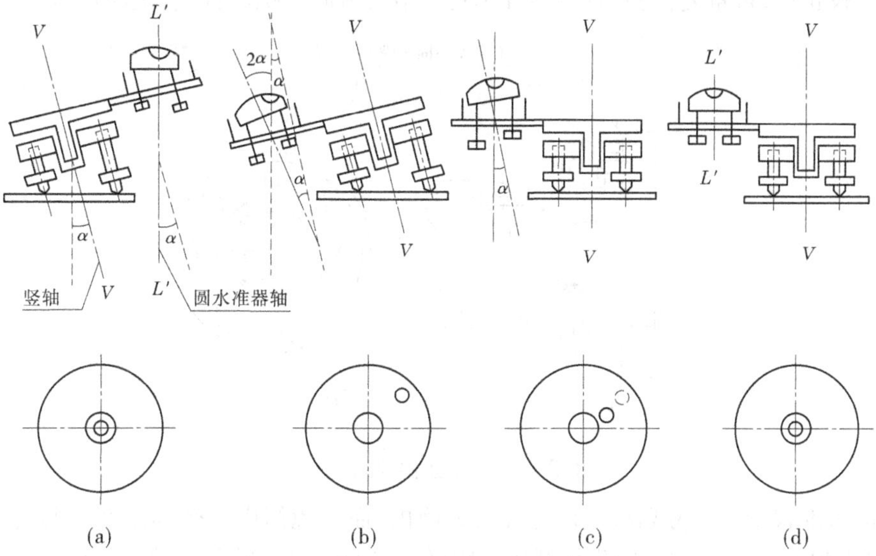

图 2-26 圆水准器轴与仪器竖轴关系图

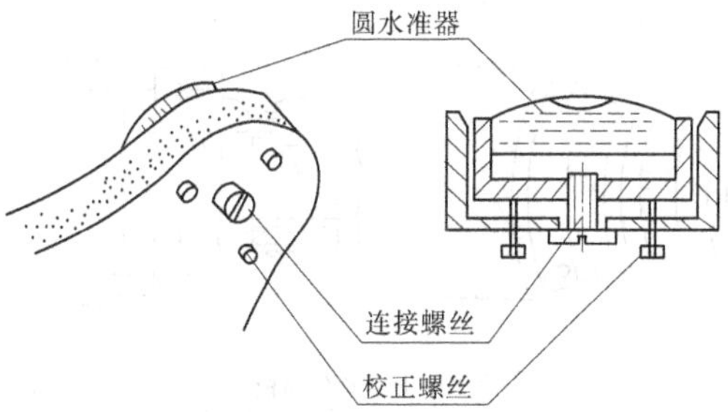

图 2-27 圆水准器的校正结构

旋,然后转动微动螺旋,如果 P 点始终在横丝上移动,则说明十字丝横丝垂直于仪器竖轴条件满足;如果 P 点偏离横丝,如图 2-28(b)所示,则十字丝横丝没有垂直于仪器竖轴,需要校正。

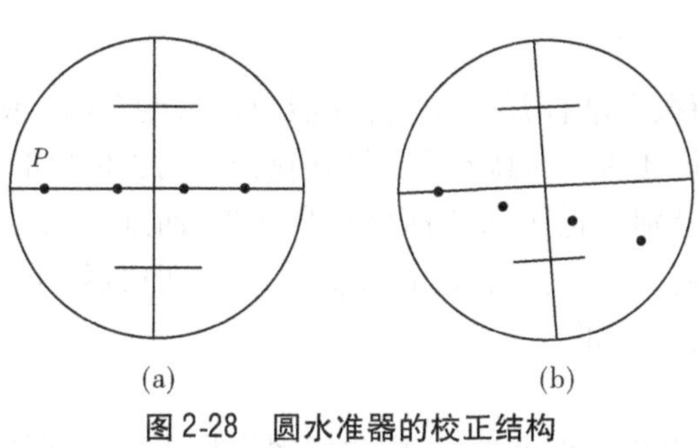

图 2-28 圆水准器的校正结构

2)校正方法

如图 2-29 所示,取下护盖,旋松十字丝环的四个固定螺丝,微微转动十字丝环,使横丝水平。校正后，再重复检验，直至条件满足。最后将固定螺丝拧紧，旋回护盖。

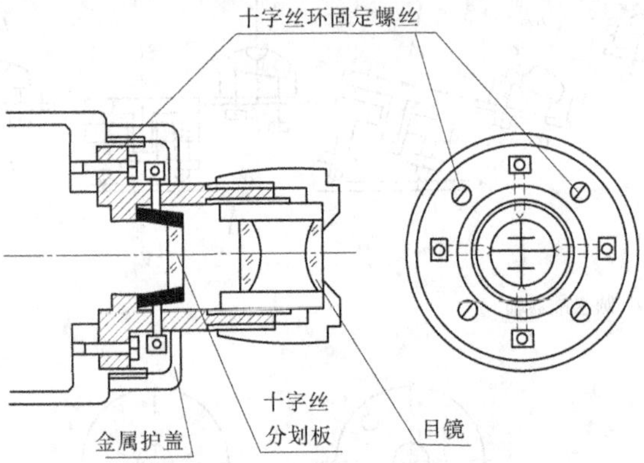

图 2-29 十字丝护盖图(一)

有的水准仪十字丝分划板是固定在目镜筒内，而目镜筒由三个固定螺丝与物镜筒连接，如图 2-30 所示，校正时，应先松开固定螺丝，然后转动目镜筒，使横丝水平。

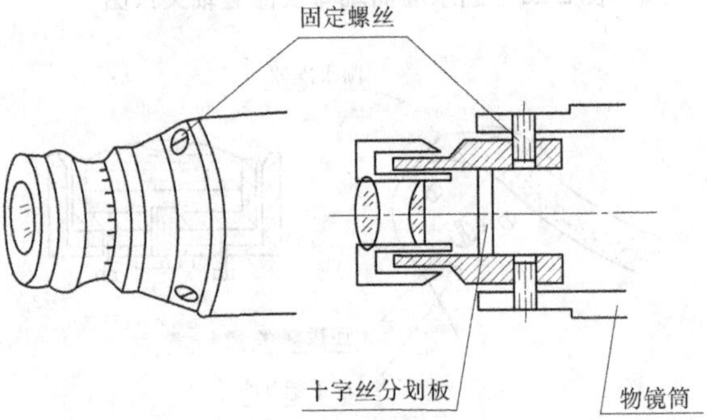

图 2-30 十字丝护盖图(二)

3. 水准管轴应平行于视准轴

水准管轴与视准轴在竖直面上投影不平行产生的夹角称为 i 角，在水平面上投影不平行的夹角称为交叉误差。

1)检验方法

将水准仪置平在两根水准标尺的中间，仪器距标尺约 30 m 或 40 m，前后大约等距离，读取标尺上的读数得到两点的高差值。搬迁仪器至两支标尺的一内侧或外侧均可，此时，仪器至标尺的距离分别为近距离的标尺只是几米，而远距离的标尺已是几十米。同样，测量这两点的高差值，如果两次测得的高差相等，说明仪器 i 角为零；两次测得的高差不等，就说明仪器存在着 i 角的误差。

2)校正方法

如图 2-31 所示，校正在 J_2 点上进行，用微倾螺旋将望远镜视线对准 A 尺上应有的正确读数 a_2，则

$$a_2 = a'_2 - 2\Delta \tag{2-27}$$

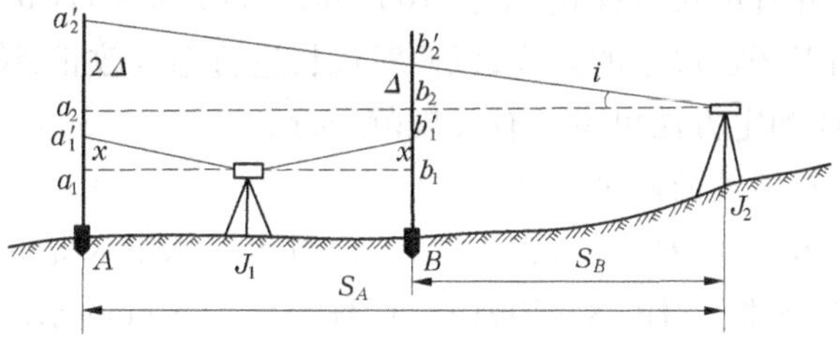

图 2-31 i 角校正

此时视准轴处于水平位置,但水准管气泡不再居中,如图 2-27 所示,再用水准管一端的上下两个校正螺旋(见图 2-32)调气泡至居中。校正后将仪器望远镜对准标尺 B,读数 b_2,应该与它的应有值 $b_{2计} = b'_2 - \Delta$ 相一致,以此作为校核。

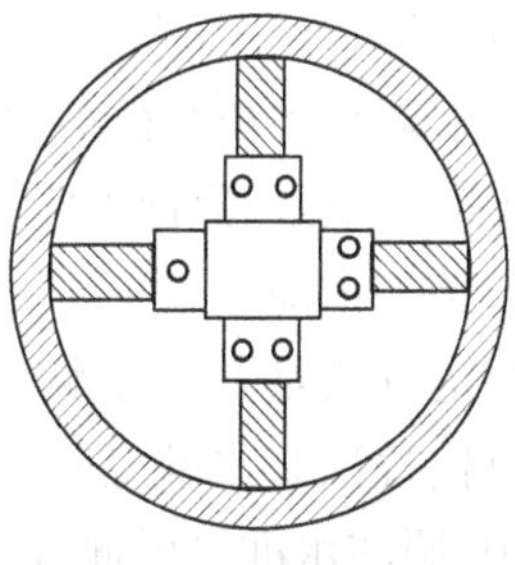

图 2-32 水准管校正螺旋

校正需要反复进行,直至 i 角不大于 20″。i 角虽然经过校正,仍不免有残存误差影响读数精度,在水准测量时,应尽量使仪器到前后标尺的距离相等,以消除或减小 i 角对高差的影响。

二、水准尺的检验

水准尺是水准测量所用仪器的重要组成部分,水准尺质量的好坏直接影响到水准测量的成果,如果水准尺的质量不好,甚至容易造成返工。因此,对水准尺进行检验也是十分必要的。

(一)一般检验

对水准尺进行一般的查看,首先查看水准尺是否发生弯曲变化。弯曲的变化值量取方法为:在水准尺两端系一细直线,量取尺中央到此细直线的垂距,若此垂距小于 8 mm,则可忽略水准尺的变形。水准尺的一般检验,还应查看尺面刻划、着色是否清晰,注记有无错误,尺的底部有无磨损情况等。

(二)圆水准器的检验和校正

圆水准器的检验与校正一般有两种方法。一种方法是在室内或避风处用一个垂球挂在水准尺上,使尺的边缘与垂线一致,用圆水准器的校正螺丝使气泡居中。另一种方法是安置一架经过检验校正后的水准仪,在相距约 50 m 处的尺垫上竖立水准尺,检查时观测者指挥立尺员将水准尺的边缘与望远镜中竖丝重合,用圆水准器校正螺丝使气泡居中,然后将水准尺转动 90°,重复前面操作过程至少两次。

(三)水准尺分划的检验

1. 水准尺每米平均真长的测定

水准尺每米平均真长测定的目的,在于了解水准尺的名义长度与实际长度之差,若超过一定限度,则应在水准测量中对所测高差进行改正。

测定方法是将水准尺与检查尺相比较。通常用一级线纹米尺作为检验尺,一级线纹米尺本身应经过鉴定并有尺长方程式，全长 103 cm，全部尺面都有 0.2 mm 间隔的分划，尺上还附有温度计用以测定尺子的温度，以便对尺长进行温度改正，读数时用尺上可以移动的放大镜进行，具体测定方法可参考有关规范进行。

2. 水准尺每米分划误差的测定

检查水准尺的分米分划线位置是否正确，从而审定该水准尺是否允许用于水准测量作业。《水准标尺检定规程》(JJG 8—1991)对标称长度为 3 m 的水准尺规定分划线位置的误差不应超过 ±1.0 mm。

测定方法是将水准尺与检查尺相比较。通常用一级线纹米尺作为检验尺，每分米进行读数，以便计算分米分划线的误差值，具体测定方法可参考有关规范进行。

3. 水准尺黑面与红面零点差数的测定

水准尺上红、黑面的零点差应为 4 687 mm 或 4 787 mm，应该通过检查，检查红、黑面零点差是否正确。

测定方法是安置好水准仪，在距水准仪约 20 m 处打一木桩，桩顶须钉一圆帽钉(尺垫可以代替)，将水准尺竖直地放在圆帽钉头上(或尺垫上)，将水准仪上的水准管气泡严格居中，照准水准尺黑面进行读数，仪器保持不动，然后将水准尺转 180°，使红面朝向仪器，进行红面读数，两次读数之差即为水准尺红面与黑面零点差。测定零点差时需要在不同高度的位置进行，通常需要测定四次，然后取四次读数的平均值。两根水准尺应该分别进行检查。

4. 一对水准尺黑面零点差的测定

水准尺的黑面零点应该与尺底面相吻合，由于使用时的磨损和制造的因素，零点与尺底可能不一致。如果一对水准尺的零点差相等，则在水准测量的高差中可以抵消。如果两根水准尺的零点差数值不等，则在偶数测站的水准测段可以抵消，在奇数测站的水准测段不可以抵消。

测定的方法是将两根水准尺水平放置，在两根水准尺的底面上各贴一双面刀片，在两水准尺上 1 m 范围内选择一个清楚的同一读数的分划线，用检查尺量出从刀片至该线的距离，两根水准尺量得的两次读数之差即为所求的零点差。

任务五　水准测量误差来源及影响

一、水准测量误差分析

水准测量误差包括仪器误差、观测误差和外界条件的影响三个方面。

(一)仪器误差

1. 仪器校正后的残余误差

i 角经检校后也不可能完全消除，当 i 角在 20″内时可以不加校正。i 角校正残余误差的影响与距离成正比，只要观测时注意前、后视距离相等，就可消除或减弱此项误差的影响。

2. 水准尺误差

水准尺刻划不准确、尺长变化、弯曲等影响，会使水准测量产生误差，因此必须使用检验合格的水准尺。水准尺的零点差可用一水准测段中测站为偶数的方法予以消除。

（二）观测误差

1. 水准管气泡居中误差

设水准管分划值为τ，居中误差一般为$\pm 0.15\tau$，采用符合式水准器时，气泡居中的精度可提高一倍，故居中误差为

$$m_{\tau} = \pm \frac{0.15\tau}{2\rho} \tag{2-28}$$

2. 读数误差

在水准尺上估读毫米数的误差，与人眼的分辨能力、望远镜的放大倍率以及视线长度有关，通常按下式计算

$$m_{V} = \frac{60''}{V}\frac{D}{\rho} \tag{2-29}$$

3. 视差影响

当视差存在时，十字丝平面与水准尺影像不重合，若眼睛观察的位置不同，便读出不同的读数，因而也会产生读数误差。

4. 水准尺倾斜影响

水准尺倾斜将使尺上读数增大。

（三）外界条件的影响

1. 仪器下沉

在观测过程中，由于仪器的自重，仪器会下沉，而又由于土壤的弹性，仪器会上升。仪器下沉使视线降低，从而引起高差误差。在测量过程中可采用“后—前—前—后”的观测程序来减弱其影响。将仪器安置在土质坚实的地方，同时熟练地掌握操作技术以缩短观测时间也是减弱仪器下沉影响的必要措施。

2. 尺垫下沉

如果在转点发生尺垫下沉，将使下一站后视读数增大。采用往返观测，取平均值的方法可以减弱其影响。

3. 地球曲率及大气折光的影响

用水平视线代替大地水准面在尺上读数产生的误差为c（见图2-33），则

$$c = \frac{D^2}{2R} \tag{2-30}$$

由于大气折光，视线并非是水平的，而是一条曲线，曲线的曲率半径为地球半径的7倍，其折光量的大小对水准读数产生的影响为

$$r = \frac{D^2}{2 \times 7R} \tag{2-31}$$

折光影响与地球曲率影响之和为

$$f = c - r = \frac{D^2}{2R} - \frac{D^2}{14R} = 0.43\frac{D^2}{R} \tag{2-32}$$

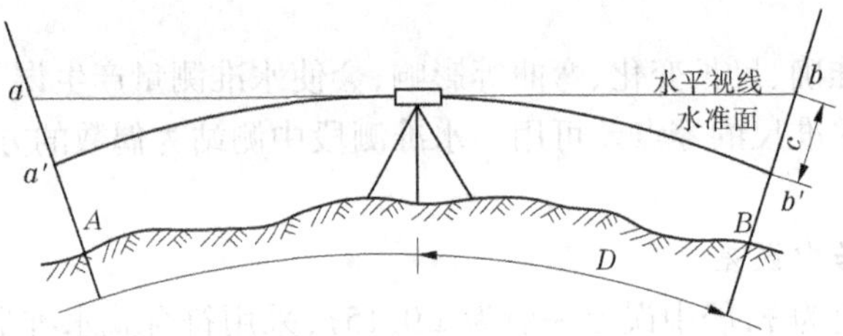

图 2-33　地球曲率的影响

如果前视水准尺和后视水准尺到测站的距离相等，则在前视读数和后视读数中含有相同的f值。这样在高差中就没有该误差的影响了。因此，安置测站时要争取“前后视相等”。

接近地面的空气温度不均匀，所以空气的密度也不均匀。光线在密度不匀的介质中沿曲线传布，称为大气折光。总体上说，白天近地面的空气温度高，密度低，弯曲的光线凹面向上；晚上近地面的空气温度低，密度高，弯曲的光线凹面向下。接近地面的温度梯度大，大气折光的曲率大，由于空气的温度在不同时刻、不同的地方一直处于变动之中，所以很难描述折光的规律。对策是避免用接近地面的视线工作，尽量抬高视线，用前、后视等距的方法进行水准测量。

除规律性的大气折光外，还有不规律的部分：白天近地面的空气受热膨胀而上升，较冷的空气下降补充。因此，这里的空气处于频繁的运动之中，形成不规则的湍流。湍流会使视线抖动，从而增加读数误差。对策是夏天中午一般不作水准测量。在沙地、水泥地、湍流强的地区，一般只在上午 10 点之前作水准测量。高精度的水准测量也只在上午 10 点之前进行。

4. 温度对仪器的影响

温度会引起仪器的部件胀缩，从而可能引起视准轴的构件（物镜、十字丝和调焦镜）相对位置的变化，或者引起视准轴相对于水准管轴位置的变化。由于光学测量仪器是精密仪器，很小的位移量可能使轴线产生几秒偏差，从而使测量结果的误差增大。

不均匀的温度对仪器性能的影响尤其大。例如从前方或后方日光照射水准管，就能使气泡“趋向太阳”，水准管轴的零位置也就改变了。

温度的变化不仅引起大气折光的变化，而且当烈日照射水准管时，由于水准管本身和管内液体温度升高，气泡向着温度高的方向移动，影响仪器水平，产生气泡居中误差，观测时应注意撑伞遮阳。

二、水准测量注意事项

（1）水准测量过程中应尽量用目估或步测保持前、后视距基本相等来消除或减弱水准管轴不平行于视准轴所产生的误差，同时选择适当观测时间，限制视线长度和高度来减少折光的影响。

（2）仪器脚架要踩牢，观测速度要快，以减少仪器下沉。

（3）估数要准确，读数时要仔细对光，消除视差，必须使水准管气泡居中，读完以后，再检查气泡是否居中。

(4)检查塔尺相接处是否严密,消除尺底泥土。扶尺者要身体站正,双手扶尺,保证扶尺竖直。

(5)记录要原始,当场填写清楚,在记错或算错时,应在错字上画一斜线,将正确数字写在错数上方。

(6)读数时,记录员要复诵,以便核对,并应按记录格式填写,字迹要整齐、清楚、端正。所有计算成果必须经校核后才能使用。

(7)测量者要严格执行操作规程,工作要细心,加强校核,防止错误。观测时,如果阳光较强要撑伞,给仪器遮太阳。

任务六 自动安平水准仪与电子水准仪

一、自动安平水准仪

自动安平水准仪与微倾式水准仪的区别在于:自动安平水准仪没有水准管和微倾螺旋,而是在望远镜的光学系统中装置了补偿器。使用时,只要水准仪的圆水准气泡居中,使仪器粗平,然后用十字丝读数便是视准轴水平的读数。

自动安平水准仪的优点在于无需精平、操作简单,因此可以大大加快水准测量的速度;另外,减小了外界条件对测量成果的影响,提高了水准测量的精度。

(一)视线自动安平的原理

当圆水准器气泡居中后,视准轴仍存在一个微小倾角 α,在望远镜的光路上安置一补偿器,使通过物镜光心的水平光线经过补偿器后偏转一个 β 角,仍能通过十字丝交点,这样十字丝交点上读出的水准尺读数,即为视线水平时应该读出的水准尺读数。

由于无需精平,这样不仅可以缩短水准测量的观测时间,而且对于施工场地地面的微小震动、松软土地的仪器下沉以及大风吹刮等原因引起的视线微小倾斜,能迅速自动安平仪器,从而提高了水准测量的观测精度。

(二)自动安平水准仪的使用

使用自动安平水准仪时,首先将圆水准器气泡居中,然后瞄准水准尺,等待 2 ~4 s 后,即可进行读数。有的自动安平水准仪配有一个补偿器检查按钮,每次读数前按一下该按钮,确认补偿器能正常作用再读数。

二、电子水准仪

电子水准仪又称为数字水准仪,它是在自动安平水准仪的基础上发展起来的,于 1990 年首先由威特厂研制成功,标志着大地测量仪器已经完成了从精密光机仪器向光机电测一体化的高技术产品的过渡。

(一)电子水准仪的观测精度

电子水准仪的观测精度高,如瑞士徕卡公司开发的 NA2000 型电子水准仪的分辨力为0.1 mm,每千米往返测得高差中数的偶然中误差为2.0 mm;NA3003 型电子水准仪的分辨力为0.01 mm,每千米往返测得高差中数的偶然中误差为0.4 mm。

(二)电子水准仪测量原理简述

与电子水准仪配套使用的水准尺为条形编码尺,通常用玻璃纤维或铟钢制成。在电子水准仪中装置有行阵传感器,它可识别水准尺上的条形编码。电子水准仪摄入条形编码后,经处理器转变为相应的数字,再通过信号转换和数据化,在显示屏上直接显示中丝读数和视距。

(三)电子水准仪的使用

NA2000 电子水准仪用 15 个键的键盘和安装在侧面的测量键来操作。有两行 LCD 显示器显示给使用者,并显示测量结果和系统的状态。

观测时,电子水准仪在人工完成安置与粗平、瞄准目标(条形编码水准尺)后,按下测量键后 3 ~4 s 即显示出测量结果。其测量结果可储存在电子水准仪内或通过电缆连接存入机内记录器中。

另外,观测中如水准标尺条形编码被局部遮挡小于 30%,仍可进行观测。

(四)电子水准仪的主要优点

电子水准仪的主要优点如下:

(1)操作简捷,自动观测和记录,并立即用数字显示测量结果。

(2)整个观测过程在几秒钟内即可完成,从而大大减少观测错误和误差。

(3)仪器还附有数据处理器及与之配套的软件,从而可将观测结果输入计算机进行处理,实现测量工作自动化和流水线作业,大大提高功效。

目前的电子水准仪采用自动电子读数的原理有相位法、相关法和几何法三种。与电子水准仪配套使用的标尺为条码标尺,各厂家标尺编码的条码图案不相同,不能互换使用。照准标尺和调焦仍需目视进行。

项目小结

本项目主要讲述了水准测量的知识,项目下的 6 个任务围绕着学习目标逐一展开,任务一主要针对水准测量的工作原理进行了讲述;任务二主要是对水准测量的仪器和工具的特点及使用方法进行了讲述;任务三讲述了水准测量施测方法,内容较多且细致,是本项目下的重点任务,由于成果整理中包含较多计算,因此也是本项目中难度较大的 1 个项目;任务四介绍了水准仪的检验和校正;任务五介绍了水准测量误差的来源及影响;任务六介绍了两类水准仪的原理与使用方法。水准测量的原理、施测方法以及成果整理是本项目的重点内容,应该着重加强学习。

项目考核

一、选择题

1. 水准测量是利用水准仪提供(　　)求得两点高差,并通过其中一已知点的高程,推算出未知点的高程。

　　A. 铅垂线　　B. 视准轴　　C. 管水准器轴线　　D. 水平视线

2. 往返水准路线高差平均值的正负号是以(　　)的符号为准。

A. 往测高差　B. 返测高差　C. 往返测高差的代数和

3. 水准仪的粗略整平是通过调节(　　)来实现的。

A. 微倾螺旋　B. 脚螺旋　C. 对光螺旋　D. 测微轮

4. 水准尺读数时应按(　　)方向读数。

A. 由小到大　B. 由大到小　C. 任意

5. 下面选项中属于一测站水准测量基本操作中的读数之前的操作是(　　)。

A. 必须做好安置仪器、粗略整平、瞄准标尺的工作

B. 必须做好安置仪器、瞄准标尺、精确整平的工作

C. 必须做好精确整平的工作

D. 必须做好粗略整平的工作

6. 地面点 A,任取一个水准面,则 A 点至该水准面的垂直距离称为(　　)。

A. 绝对高程　B. 海拔　C. 高差　D. 相对高程

7. 水准测量观测时,每安置一次仪器观测两点间的高差称为一个(　　)。

A. 转点　B. 测站　C. 立尺点　D. 原点

8. 水准仪的望远镜视准轴与水准管轴的夹角在竖直面上的投影叫作(　　)。

A. i 角(水准仪的视准轴误差)　B. φ 角(水准仪的交叉误差)

C. 水平轴倾斜误差　D. 竖直轴倾斜误差

9. 在四等水准测量中,同一把尺黑、红面读数差不应超过(　　)。

A. ±1 mm　B. ±3 mm　C. ±5 mm　D. ±6 mm

10. 已知视线高程为 8.201 m,A 点的高程为 5.513 m,则 A 点在水准尺上的读数为(　　)。

A. 8.201 m　B. 2.688 m　C. 2.668 m　D. 3.668 mm

二、判断题

1. 水准器的分划值越大,则灵敏度越高,所需的整平时间也越长。(　　)

2. 水准仪上圆水准器的作用是粗略整平,水准管的作用是精确整平。(　　)

3. 自动安平水准仪只有圆水准器而没有管水准器。(　　)

4. 进行水准测量观测时,水准点一定要使用尺垫,而转点上不用尺垫。(　　)

5. DS_3 微倾式水准仪读取中丝前一定要使符合水准器两端影像精密吻合,才能读数。(　　)

6. 在水准测量中,如水准尺竖立不直则造成实际读数比其正确读数偏大。(　　)

7. 测量中,视差就是视觉误差,取决于观测者的视力水平,而不能通过调节仪器的光学部件消除。(　　)

8. 水准测量时,由于水准尺竖立不直,这时读数比正确读数要小。(　　)

9. 闭合水准路线的高差闭合差与已知点高程有关。(　　)

项目三 角度测量

角度测量是测量的三项基本工作之一，包括水平角测量和竖直角测量。水平角用于确定点的平面位置，竖直角用于高差的计算或将倾斜距离换算成水平距离。常用到的角度测量仪器有光学经纬仪、电子经纬仪和全站型电子速测仪。

任务一 角度测量原理

一、水平角的测量原理

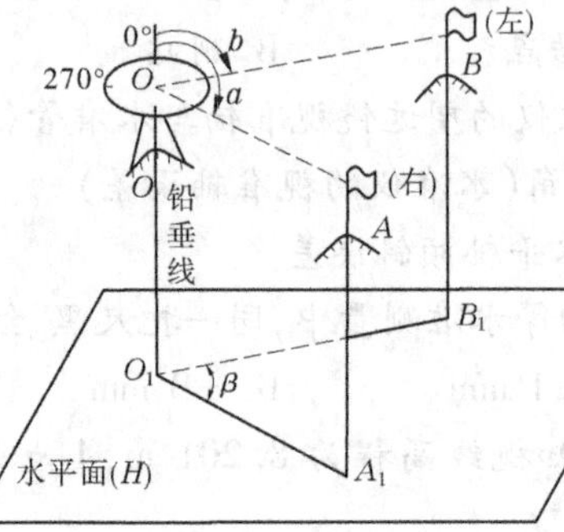

图 3-1 水平角测量原理

如图 3-1 所示，O、A、B 为地面上任意三个点，沿铅垂线方向投影到水平面 H 上，得到相对应的 O_1、A_1、B_1 点，则水平投影线 O_1A_1 和 O_1B_1 所形成的夹角 β 就称为地面方向线 OA 与 OB 间的水平角。因此，水平角指的就是地面上某点到两目标的方向线铅垂投影在水平面上所形成的角度，其取值范围是 0°~360°。为了测定水平角的大小，可在 O 点上方任意高度安置一个带有均匀刻划度数的圆盘，并使圆盘中心在铅垂线上，通过 OA 和 OB 各作一铅垂面，设这两个铅垂面在度盘上截取的读数分别为 a 和 b，则水平角 β 的角度值为

$$\beta = a - b \tag{3-1}$$

二、竖直角测量原理

在同一竖直平面内，地面某点至目标的方向线与水平视线间的夹角称为竖直角。如图 3-2 所示，当目标点视线位于水平线上方时，竖直角为正（$+\alpha$），称为仰角；当目标视线位于水平线下方时，竖直角为负（$-\alpha$），称为俯角。所以，竖直角的取值范围是 -90°~+90°。在对竖直角进行测量时，类似水平角，可在测量范围内任意竖直面内安置带有均匀刻划度数的竖直度盘，竖直角的数值也是两个方向的读数之差，不同之处在于其中一个方向是水平线方向。水平方向的读数可以通过竖盘指标水准器或竖盘指标自动装置来确定。对于经纬仪而言，水平视线方向的竖直度盘读数一般设置为 0°或 90°的整倍数。因此，在进行竖直角的测量时，只要瞄准目标读取竖直度盘读数就可以计算出视线方向的竖直角。

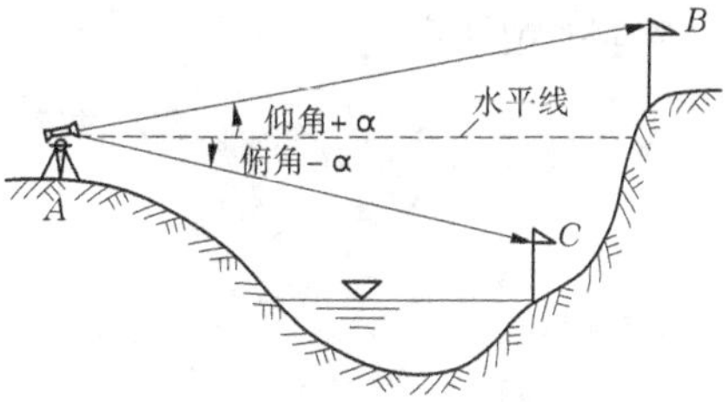

图 3-2　竖直角测量原理

任务二　DJ_6型光学经纬仪及电子经纬仪

一、光学经纬仪

经纬仪是测量角度的仪器，国产光学经纬仪按其精度等级划分的型号有DJ_{07}、DJ_1、DJ_2及DJ_6等几种，D、J分别为“大地测量”和“经纬仪”的汉字拼音首字母大写，其下标数字07、1、2、6分别为该仪器一测回方向观测中误差的秒数。DJ_{07}、DJ_1和DJ_2型光学经纬仪属于精密光学经纬仪，DJ_6型经纬仪属于普通光学经纬仪。本节介绍最常用的DJ_6型光学经纬仪的基本构造及其操作。

（一）DJ_6型光学经纬仪的构造

各类型号的DJ_6型光学经纬仪的构造是基本相同的，如图3-3所示为DJ_6型光学经纬仪的构造图，各部件名称如图上所注，它主要由照准部、水平度盘和基座三大部分组成，如图3-4所示。

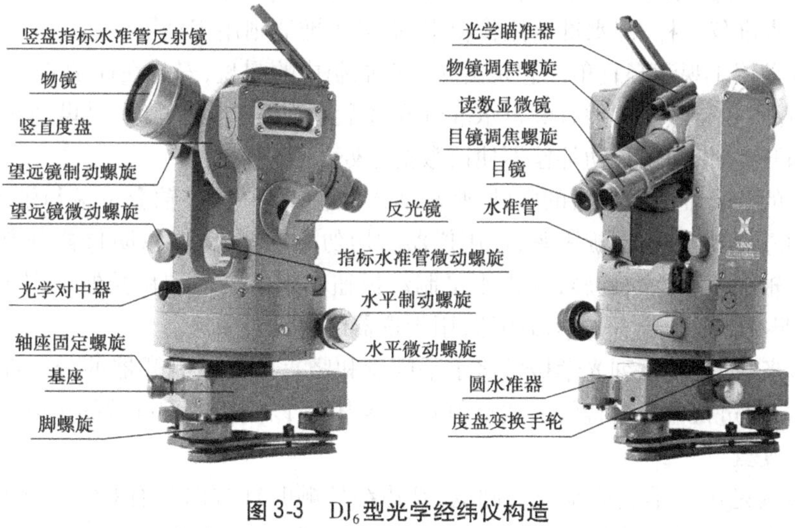

图 3-3　DJ_6型光学经纬仪构造

1. 照准部

经纬仪的照准部主要部件有望远镜、照准部水准管、竖直度盘、竖轴、读数设备及支架等。

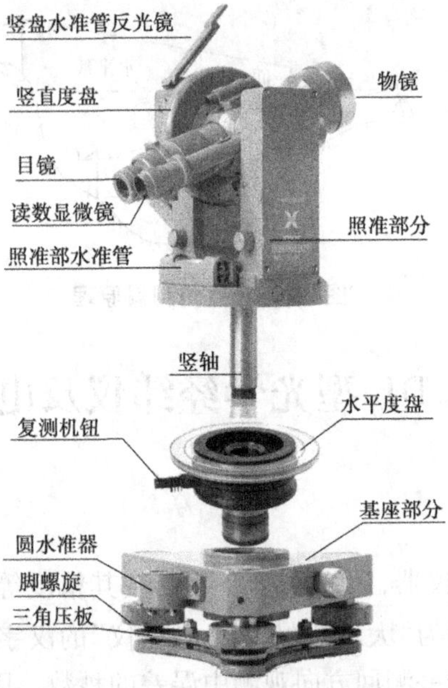

图 3-4 DJ_6 型光学经纬仪拆分图

望远镜用于精确瞄准目标。它在支架上可绕横轴在竖直面内做仰俯转动,并由望远镜制动扳钮和望远镜微动螺旋控制。经纬仪的望远镜与水准仪的望远镜相同,由物镜、调焦镜、十字丝分划板、目镜和固定它们的镜筒组成。

照准部水准器用于仪器的整平。照准部上设有一个管水准器,使水平度盘处于水平位置,一般的经纬仪除照准部水准管外,在基座上还装有圆水准器,与脚螺旋配合,用于整平仪器。和水准仪一样,圆水准器用作粗平,而管水准器则用于精平。

竖直度盘用于观测竖直角。它是由光学玻璃制成的圆盘,安装在横轴的一端,并随望远镜一起转动,与竖盘配套的有竖盘水准管和竖盘水准管微动螺旋。另设竖盘指标自动补偿装置和开关,借助于自动补偿器使读数指标处于正确位置。

照准部的旋转轴即为仪器的竖轴,竖轴插入竖轴轴套中,该轴套下端与轴座固连,置于基座内,并用轴座固定螺旋固紧,使用仪器时切勿松动该螺旋,以防仪器分离坠落。照准部可绕竖轴在水平方向旋转,并由水平制动扳钮和水平微动螺旋控制。图 3-4 所示的经纬仪,其照准部上还装有光学对中器,用于仪器的精确对中。

读数设备,通过一系列光学棱镜将水平度盘和竖直度盘及测微器的分划都显示在读数显微镜内,通过仪器反光镜将光线反射到仪器内部,以便于度盘读数的读取。

2. 水平度盘

水平度盘是由光学玻璃制成的圆盘,其边缘按顺时针方向刻有 0° ~ 360°的分划,两相邻分划间的弧长所对圆心角,称为度盘分划值,通常为 1°或 30′,用于测量水平角。水平度盘与一金属的空心轴套结合,套在竖轴轴套的外面,并可自由转动。

水平度盘的下方有一个固定在水平度盘旋转轴上的金属复测盘。复测盘配合照准部外壳上的转盘手轮,可使水平度盘与照准部结合或分离。按下转盘手轮,复测装置的簧片便夹住复测盘,使水平度盘与照准部结合在一起,当照准部旋转时,水平度盘也随之转动,读数不变;弹出转盘手轮,其簧片便与复测盘分开,水平度盘也和照准部脱离,当照准部旋转时,水平度盘则静止不动,读数改变。

3. 基座

基座在仪器的最下部,它是支承整个仪器的底座。基座上安有三个脚螺旋和连接板。转动脚螺旋可使水平度盘水平。通过架头上的中心螺旋与三脚架头固连在一起。此外,基座上还有一个连接仪器和基座的轴座固定螺旋,一般情况下,不可松动轴座固定螺旋,以免仪器脱出基座而摔坏。

(二)DJ_6型光学经纬仪的读数装置

DJ_6型光学经纬仪的读数装置包括度盘、光路系统及测微器。水平度盘和竖直度盘的分划线通过一系列的棱镜和透镜作用,成像于望远镜旁的读数显微镜内,观测者用读数显微镜读取读数。由于测微装置的不同,DJ_6型光学经纬仪的读数方法通常分为分微尺读数和单平板玻璃测微器读数两种。

1. 分微尺读数装置

在读数显微镜内,可以看到水平度盘和竖直度盘的分划以及相应的分微尺像,如图3-5所示为读数显微镜内看到的度盘和分微尺的影像,上面注有“H”(或“水平”)的窗口为水平度盘读数窗,下面注有“V”(或“竖直”)的窗口为竖直度盘读数窗。其中,长线和大号数字为度盘上分划线影像及其注记,短线和小号数字为分微尺上的分划线及其注记。度盘最小分划值为1°,分微尺上把度盘为1°的弧长分为60格,即分微尺上最小分划值为1′,每10′作一注记,可估读至0.1′或6″。

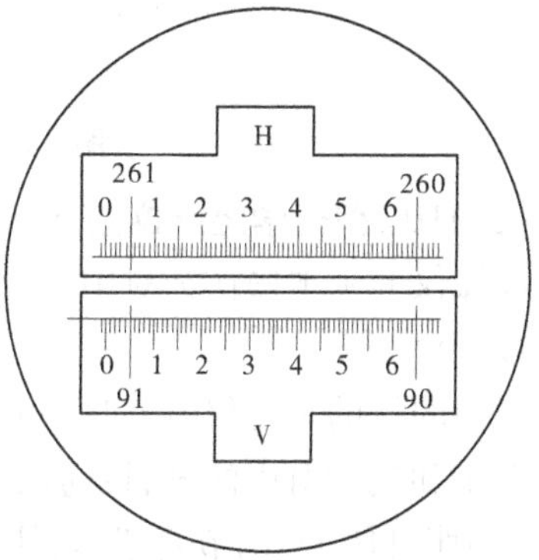

图3-5 分微尺读数装置

读数方法是:以分微尺上的0分划线为读数指标线,“度”由度盘分划线在分微尺上的影像注记直接读出,“分”则用度盘分划线作为指标,在分微尺中直接读出,并估读至0.1′,两者相加,即得度盘读数。如图3-5所示,水平度盘的读数为261° +04′ =261°04′00″;同理,竖直度盘读数为91° +01′ =91°01′00″。

实际读数时,只要看哪根度盘分划线位于分微尺该分划线内,则读数中的度数就是此度盘分划线的注记数,读数中的分数就是这跟分划线所指的分微尺上的数值。由此可见,分微尺的读数装置的作用就是读出小于度盘最小分划值的尾数值,读数精度受显微镜放大率与分微尺长度的限制。

2. 单平板玻璃测微器读数装置

如图3-6所示为单平板玻璃测微器的读数窗视场,读数窗内可以清晰地看到测微盘(上)、竖直度盘(中)和水平度盘(下)的分划像。度盘凡整度注记,每度分两格,最小分划值为30′;测微盘把度盘上30′弧长分为30大格,一大格为1′,每5′一注记,每一大格又分三小格,每小格20″,不足20″的部分可估读。

读数时,打开并转动反光镜,调节读数显微镜的目镜,然后转动测微轮,使一条度盘分划线精确地平分双线指标，则该分划线的读数即为读数的度数部分，不足30′的部分再从测微盘上读出，并估读到5″，两者相加，即得度盘读数。每次水平度盘读数和竖直度盘读数都应调节测微轮，然后分别读取，两者共用测微盘，但互不影响。

图3-6(a)中，水平度盘读数为49°30′ + 22′40″ = 49°52′40″；

图3-6(b)中，竖直度盘读数为107° + 01′40″ = 107°01′40″。

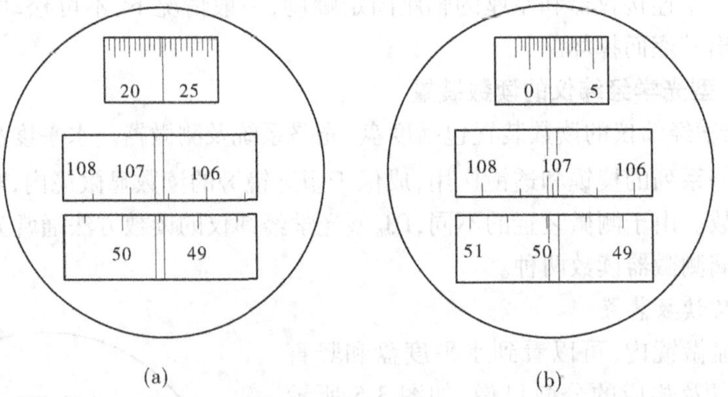

图3-6 单平板玻璃测微器读数装置

(三)DJ_6型光学经纬仪的基本操作

经纬仪的基本操作为对中、整平、瞄准和读数。

1. 对中

对中的目的是使仪器度盘中心与测站点标志中心位于同一铅垂线上，对中的方法有垂球对中和光学对中两种，目前较多采用的是光学对中。具体操作如下：

(1)张开脚架，调节脚架腿，使其高度适宜，并通过目估使架头水平、架头中心大致对准测站点。

(2)从箱中取出经纬仪安置于架头上，旋紧连接螺旋，旋转光学对中器的目镜，使对中标志的分划板清晰可见，再转动物镜调焦螺旋使测站标志影像清晰，寻找目标站点。如偏离测站点较远，则需移动三脚架，使对中器分划中心对准测站点，然后将脚架尖踩实。若偏差较小，可略微松开连接螺旋，在架头上移动仪器，直至对中器分划中心准确对准测站点，最后旋紧连接螺旋。

2. 整平

整平的目的是调节脚螺旋使水准管气泡居中，从而使经纬仪的竖轴竖直，水平度盘处于水平位置。整平分为粗平和精平两个部分。其操作步骤如下：

(1)粗略整平。伸缩脚架使圆气泡居中，但是要注意脚架位置不得移动。

(2)精确整平。转动照准部，使照准部水管器大致平行于基座上任意两个脚螺旋的连线，转动这两个脚螺旋使水准管气泡精确居中。然后将照准部旋转90°，转动第三个脚螺旋，使水准管气泡精确居中，如图3-7所示。

(3)再次精确对中，精确整平。按以上步骤重复操作，直至水准管在这两个位置上气泡都居中。而整平的操作可能会破坏前面的精确对中的成果，因此在精确整平后要检查

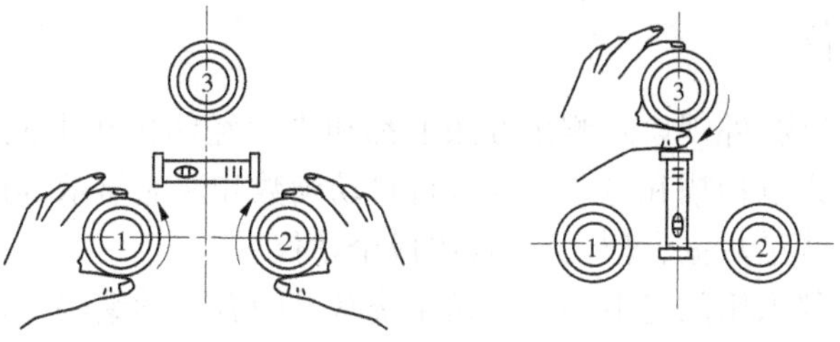

(a) (b)

图 3-7 照准部水准管精确整平方法

一下标志中心是否仍位于小圆圈中心,若有略微偏差,可稍松中心连接螺旋,在架头上移动仪器,使其精确对中,拧紧连接螺旋。再重复精平的操作,直到完全精确对中和精确整平。

3. 瞄准

瞄准的具体操作如下:

(1)目镜对光。将望远镜对向明亮背景,转动目镜对光螺旋,使十字丝成像清晰。

(2)粗略瞄准。松开照准部制动螺旋与望远镜制动螺旋,转动照准部与望远镜,通过望远镜上方的缺口和准星粗略对准目标,然后拧紧制动螺旋。

(3)物镜对光。转动位于镜筒上的物镜对光螺旋,使目标成像清晰并检查有无视差存在,如果发现有视差存在,应重新进行对光,直至消除视差。

(4)精确瞄准。转动微动螺旋,使十字分划板的竖丝准确瞄准(夹住)目标。观测水平角时,应尽量瞄准目标的基部,当目标宽于十字丝双丝距时,宜用单丝平分,如图3-8(a)所示;目标窄于双丝距时,宜用双丝夹住,如图 3-8(b)所示;观测竖直角时,用十字丝横丝的中心部分对准目标位,如图 3-8(c)所示。

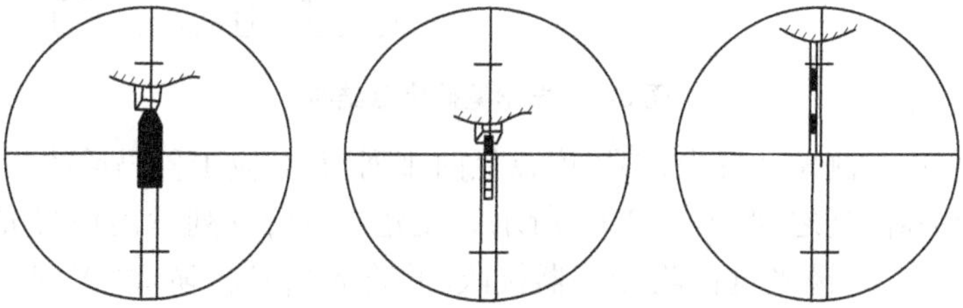

(a) (b) (c)

图 3-8 角度测量时瞄准标志的方法

4. 读数

读数时,应先将反光镜打开到适当位置,调整反光镜的开合角度,使读数显微镜视场内亮度适当,然后转动读数显微镜目镜进行对光,使读数窗刻划线清晰,再按上节所述方法进行读数。

二、电子经纬仪

电子经纬仪在结构、外观以及测角方法上都和光学经纬仪相类似。其主要不同点在于读数系统，它采用光电扫描和电子元件进行自动读数和液晶显示，可以直接测出并显示出水平角、竖直角的测量数据，可与测距仪组成全站仪。

目前，电子经纬仪采用的光电扫描测角系统常见的有光学编码度盘测角系统、光栅度盘测角系统等。

（一）光学编码度盘测角系统及其原理

光学编码度盘是电子经纬仪采用的一种光电扫描读数系统。光学编码度盘为绝对式度盘，在光学玻璃圆盘上，采用纯二进制计数编码，将圆盘由里向外划分为若干个同心圆环（又称为码道），并将圆周划分为若干区间，如图 3-9 所示。用逆光（白色）和不透光（黑色）两种状态表示二进制代码“0”和“1”。而度盘的每一个位置对应一个唯一的二进制码的度、分、秒数值。编码度盘的分辨率与码道和码区的划分相关。

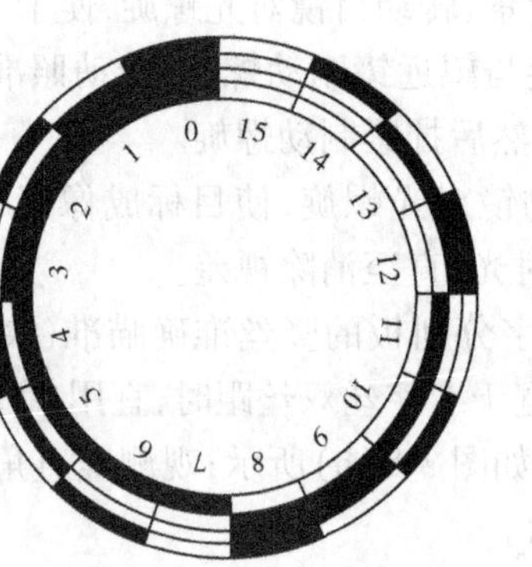

十进制	二进制码				码道展开
0	0	0	0	0	
1	0	0	0	1	
2	0	0	1	0	
3	0	0	1	1	
4	0	1	0	0	
5	0	1	0	1	
6	0	1	1	0	
7	0	1	1	1	
8	1	0	0	0	
9	1	0	0	1	
10	1	0	1	0	
11	1	0	1	1	
12	1	1	0	0	
13	1	1	0	1	
14	1	1	1	0	
15	1	1	1	1	

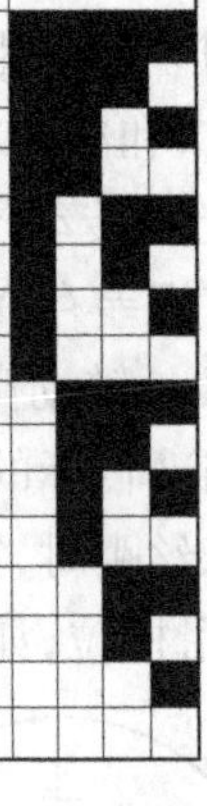

图 3-9 光学编码度盘结构

在光学编码度盘测角装置中，编码度盘径向排列，并对应于各码道的一组发光二极管和光电接收传感器阵列之间，如图 3-10 所示。发光二极管阵列发出信号光，通过码盘产生透光或不透光信号，被光电接收传感器接收，并将光信号转换成“0”或“1”的电信号。某一径向码盘的读数即为各码道对应的传感器输出的二进制数的合成。

测角时，发光二极管和接收传感器一同与照准部望远镜相对于码盘旋转。接收传感器在始、终两个码区上所获得不同状态的二进制径向读数，也就反映了该两区的夹角。将这两组的二进制编码送入微处理器，直接换算成角度值在液晶显示器上显示出来。

（二）光栅度盘测角系统及其原理

光栅度盘是由光学玻璃圆盘上径向均匀等角距刻线的径向光栅刻线形成的，光栅线条处为不透光区，缝隙处为透光区。光栅度盘为相对式度盘，它由两块密度相同的光栅圆盘相叠构成，分别称为主度盘和副度盘。

若使两个光栅圆盘的刻线相互倾斜一个很小的角度，当光线通过时，将产生明暗相间的衍射莫尔条纹，如图 3-11 所示。光栅度盘置于发光二极管和光电接收传感器之间，光栅度盘测角装置中，副度盘、发光二极管和光电接收传感器相对固定，而主度盘会随照准部望远镜的转动而发生旋转。测角时，发光二极管发出光信号，通过光栅度盘产生莫尔条纹，并映射到光电接收传感器上。主度盘每转动一条光栅，莫尔条纹就在接收传感器上垂直向上移动一周，流经接收传感器的电流相应变化一周，形成正弦波，并将其转变成矩形脉冲信号，此时对脉冲信号进行计数便可得到度盘旋转角度。

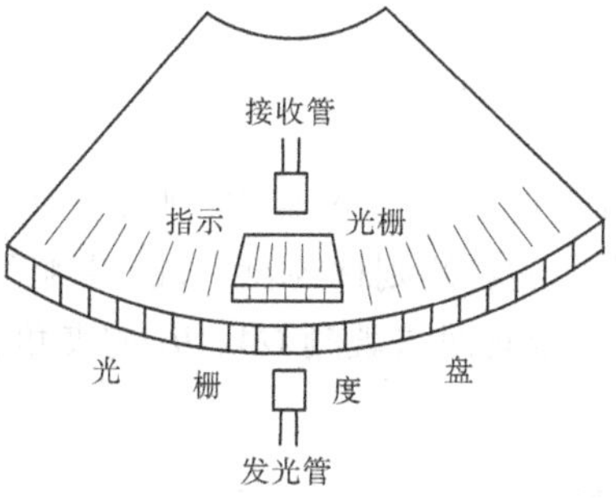

图 3-10　光学编码度盘结构原理

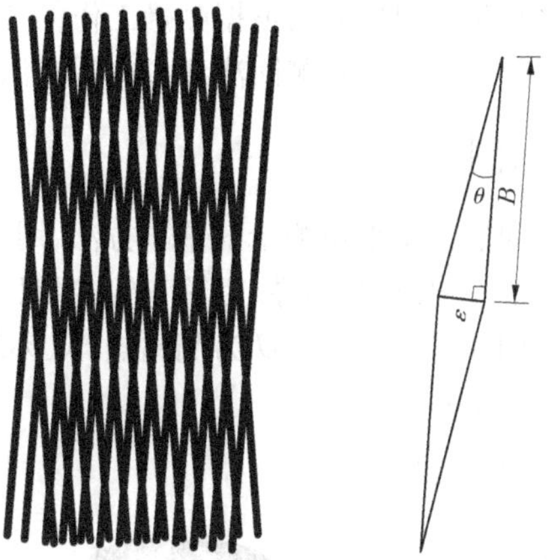

图 3-11　莫尔条纹

当望远镜瞄准初始方向时，让计数器处于初始零位。当主度盘随着望远镜照准另一目标时，流经接收传感器电流的累积周数就是两方向之间所夹的光栅数。也就是说，计数器所计电流周数经过微处理器就可以在液晶显示器上显示出角度值。

（三）电子经纬仪的使用操作

1. 仪器的安置

电子经纬仪的安置包括对中和整平，其方法与光学经纬仪相同。

2. 仪器的初始设置

在室外具体作业之前，进行电池装载，并进行仪器电压检查，检查完毕后，应对仪器采用的功能项目进行初始设置。设置项目主要有：

（1）角度测量单位为 360°、400^g。

（2）竖直角 0 方向的位置设水平为 0°或天顶为 0°。

（3）自动断电关机时间为 30 min 或 10 min。

（4）角度最小显示单位为 1″或 5″。

（5）竖盘指标零点补偿选择为自动补偿或不补偿（出厂设置为自动补偿，05 型无自动补偿器，此项无效）。

（6）水平角读数经过 0°、90°、180°、270°时蜂鸣或不蜂鸣（出厂设置为蜂鸣）。

3. 测量操作

（1）仪器对中、整平后，照准第一目标，开机。

（2）水平角置零（水平角设置）。

（3）设置水平角右旋（HR）或左旋（HL）测量方式。

(4)顺时针或逆时针方向照准第二目标,显示记录上半测回所测结果。

(5)设置水平角左旋(HL)或右旋(HR)测量方式。

(6)逆时针方向照准第一目标,显示记录下半测回成果。

任务三 水平角测量

水平角的测量方法根据测量工作的精度要求、观测目标的多少及所用仪器而定,常用的水平角观测方法有测回法和方向观测法两种。

一、测回法

测回法是水平角测量的基本方法,用于两个目标之间的水平角观测。竖盘在望远镜视准轴的左侧,称为盘左,也称正镜;竖盘在视准轴方向的右侧则称为盘右,也叫倒镜。

如图 3-12 所示,设 O 为测站点,A、B 为观测目标,用测回法观测 OA、OB 的夹角 β,具体步骤如下:

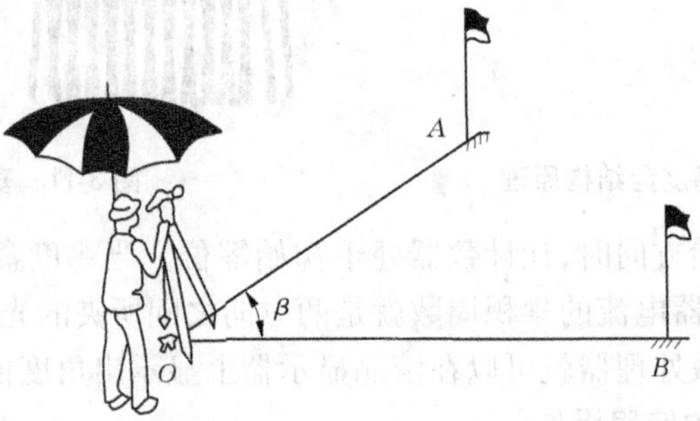

图 3-12 测回法水平角观测

(1)安置仪器于测站 O 点,对中整平,在 A、B 点上分别设置目标标志,如竖立花杆或测钎等。

(2)盘左观测。将竖直度盘置于观测者左侧,瞄准目标 A,调节度盘变换手轮使水平度盘读数配置在 0°左右或直接读数,例如,此时水平度盘读数 L_A 为 0°02′12″,计入表 3-1 中相应栏内,一般可称 A 点为零方向;松开照准部水平制动螺旋,顺时针旋转照准部瞄准目标 B,得到水平度盘读数 L_B 为 72°02′40″,计入记录表相应栏内。

此称为上半测回,其盘左位置水平角值为 $\beta_{左} = L_B - L_A = 72°00'28''$。

(3)盘右观测。松开照准部和望远镜制动螺旋,纵转望远镜,使竖直度盘位于观测者右侧,先瞄准右边目标 B,得到水平度盘读数 R_B 为 252°02′46″,计入记录表 3-1 相应栏内;同盘左测量,松开照准部制动螺旋,逆时针方向转动照准部,瞄准左边目标 A,得水平度盘读数 R_A 为 180°02′22″,计入表 3-1。

此为下半测回,其盘右位置水平角值为 $\beta_{右} = R_B - R_A = 72°00'24''$。

上、下两个半测回合称为一测回。用 DJ_6 型光学经纬仪观测水平角时,上、下两个半测回所测角值之差为 4″,小于《城市测量规范》(GJJ/T 8—2011)规定的现差值 ±40″(也称不符值),达到精度要求,取平均值作为一测回的角值,结果为 $\beta = 1/2(\beta_{左} + \beta_{右}) =$

72°00′26″。若两个半测回的不符值超过 ±40″，则该水平角应重新观测。

表 3-1　水平角读数观测记录表（测回法）

测站	竖盘位置	目标	水平度盘读数（°　′　″）	半测回角值（°　′　″）	一测回角值（°　′　″）	各测回平均角值（°　′　″）
O	左	*A*	0　02　12	72　00　28	72　00　26	72　00　26
		B	72　02　40			
	右	*A*	180　02　22	72　00　24		
		B	252　02　46			
O	左	*A*	90　02　11	72　00　30	72　00　27	
		B	162　02　41			
	右	*A*	270　02　13	72　00　24		
		B	342　02　37			

用测回法观测记录水平角时应注意，由于水平度盘是顺时针刻划注记的，因而在计算水平角时均是用右目标（见图 3-12 中 *B*）的读数减去左目标（见图 3-12 中 *A*）的读数，当遇到不够减时，则应在右目标的读数上加上 360°，再减去左目标读数，绝不可倒过来减。

当测角精度要求较高需要对一个角度观测若干个测回时，为减弱度盘分划不均误差的影响，在各测回之间，应使用度盘变换手轮或复测按钮，按 180°/*n* 差值变换度盘起始位置。最后，在满足现差的前提下取各测回平均值作为最后结果。

二、方向观测法

在一个测站上，当观测方向在三个以上时，一般采用方向观测法（又称全圆测回法）。

（一）观测步骤

如图 3-13 所示，设 *O* 为站点，*A*、*B*、*C*、*D* 为观测目标，采用方向观测法观测各方向间的水平角，具体操作步骤如下：

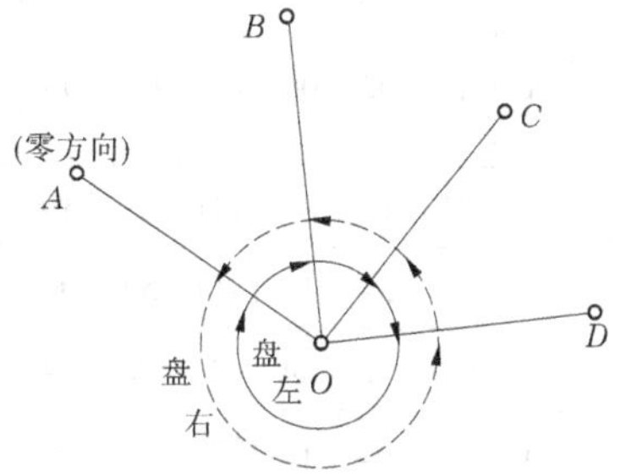

图 3-13　方向观测法观测水平角

（1）将经纬仪安置于 *O* 点处，对中整平，分别在 *A*、*B*、*C*、*D* 等观测目标处竖立标志。

（2）首先用盘左位置，且使水平度盘读数略大于 0°时照准起始方向，如图中的 *A* 点，读取水平度盘读数 $L_{左}$，计入表 3-2 中相应栏内。顺时针旋转照准部，依次瞄准目标 *B*、*C*、*D*，分别读取水平度盘读数 L_B、L_C、L_D，依次计入观测手簿相应栏内（见表 3-2），为检查观测过程中度盘位置有无变动，最后观测零方向目标 *A*，得水平度盘读数 L_A'，称为上半测回归零，其水平读盘读数也计入相应栏内，L_A'与 L_A之差称为半测回归零差。DJ_6型光学经纬仪半测回归零差为 18″（详见表 3-3），如归零差超限，则说明在观测过程中，仪器度盘位置有变动，此半测回应该重测，以上称为上半测回。

（3）纵转照准部望远镜，以盘右观测：按逆时针方向依次照准 *A*、*D*、*C*、*B*、*A*，并分别读

取水平度盘读数 R_A、R_D、R_C、R_B、R_A，计入观测手簿相应栏内。以上为下半个测回，其半测回归零差不应超过限差规定。

上、下半测回合称一个测回。若所测目标角度精度要求较高，需要观测若干个测回，同测回法观测要求，各测回间起始方向水平度盘读数应变换 $180°/n$。

（二）方向观测法的计算

（1）计算上、下半测回归零差。

（2）计算两倍视准轴误差 $2c$ 值。

两倍视准轴误差是同一台仪器观测同一方向盘左、盘右读数之差，简称 $2c$ 值。理论上，同一目标盘左读数和盘右读数应该相差 180°，故可由下式计算：

$$2c = 盘左读数 - (盘右读数 \pm 180°) \tag{3-2}$$

式中，当盘右读数大于 180°时取“－”号，反之取“＋”号。

（3）计算各方向的平均读数：

$$平均读数 = 1/2[盘左读数 + (盘右读数 \pm 180°)] \tag{3-3}$$

由于零方向 A 有两个平均读数，故应再取平均值，对应填入表 3-2 第 7 栏上方小括号内，如表 3-2 中第一测回的（0°02′06″）。

表 3-2 方向观测法观测手簿

测站	测回数	目标	水平度盘读数 盘左 (° ′ ″)	水平度盘读数 盘右 (° ′ ″)	2c = 左 − (右 ±180°) ″	平均读数 = 1/2 [左 ± (右 + 180°)] (° ′ ″)	归零后方向值 (° ′ ″)	各测回归零方向值平均值 (° ′ ″)
1	2	3	4	5	6	7	8	9
O	1	A	0 02 06	180 02 00	+06	(0 02 06) 0 02 03	0 00 00	0 00 00
		B	51 15 42	231 15 30	+12	51 15 36	51 13 30	51 13 28
		C	131 54 12	311 54 00	+12	131 54 06	131 52 00	131 52 02
		D	182 02 24	2 02 24	0	182 02 24	182 00 18	182 00 22
		A	0 02 12	180 02 06	+06	0 02 09		
	归零差		+06	+06				
	2	A	90 03 30	270 03 24	+06	(90 03 32) 90 03 27	0 00 00	
		B	141 17 00	321 16 54	+06	141 16 57	51 13 25	
		C	221 55 42	41 55 30	+12	221 55 36	131 52 04	
		D	272 04 00	92 03 54	+06	272 03 57	182 00 25	
		A	90 03 36	270 03 36	0	90 03 36		
	归零差		+06	+12				

(4)计算各方向归零后的方向值。

将各个方向(包括起始方向)的平均读数减去起始方向的平均读数(括号内数值),即得各个方向的归零方向值,填入表3-2第8栏内。显然,起始方向归零后的值为0°00′00″。

(5)计算各测回平均方向值。

每一测回的各个方向都有一个归零方向值,当各测回同一方向的归零方向值之差不大于24″(针对DJ_6型经纬仪)时,则可取其平均值作为该方向的最后结果,填入表3-2第9栏内。

(6)水平角值的计算。

根据第9栏的各测回归零方向值的平均值,可计算出任意两个方向之间的水平夹角。

(三)方向观测法的限差要求

按照《城市测量规范》(CJJ/T 8—2011)的规定,方向观测法的限差要求见表3-3。

表3-3　方向观测法的限差要求

经纬仪型号	半测回归零差(″)	一测回内2c互差(″)	同一方向值各测回较差(″)
DJ_1	6	9	6
DJ_2	8	13	9
DJ_6	18	30	24

由表3-3可知,表3-2中各项数据计算均符合限差要求。

任务四　竖直角测量

一、竖盘构造

竖直度盘简称竖盘,如图3-14所示为DJ_6型光学经纬仪竖盘构造示意图,主要包括竖盘、竖盘指标、竖盘指标水准管和竖盘指标水准管微动螺旋等。竖直度盘固定在望远镜横轴的一端,随着望远镜在竖直平面内转动而带动竖盘仪器转动。竖盘指标是同竖盘水准管连接在一起的,不随望远镜转动而转动,只有通过调节竖盘水准管微动螺旋才能使竖盘指标与竖盘水准管一起作微小移动。在正常情况下,当竖盘水准管气泡居中时,竖盘指标就处于正确的位置,所以每次读数前,应先调节竖盘水准管气泡居中。

竖直度盘与水平度盘相似,也是玻璃度盘,分划注记范围为0°~360°。对于DJ_6型光学经纬仪,竖直度盘通常有顺时针注记和逆时针注记两种形式,如图3-15所示。盘左位置视线水平时,竖盘读数均为90°,盘右位置视线水平时,竖盘读数均为270°。

二、竖直角的观测

竖直角的观测方法有中丝法和三丝法,DJ_6型光学经纬仪常用中丝法来观测竖直角,具体方法及操作如下:

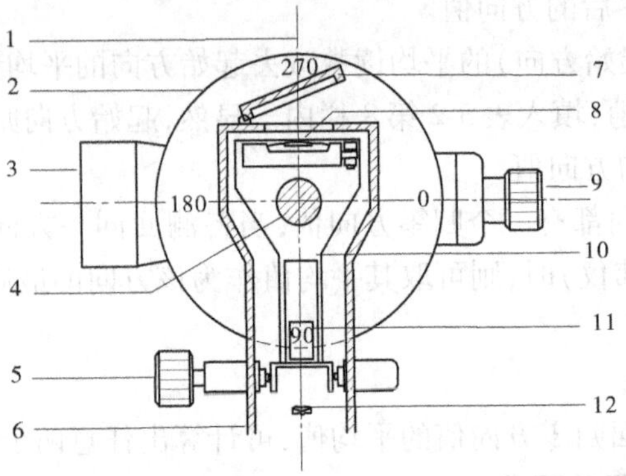

1—铅垂线；2—竖盘；3—望远镜物镜；4—横轴；5—竖盘水准管微动螺旋；6—支架外壳；7—水准管反光镜；8—竖盘水准管；9—望远镜目镜；10—竖盘水准管支架；11—竖盘读数棱镜；12—竖盘读数透镜

图 3-14　DJ_6 型光学经纬仪竖直度盘的构造

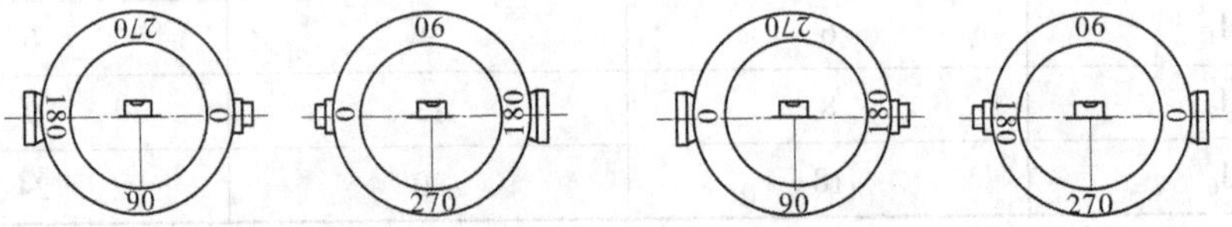

(a)顺时针注记　　　　(b)逆时针注记

图 3-15　DJ_6 型光学经纬仪竖盘注记形式

(1)在测站 O 处安置仪器，对中、整平。

(2)用望远镜盘左位置瞄准目标，用十字丝的中丝切于目标 M 某一位置，如花杆或测钎顶部或水准尺某一分划刻度线，转动竖盘水准管微动螺旋使竖盘水准管气泡居中，读取竖盘读数 L。

(3)倒转望远镜，用盘右位置瞄准目标，用十字丝中丝切于目标同一位置，转动竖盘水准管微动螺旋使竖盘水准器气泡居中，读取竖盘读数 R。

(4)将所读取的数据记录于竖直角观测手簿(见表 3-4)中。

表 3-4　竖直角观测手簿

测站	目标	竖盘位置	竖盘读数 (° ′ ″)	半测回竖直角 (° ′ ″)	指标差 (″)	一测回角值 (° ′ ″)
O	M	盘左	112　15　00	−22　15　00	−6	−22　15　06
		盘右	247　44　48	−22　15　12		
	N	盘左	88　28　40	+1　31　20	+2	+1　31　22
		盘右	271　31　24	+1　31　24		

三、竖直角的计算

前面提到,竖盘注记分为顺时针和逆时针两种形式,而注记形式不同,其计算公式也不同。现以顺时针注记为例进行计算说明。

如图 3-16 所示,当竖盘水准管气泡居中时,在盘左位置、视线水平时的读数为 90°,当望远镜上倾时读数减小;在盘右位置、视线水平时的读数为 270°,当望远镜上倾时读数增加。如以“L”表示盘左时瞄准目标时的读数,“R”表示盘右时瞄准目标时的读数,根据竖直角测量原理,可得到

$$\alpha_L = 90° - L \tag{3-4}$$

$$\alpha_R = R - 270° \tag{3-5}$$

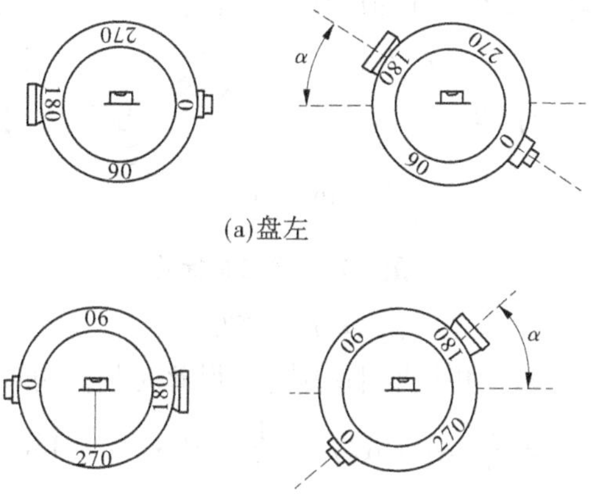

(a)盘左

(b)盘右

图 3-16 竖盘读数与竖直角计算

将盘左、盘右位置的两个竖直角取平均值,便可得到竖直角 α 的计算公式:

$$\alpha = \frac{1}{2}(\alpha_L + \alpha_R) = \frac{1}{2}[(R - L) - 180°] \tag{3-6}$$

当视线向下时,仍然可用式(3-4)~式(3-6)计算,此时竖直角为负(俯角)。

因此,可算得表 3-4 中的半测回竖直角的角值。

四、竖盘指标差

当望远镜的视线水平,竖盘指标水准管气泡居中时,竖盘指标所指的读数应为 90°的整倍数。但是由于仪器本身或其他因素,望远镜视线水平且竖盘水准气泡居中时,竖盘读数与应有的竖盘指标正确读数 90°的整倍数有一个小的角度差值,称为竖盘指标差,即竖盘指标偏离正确位置引起的差值,以 x 表示。如图 3-17 所示,竖盘指标差有正、负之分,当指标偏移方向与竖盘注记方向一致时,会使竖盘读数中增大一个 x 值,故 x 为正;当指标偏移方向与竖盘注记方向相反时,则使竖盘读数中减小了一个 x 值,故 x 为负。

由图 3-17 计算竖盘指标差时,式(3-4)和式(3-5)可改为

$$\alpha_L = 90° - L + x \tag{3-7}$$

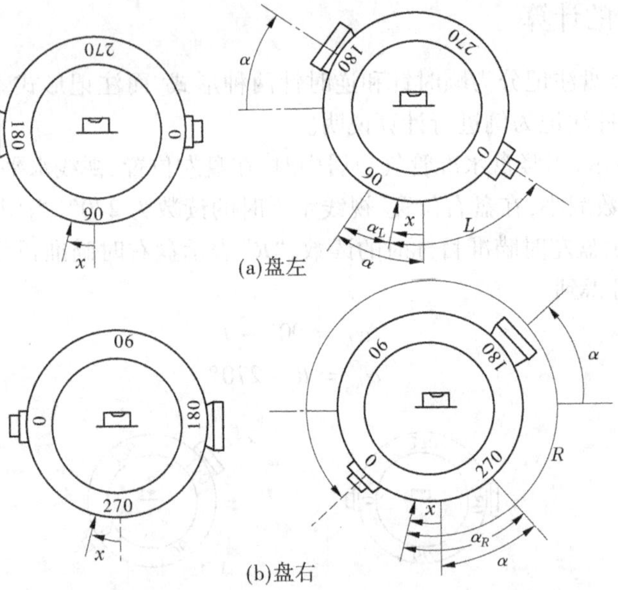

图 3-17　竖盘指标差

$$\alpha_R = R - 270 - x \tag{3-8}$$

将式(3-7)和式(3-8)两式相加取平均值,可得此时竖直角计算公式为

$$\alpha = \frac{1}{2}(\alpha_L + \alpha_R) = \frac{1}{2}[(R - L) - 180°] \tag{3-9}$$

得到的式(3-9)和式(3-6)完全相同。因此,可知在采用式(3-6)计算竖直角时不会受到竖盘指标差的影响。由此可见,利用盘左、盘右两次读数求算竖角,可以消除竖盘指标差对竖直角的影响。

将式(3-7)和式(3-8)相减,便可得到竖盘指标差的计算公式:

$$x = \frac{1}{2}(L + R - 360°) = \frac{1}{2}(\alpha_R - \alpha_L) \tag{3-10}$$

用式(3-10)可计算出表 3-4 中的各项指标差值。

竖盘指标差 x 值对同一台仪器在某一段时间内连续观测的变化应该很少,因此可以为定值。但是由于观测误差、仪器误差及外界条件的影响,计算出来的竖盘指标差发生了变化。因此,各项规范均对指标差变化给出了允许范围,我们通常采用《城市测量规范》(CJJ/T 8—2011)的规定,DJ_6型仪器观测竖直角竖盘指标差变化范围的限差为 25″,同方向各测回竖直角互差的限差为 25″,若超限,应当重测。

任务五　DJ_6 型光学经纬仪的检验与校正

如图 3-18 所示,DJ_6型光学经纬仪主要轴线有横轴(HH_1)、竖轴(VV_1)、望远镜视准轴(CC_1)和照准部水准管轴(LL_1)。为了保证测角的准确性,各轴线之间应该满足以下条件:

(1)横轴 HH_1 应垂直于竖轴 VV_1。

(2)视准轴 CC_1 应垂直于横轴 HH_1。

(3)十字竖丝应该垂直于横轴 HH_1。

(4)照准部水准轴 LL_1 应该垂直于竖轴 VV_1。

(5)竖盘指标差 x 应为零。

(6)光学对中器的视准轴应该与竖轴重合。

因此,在使用经纬仪测角之前需要检查仪器是否满足以上几何关系的要求,如果不满足,则需要进行仪器的校正。

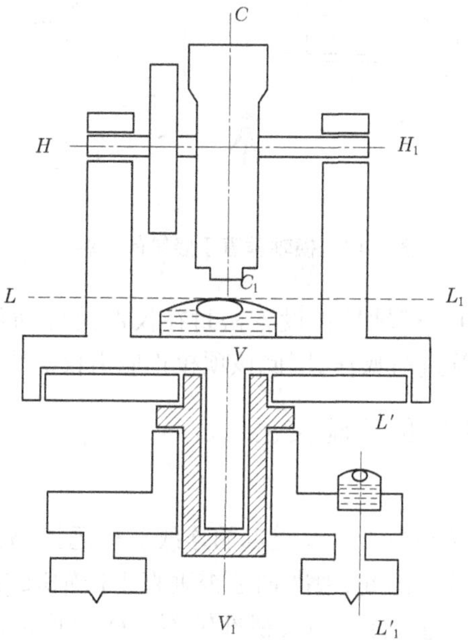

图 3-18 DJ_6 型光学经纬仪轴线

一、横轴垂直于竖轴的检验校正

(一)检验方法

如图 3-19 所示,在离墙面 10 ~ 20 m 处安置经纬仪,整平仪器后,以盘左位置瞄准墙面高处一点 P,其仰角宜在 30°左右,制动照准部,然后大致放平望远镜,在墙面定出一点 A;再以盘右瞄准 P 点,放平望远镜,在墙面定出一点 B,如果 A 点与 B 点重合,则横轴垂直于纵轴。如果 A 点与 B 点不重合,其长度 AB 与横轴不水平的误差 i 可由下式计算:

$$i = \frac{\overline{AB}\cot\alpha}{2D}\rho \tag{3-11}$$

式中 α——P 点的竖直角;

D——测站到 P 点的水平距离。

当计算的 i 角值大于 20″时,必须校正。

(二)校正方法

取 AB 连线的中点 M,仍以盘右位置瞄准 M 点,抬高望远镜,此时视线必然偏离高处

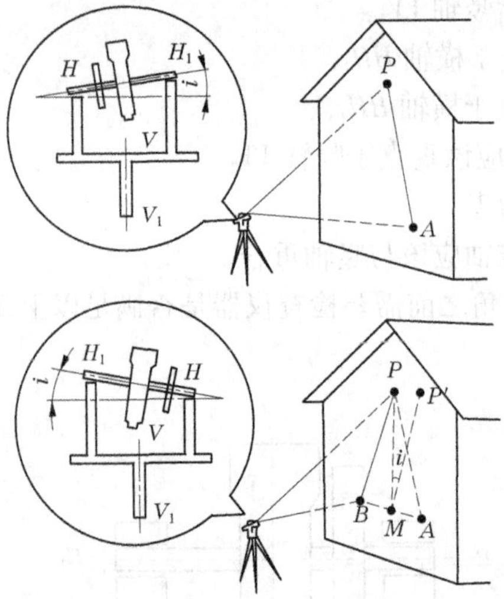

图 3-19 横轴垂直于竖轴的检验

的 P 点位置。一般来说,由于横轴校正设备密封在仪器内部,而检验此项需要在无尘的环境中使用专用的平行光管进行操作,因此该项校正应由仪器维修人员进行。

二、视准轴垂直于横轴的检验校正

(一)检验方法

望远镜视准轴是物镜光心与十字丝交点的连线。望远镜物镜光心是固定的,而十字丝交点的位置是可以变动的。因此,视准轴是否垂直于横轴取决于十字丝交点是否处于正确的位置。当十字丝不在正确位置时,视准轴不与横轴垂直,而是偏离了一个小角度 c,称为视准轴误差。由式(3-2)可得

$$c = \frac{1}{2}[\text{盘左读数} - (\text{盘右读数} \pm 180°)] \tag{3-12}$$

如图 3-20 所示,选择相距适中的 A、B 两点于平坦地面,在连线中点 O 处安置仪器并精确对中整平,在目标 A 点设置一个与仪器等高的标志,在 B 点与仪器等高处放置一把具有毫米刻线的尺子,并使得视线垂直于尺子。首先,以盘左位置瞄准 A 点,倒转望远镜在 B 处尺上读数为 B_1,如图 3-20(a)所示;然后以盘右位置瞄准 A 点倒转望远镜在 B 处尺上读数为 B_2,如图 3-20(b)所示。若 $B_1 = B_2$,则可认为视准轴垂直于横轴,若不然则需要校正。

(二)校正方法

在直尺上由 B_2 点向 B_1 点方向取 $\frac{1}{4}\overline{B_1B_2}$ 长度,设为 B_3,此时 OB_3 视线便垂直于横轴 H_1H_2。用校正针拨动十字丝环的左右两校正螺丝,一松一紧地使十字丝交点与 B_3 点重合。完成后重复以上步骤,直到满足 $c < 60''$。

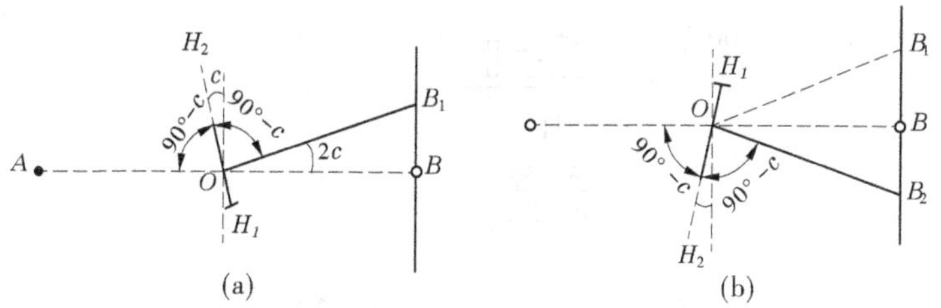

图 3-20 视准轴垂直于横轴的检验

三、十字竖丝垂直于横轴的检验校正

（一）检验方法

安置好仪器，以十字丝的交点瞄准目标点 P，转动望远镜微动螺旋使望远镜在竖直方向移动，如果 P 点相对于十字丝上下移动的轨迹离开纵丝，则需要校正。

（二）校正方法

旋下目镜处的十字丝环外罩，松开十字丝环固定螺丝，按竖丝偏离的反方向转动十字丝环，直至旋转垂直微动螺旋时 P 点始终在纵丝上移动，如图 3-21 所示。最后转紧十字丝环固定螺丝。

四、照准部水准管的检验校正

（一）检验方法

安置仪器，粗平，转动照准部水准管大致平行于任意两个脚螺旋连线，使得圆水准器气泡居中，然后将照准部旋转 180°，如果气泡仍居中，则说明照准部水准管轴垂直于竖轴，否则需要进行校正，如图 3-22 所示。

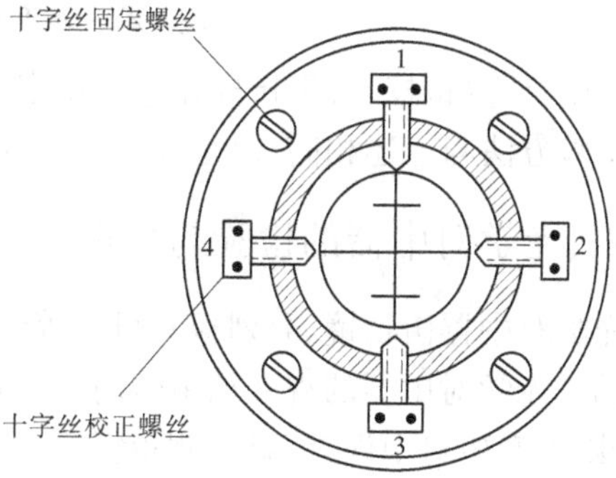

图 3-21 十字竖丝的校正

（二）校正方法

相对地转动平行于水准管的一对脚螺旋，使气泡向中央移动偏离值的一半，然后用校正针拨动水准管一端的校正螺丝，使气泡完全居中。这项检验校正需反复进行几次，直到照准部旋转 180°后水准管气泡的偏离在一格以内。

五、竖盘指标差的检验校正

（一）检验方法

安置仪器，整平后，以盘左、盘右位置分别观测同一竖直角，计算竖盘指标差，如果 x 的绝对值大于 60″，则需要进行指标差的校正。

（二）校正方法

校正时通常以盘右位置进行，瞄准原目标，转动竖盘水准管微动螺旋，将原垂直度盘读数调整到指标差校正后的读数（原读数加或减指标差），拨动竖盘水准管校正螺丝，使

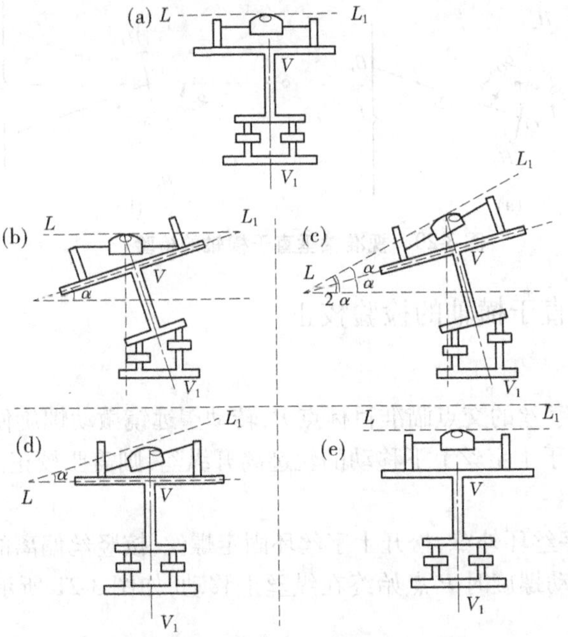

图 3-22 水准管的检验校正原理

气泡居中;反复检校,直至指标差小于规定的数值。具有自动归零装置的仪器,竖盘指标差的检验方法与上述相同,但是校正宜送仪器专门检修部门进行。

六、光学对中器的检验与校正

光学对中器由物镜、分划板和目镜等组成。分划板刻划中心的连线是光学对中器的视准轴。光学对中器的视准轴由转向棱镜折射 90°后,应与仪器的竖轴重合,如图 3-23 所示,否则将产生对中误差,影响测角精度。

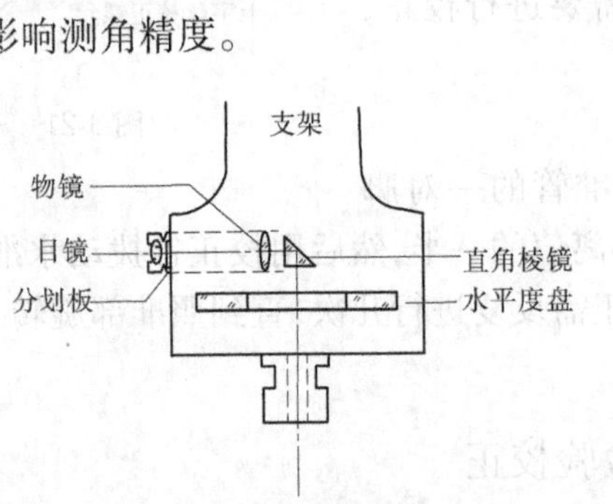

图 3-23 光学对中器结构

(一)检验方法

安置仪器于平坦地面,精确整平仪器,在脚架中央地面上固定一张白板,调节对中器目镜,使分划板成像清晰,然后调节物镜调焦螺旋,使得地面上的白板清晰。根据分划板中心在白板上标记 P_1 点,转动照准部 180°,按分划板中心在白板上标记 P_2 点。若 P_1 与 P_2

两点重合,说明光学对中器的视准轴与竖轴重合,否则应该进行校正。

(二)校正方法

在白板上定出 P_1、P_2两点连线的中点 P,调节对中器校正螺丝使分划圈中心对准 P 点。校正时应注意光学对中器上的校正螺丝随仪器类型而异,有些仪器是校正直角棱镜位置,而有些仪器是校正分划板。光学对中器本身安装部位也有不同(基座或照准部),其校正方法也有所不同。

任务六 角度测量误差来源及影响

角度测量误差主要包括仪器误差、仪器对中误差、目标偏心误差、观测误差及外界条件的影响等几个方面。

一、仪器误差

仪器误差主要包括两个方面:一是由于仪器的检验校正不完善而引起的误差,如视准轴误差、横轴不水平误差以及竖轴误差等;二是由于仪器制造与加工不完善而引起的误差,如照准部偏心误差、度盘刻划不均匀误差等。

(一)视准轴误差

如图 3-24 所示,理论上视准轴 OA 应垂直于横轴 HH_1,但是由于视准轴误差 c 的存在,视准轴实际瞄准的点并不在 A 点,当以盘左位置时,视准轴实际瞄准的点设为 A_1,其竖直角为 α,其中 A_1和 A 等高,a_1、a 为 A_1、A 点在水平位置上的投影,则 $\angle aOa_1=\Delta_c$ 就是视准轴误差 c 对目标 A 的水平方向观测值的影响。如图 3-24 中的几何关系可以推算出以下公式

$$\Delta_c=\frac{c}{\cos\alpha} \tag{3-13}$$

由于水平角是两个方向观测值的差,因此视准轴误差 c 对水平角的影响为

$$\Delta_\beta=\frac{c}{\cos\alpha_{右}}-\frac{c}{\cos\alpha_{左}} \tag{3-14}$$

式(3-13)和式(3-14)中的 α 为目标的竖直角,由式(3-13)和式(3-14)可以看出,Δ_c 和竖直角 α 的余弦成反比,当 $\alpha=0$ 时,$\Delta_c=c$,$\Delta_\beta=0$,说明水平观测时影响最小。当采用盘左、盘右观测取平均值时,可以消除视准轴误差的影响。

(二)横轴不水平误差

如图 3-25 所示,当横轴 HH 水平时,视准面为 ONN_1;当横轴倾斜了角度 i 时,视准面 ONN_1也倾斜了一个 i 角,称为倾斜面 OAA_1,此时对水平方向观测值的影响为 x_i。由图 3-25可以得出

$$i\approx\tan i\approx\frac{NA}{N_1A}\rho$$

$$\Delta i\approx\sin\Delta i\approx\frac{N_1A_1}{OA_1}\rho$$

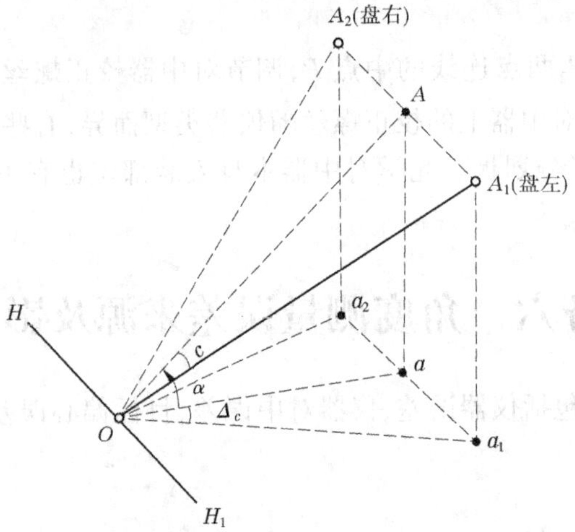

图 3-24 视准轴误差的影响

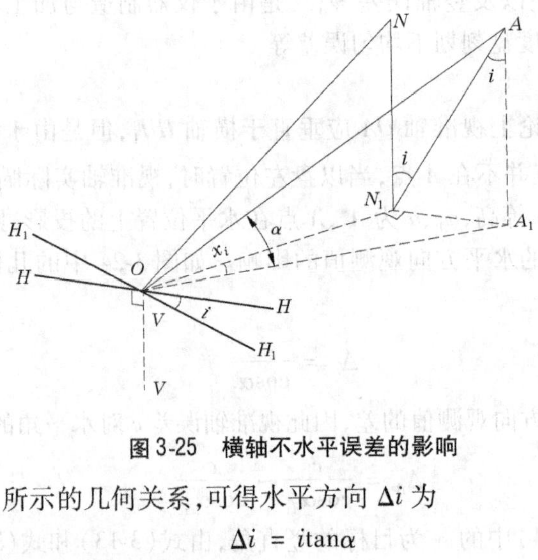

图 3-25 横轴不水平误差的影响

根据如图 3-25 所示的几何关系,可得水平方向 Δi 为

$$\Delta i = i\tan\alpha \tag{3-15}$$

则横轴不水平误差 i 对水平角的影响为

$$\Delta_\beta = \Delta i_2 - \Delta i_1 = i(\tan\alpha_2 - \tan\alpha_1) \tag{3-16}$$

式中,α 为目标竖直角,当 $\alpha=0$ 时 $\Delta i=0$,说明在视线水平时横轴不水平误差对水平方向观测值没有影响。

由式(3-16)可知,横轴不水平误差 i 的影响也可以用盘左、盘右观测来消除。

(三)竖轴误差

竖轴误差是由于竖轴不垂直于照准部水准管轴而产生的误差,当水准管轴水平时,竖轴偏离铅垂线,因此照准部旋转时实际上绕着一个倾斜的竖轴旋转,无论盘左、盘右,其倾斜方向是一致的,因此不能用盘左和盘右观测消除其影响。此项可通过观测前的详细检验校正或加以竖轴倾斜改正数的方法来减小。此外,这一影响亦与竖直角的大小成正比,所以在山区或坡度较大的地区进行测量时,应对仪器进行严格的检验和校正,并在测量中仔细整平。

(四)其他仪器误差

照准部偏心误差是指照准部旋转中心与水平度盘刻划中心不重合而产生的测量误差,可以采用盘左、盘右观测取平均值的方法进行消除。水平度盘刻划不均匀误差,可以采用多测回变换度盘位置观测的方法来减小误差。竖盘指标差经过检验校正后的残余误差可以采用盘左、盘右观测取平均值的方法来消除。

二、仪器对中误差

如图 3-26 所示,B'为测站点中心,B 为仪器中心,由于对中不精确,使 B、B'不在同一铅垂线上,偏心距为 e,偏心角为 θ,即后视观测方向与偏心距 e 方向的夹角。B'的正确水平角应为 β',但实际观测水平角为 β,则仪器对中误差的影响 $\Delta\beta$ 为

$$\Delta\beta = \beta - \beta' = \delta_1 + \delta_2 \tag{3-17}$$

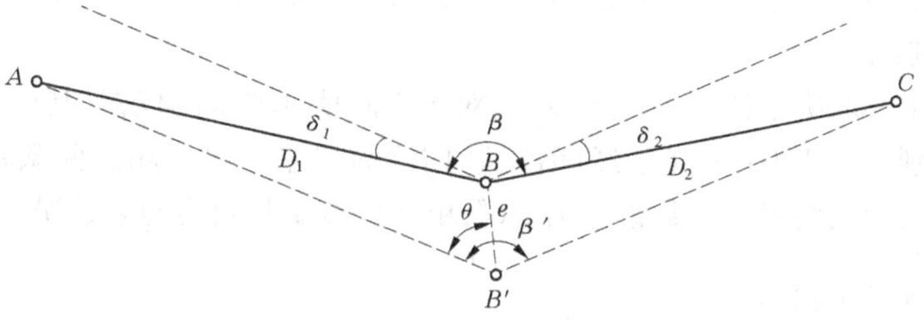

图 3-26 仪器对中误差对水平角观测的影响

而考虑到 δ_1 和 δ_2 均为很小值,则有

$$\delta_1 = e\frac{\sin\theta}{D_1}\rho \tag{3-18}$$

$$\delta_2 = e\frac{\sin(\beta' - \theta)}{D_2}\rho \tag{3-19}$$

$$\Delta\beta = \delta_1 + \delta_2 = e\frac{\sin\theta}{D_1}\rho + e\frac{\sin(\beta' - \theta)}{D_2}\rho \tag{3-20}$$

由以上式可知,偏心距 e 越大,对中误差 $\Delta\beta$ 影响越大,而测角边长越短,对中误差 $\Delta\beta$ 影响越大,因此在边长很短的情况下更需要注意对仪器的对中。

三、目标偏心误差

目标偏心误差的影响是由于目标照准点上所竖立的标志与地面点的标志中心不在同一条铅垂线上所引起的测角误差。如图 3-27 所示,设 A 为测站点,B 为目标点,但照准标志在 B'点。e_1 为目标偏心距,它对观测方向值的影响为

$$\Delta\beta = \frac{e_1\sin\theta}{S}\rho \tag{3-21}$$

由此可知,目标偏心误差对水平角观测值的影响与偏心距 e 成正比,与相应边长 S 成反比;当目标偏心垂直于瞄准方向时,目标偏心对水平角观测值的影响最大。

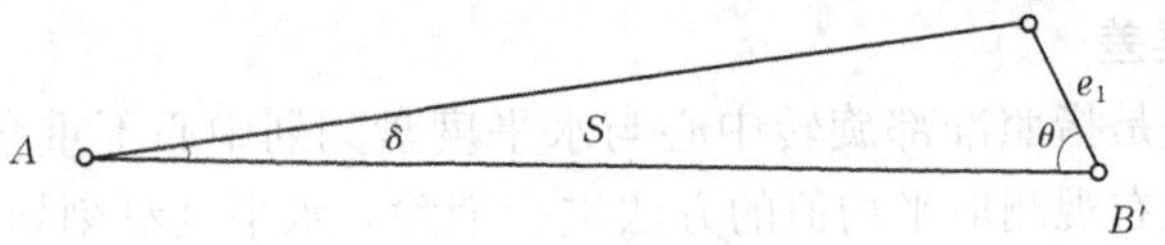

图 3-27　目标偏心误差对水平角观测的影响

四、观测误差

观测误差主要包括照准误差和读数误差。

（一）照准误差

影响照准精度的因素有很多，主要因素有望远镜的放大率、目标标志的形状及大小的影响，目标影像的亮度和清晰度，以及人眼识读数据的差别等。因此，此项误差很难消除，只能通过改善影响照准精度、仔细完成照准操作等方法来减小此项误差的影响。

（二）读数误差

读数误差主要取决于仪器的读数设备，对于不同精度要求的仪器，其读数装置的读数误差也有所差别。对于 DJ_6 型光学经纬仪，其估读的误差一般不超过测微器最小格值的1/10。如分微尺读数装置的读数误差为 ±6″，单平板玻璃测微器的读数误差为 ±2″。

五、外界条件的影响

外界条件的影响因素较多，比较复杂，总体来说应选择有利的观测条件，尽量避免不利因素对测量的影响。

（1）温度变化会影响仪器的正常测量状态，因此在强光下观测应打伞遮阳，读数快速果断。

（2）大气折光及大气透明度会导致视线偏离原来方向，影响照准精度。观测时应尽可能离地面高一些，注意近河面或建筑物时的折光影响，选择有利的观测时间。

（3）大风会影响仪器的目标和稳定，应尽可能选择无风时观测。

（4）地面的土质情况也会影响测量的效果，观测时要稳定好仪器，踩实脚架。

项目小结

在实际测量确定地面点的位置时，常常需要角度测量，角度测量分为水平角测量和竖直角测量。水平角测量用于求算点的平面位置，竖直角测量用于测定高差或将倾斜距离换算成水平距离。本项目主要介绍了角度测量的原理及实施方法，特别是水平角的测量方法。而角度测量最常用的仪器是经纬仪，因此同时介绍了经纬仪的构造、工作原理及操作过程。

项目考核

一、选择题

1. 经纬仪不能直接用于测量(　　)。

A. 点的坐标　　B. 水平角　　C. 垂直角　　D. 视距

2. 用光学经纬仪测量水平角与竖直角时,度盘与读数指标的关系是(　　)。

A. 水平盘转动,读数指标不动;竖盘不动,读数指标转动

B. 水平盘转动,读数指标不动;竖盘转动,读数指标不动

C. 水平盘不动,读数指标随照准部转动;竖盘随望远镜转动,读数指标不动

D. 水平盘不动,读数指标随照准部转动;竖盘不动,读数指标转动

3. 测回法适用于(　　)。

A. 单角　　B. 测站上有三个方向

C. 测站上有三个方向以上　　D. 所有情况

4. 测量水平角时,仪器高度对所测结果(　　)。

A. 没有影响　　B. 有影响

C. 影响很大　　D. 超过 1.8 m 时,有影响

5. 经纬仪照准部水准管轴与竖轴的几何关系是(　　)。

A. 平行　　B. 垂直　　C. 重合　　D. 相交

6. 经纬仪十字丝不清晰时应调节(　　)。

A. 物镜对光螺旋　B. 望远镜微动螺旋　C. 微倾螺旋　　D. 目镜对光螺旋

7. 下列构件中不属于经纬仪的构件是(　　)。

A. 脚螺旋　　B. 圆水准器　　C. 微倾螺旋　　D. 水准管

8. 用经纬仪观测视线水平时,其盘左竖盘读数为 90°,用该仪器仰视一目标,盘左读数为 84°50′24″,则此目标竖直角为(　　)。

A. 84°50′24″　　B. -5°09′36″　　C. 5°09′36″　　D. -84°50′24″

9. 用测回法测量水平角时,若第二方向的读数小于第一方向的读数,则第二方向的读数应该加上(　　)。

A. 90°　　B. 180°　　C. 270°　　D. 360°

10. 竖直角是在同一竖直面内视线和(　　)的夹角。

A. 任意直线　　B. 水平线　　C. 斜线　　D. 垂直线

二、判断题

1. 竖轴不垂直误差不能用正倒镜法消除。　(　　)

2. 观测水平角时,照准不同方向的目标,照准部应盘左顺时针,盘右逆时针旋转。　(　　)

3. 水平角观测时,十字丝交点应尽量照准目标底部。　(　　)

4. 竖盘指标差是竖盘指标水准管气泡不居中造成的误差。 ( )

5. 经纬仪对中误差所引起的角度偏差与测站点到目标点的距离成反比。 ( )

6. 用经纬仪照准同一竖直面内不同高度的地面点,在水平度盘上的读数不一样。( )

7. 观测某目标的竖直角,盘左读数为 101°23′36″,盘右读数为 258°36′00″,则指标差为 +12″。 ( )

8. 经纬仪整平的目的是使视线水平。 ( )

9. 水平角观测时,各测回间要求变换度盘位置的目的是减少度盘分划误差的影响。 ( )

10. 水平角是测站至两目标间的夹角投影到大地水准面上的角值。 ( )

三、问答与计算题

1. 叙述用测回法观测水平角的观测程序。

2. 水平角观测时应注意哪些事项?

3. 经纬仪上有几对制动、微动螺旋? 各起什么作用? 如何正确使用?

4. 对中和整平的目的是什么?

5. 简述在一个测站上观测竖直角的方法和步骤。

6. 某台经纬仪的竖盘构造是:盘左位置当望远镜水平时,指标指在 90°,竖盘逆时针注记,物镜端为 0°。用这台经纬仪对一高目标 *P* 进行观测,测得其盘右的读数为 262°17′15″,试确定盘右的竖直角计算公式,并求出其盘右时的竖直角。

7. 根据在 *B* 点上安置经纬仪观测 *A* 和 *C* 两个方向,盘左位置先照准 *A* 点,后照准 *C* 点,水平度盘的读数为 6°23′30″和 95°48′00″;盘右位置先照准 *C* 点,后照准 *A* 点,水平度盘读数分别为 275°48′18″和 186°23′18″,试记录在测回法测角记录表中(见表 3-5),并计算该测回角度。

表 3-5 测回法测角记录表

测站	盘位	目标	水平度盘读数 (° ′ ″)	半测回角值 (° ′ ″)	一测回角值 (° ′ ″)	备注

8. 完成表 3-6 所示水平角观测记录计算(测回法)。

表 3-6 水平角观测记录计算(测回法)

测站(测回)	目标	竖盘位置	水平度盘读数 (° ′ ″)	半测回角值 (° ′ ″)	测回角值 (° ′ ″0	各测回平均角值 (° ′ ″)
O (1)	A	左	0 00 06			
	B		58 47 18			
	A	右	180 00 24			
	B		238 47 30			
O (2)	A	左	90 01 36			
	B		148 48 42			
	A	右	270 01 48			
	B		328 48 48			

9. 在方向观测法记录表 3-7 中,完成计算。

表 3-7 方向观测法记录表

测站	测回数	目标	水平度盘读数 盘左 (° ′ ″)	水平度盘读数 盘右 (° ′ ″)	2c (″)	方向值 (° ′ ″)	归零方向值 (° ′ ″)	方向值平均值 (° ′ ″)
M	1	A	00 01 10	180 01 24				
		B	69 20 34	249 20 24				
		C	124 51 28	304 51 30				
		A	00 01 16	180 01 18				
		Δ						
M	2	A	90 01 08	270 01 24				
		B	159 20 32	339 20 24				
		C	214 51 26	34 51 30				
		A	90 01 12	270 01 18				
		Δ						

10. 完成表3-8所示竖直角的记录与计算工作。

表3-8 竖直角观测记录表

测站	目标	竖盘位置	竖盘读数 (° ′ ″)	半测回竖直角 (° ′ ″)	指标差 (″)	一测回角值 (° ′ ″)
O	*A*	盘左	124 03 28			
		盘右	235 56 50			
	B	盘左	81 18 40			
		盘右	278 41 28			

项目四　距离测量

【学习目标】

理解距离测量的原理,运用原理解决实际问题,培养学生的良好习惯和团结合作的团队精神。

【重点】

距离测量的原理、施测方法及成果整理。

【难点】

距离测量成果计算。

距离测量(Distance Measurement)是量测两点之间长度的技术方法。距离测量是测量的基本工作之一。如果观测得到的是倾斜距离,应改算为水平距离。常见的距离测量方法有钢尺量距、视距测量和电磁波测距。

任务一　钢尺量距

一、测距工具

测绘工作中所谓两点间的距离指的是水平距离,即两点投影到水平面上的距离。测量距离根据不同目的及精度要求,可采用不同的仪器和方法。

(一)钢卷尺

钢卷尺是钢制的带状尺,又叫钢尺,由薄钢带制成,常用的钢尺宽 10 ~ 15 mm,厚 0.2 ~0.4 mm,长度有 20 m、30 m、50 m 几种,卷放在圆形盒内或金属架上。常见钢尺如图 4-1 所示。钢尺的基本分划为厘米,在每米及每分米处都有数字注记。一般钢尺在起点处 1 dm 内刻有毫米分划;有的钢尺,整个尺长内都刻有毫米分划。

钢尺的零分划位置有两种形式:一种是零点位于尺的最外端(拉环的外缘),这种尺子称为端点尺,如图 4-2(a)所示;另一种是零分划线在靠近尺端的某一位置,这种尺称为刻线尺,如图 4-2(b)所示。钢尺大都属于刻线尺。

(二)皮卷尺

皮卷尺是用玻璃纤维和 PVC 塑料合制而成的,别名是纤维卷尺或者软尺。皮卷尺的内部结构均由弹簧收卷盘与尺条收卷盘相结合。皮卷尺是缠绕在转动轮的凹槽中,转动鼓和转动轮是套装在前壳体、后壳体相应的销轴上的。这种结构的皮卷尺纵横比产生较

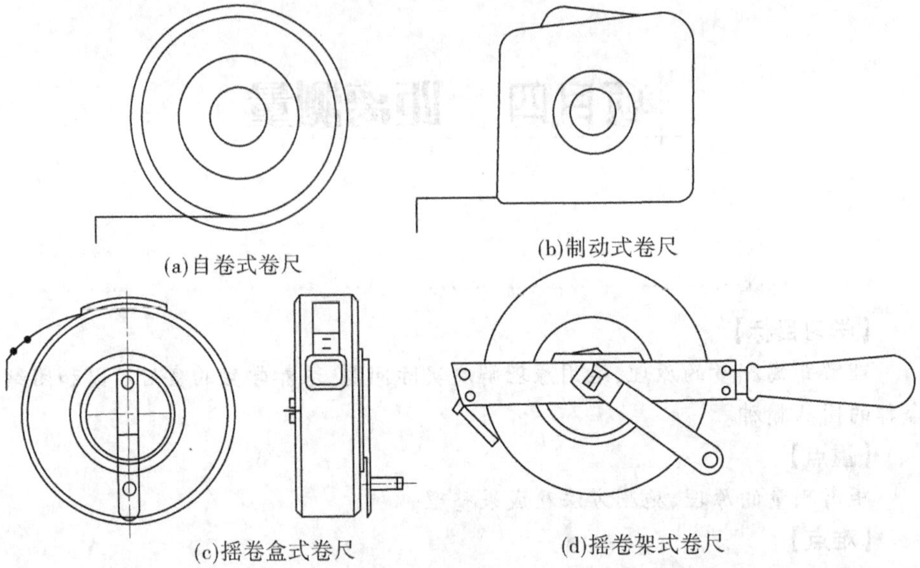

(a)自卷式卷尺 (b)制动式卷尺

(c)摇卷盒式卷尺 (d)摇卷架式卷尺

图 4-1 钢尺

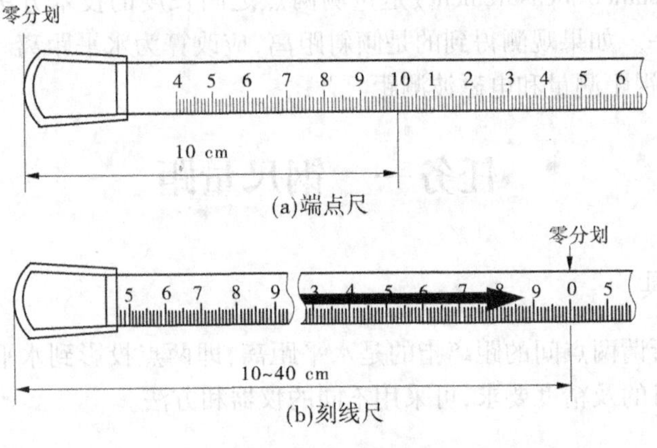

(a)端点尺

(b)刻线尺

图 4-2 端点尺与刻线尺

大变化,使用舒适灵巧,收卷时更平稳。皮卷尺如图 4-3(b)所示,图 4-3(a)是钢卷尺。

(三)辅助工具

距离测量中往往还会用到测钎、标杆(花杆)、垂球(见图 4-4),以及温度计和弹簧秤(见图 4-5)等辅助工具。

1. 测钎

测钎用粗铁丝或细钢筋制成,长 30 ~ 40 cm,如图 4-4(a)所示,一般 10 根为一组,套在一个圆环上。测钎主要用来标定尺段端点位置和计算尺段数。

2. 标杆

标杆又称花杆,为木质或铝合金圆杆,如图 4-4(b)所示,一般长 2 ~ 3 m,直径 3 ~ 4 cm。杆身每隔 20 cm 涂有红、白相间的油漆。杆的下端装有锥形铁脚,便于插入泥土中。

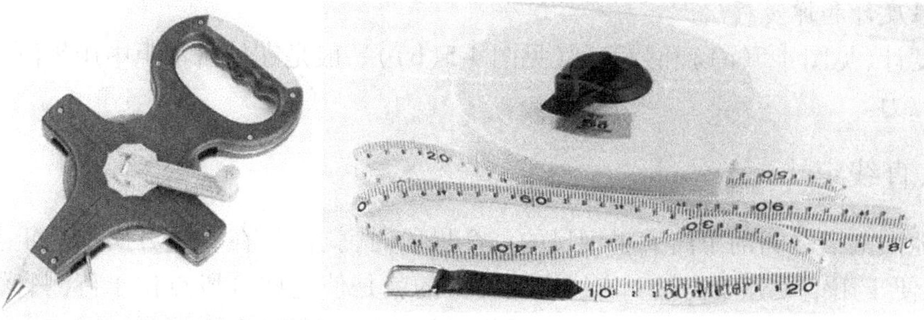

(a) 钢卷尺　　(b) 皮卷尺

图 4-3　钢卷尺与皮卷尺

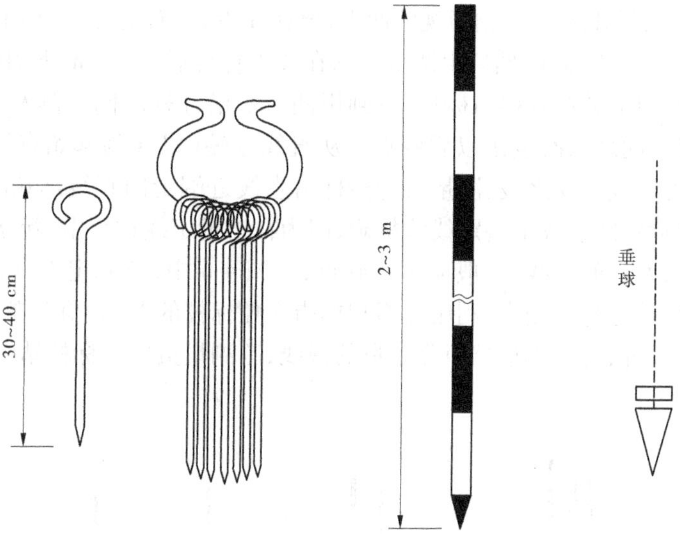

(a)测钎　(b)标杆　(c)垂球

图 4-4　测钎、标杆、垂球

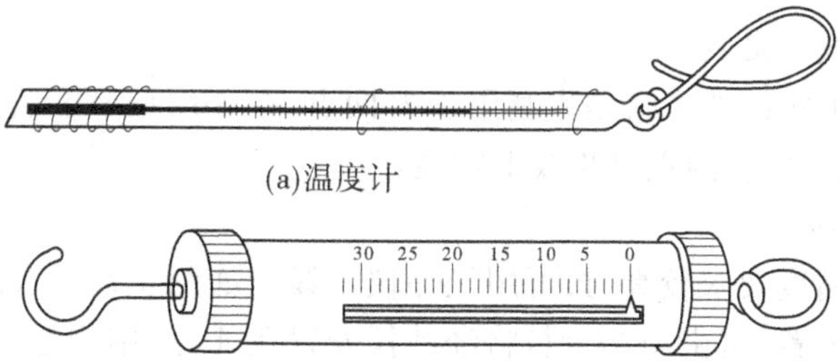

(a)温度计

(b)弹簧秤

图 4-5　温度计和弹簧秤

量距时，花杆主要用来标点和定线。

3. 垂球

垂球的作用主要是用来对点、标点和投点，如图 4-4(c)所示。

4. 温度计和弹簧秤

温度计(见图4-5(a))和弹簧秤(见图4-5(b))一般是在精密量距中用来测定钢尺的温度和拉力。

二、直线定线

当地面两点之间的距离大于钢尺的一个尺段时,就需要在直线方向上标定若干个测段点,以便于用钢尺分段丈量。直线定线的目的就是使这些分段点位于待测直线两端点的连线上。一般量距中,直线定线通常采用目估定线的方法进行。

(一)目估定线

1. 在两点间定线

如图4-6所示,设*A*、*B*为互相通视的两点,要在*A*、*B*两点的连线上标出临时点1、2等点。先在*A*、*B*点上竖立标杆,然后甲测量员站在*A*点标杆后1~2 m处,用眼睛同时瞄准*A*、*B*标杆,指挥乙测量员左右移动标杆,直到甲测量员沿标杆的同一侧看到标杆位于*AB*直线时,定出点位,同理依次定出以后各点。从直线远端(以*A*为起始点)走向近端的定线方法,称为走近定线。反之,乙测量员持标杆由直线近端走向直线远端的定线方法,称为走远定线。走近定线法较走远定线法精确,因为在走近定线过程中,新立标杆不受已立标杆影响。因此,两点间定线,一般应由远到近,在图4-6中,应先定1点,再定2点。定线时,乙测量员所持标杆应竖直,利用食指和拇指夹住标杆的上部,稍微提起,利用重力使标杆自然竖直。此外,为了不遮挡甲测量员的视线,乙测量员应持标杆站立在直线方向的左侧或右侧。

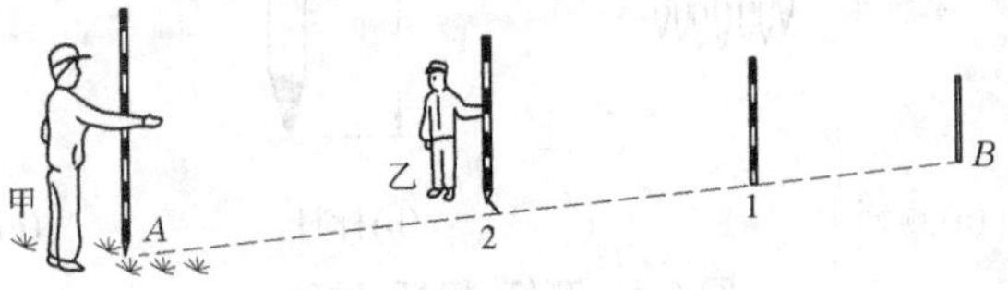

图4-6 目估定线

2. 在两点延长线上定线

在两点延长线上定线的方法是先利用*A*、*B*两点,在*AB*延长线上,按走远定线法定出*B*以及其他各点,则完成在两点延长线上定线。

(二)经纬仪定线

当直线定线的精度要求较高时,可用经纬仪定线。如图4-7所示,要在*AB*线内精确定出1、2、3、4点的位置,可由甲测量员将经纬仪安置在*A*点,用望远镜照准*B*点,固定照准部制动螺旋。然后将望远镜向下俯视,用手势指挥乙测量员移动标杆,使标杆移动到与十字丝竖丝重合时为止,在标杆的位置打下木桩,在木桩顶定出十字丝竖丝位置,钉上小钉,准确定出1点位置。

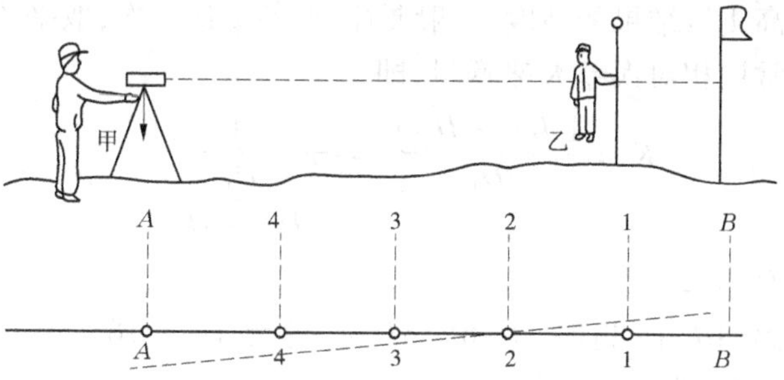

图 4-7 经纬仪定线

三、量距方法

（一）一般量距方法

一般精度距离丈量（或一般精度量距）是指每丈量一尺段，只需准确到厘米级的丈量方法。根据地势条件，分为平坦地面的距离丈量和倾斜地面的距离丈量。

1. 平坦地面距离丈量方法

平坦地面距离丈量工作一般由两人进行。如图 4-8 所示，先清除待量直线上的障碍物，在直线两端点 A、B 竖立标杆，后尺手持钢尺的零端于 B 点，前尺手持钢尺的末端和一组测钎沿 BA 方向前进，行至一个尺段处停下。后尺手用目测方法指挥前尺手将钢尺拉在 AB 直线上，然后后尺手将钢尺的零点对准 B 点，当两人同时把钢尺拉紧后，前尺手在钢尺末端的整尺段分划处竖直插下一根测钎（如果在水泥地面上丈量，也可以用记号笔在地面上画线做记号）得到 1 点，即完成第一个尺段的丈量。前、后尺手抬尺前进，当后尺手到达插测钎（或画记号）处时停住，重复上述操作，完成第二尺段丈量。随后后尺手拔起地上的测钎，依次前进，直到量完 AB 直线的最后一个尺段。最后一段距离一般不是整尺段的长度，称为余长，丈量余长时，前尺手直接在钢尺上读取余长值。则最后 A、B 两点间的水平距离 D 为

$$D = nl + q \tag{4-1}$$

式中 l——钢尺一整尺的长度；

n——整尺段数；

q——不足一整尺的余长。

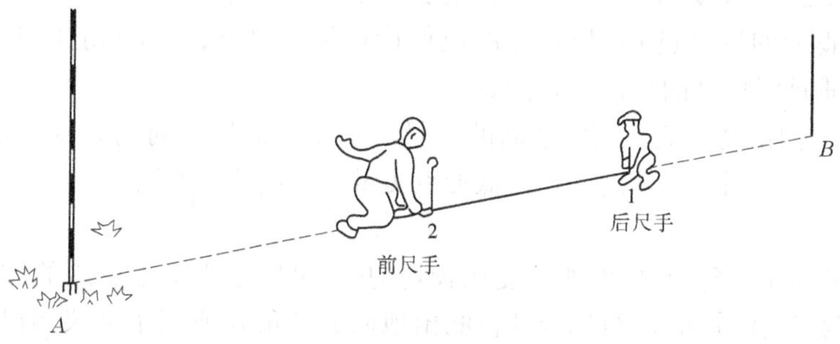

图 4-8 平坦地面距离丈量

为了检核并提高丈量结果的精度，一般要往、返各丈量一次，取平均值作为最后结果。距离丈量的精度通常用相对误差 K 来衡量，即

$$K=\frac{|D_{往}-D_{返}|}{D_{均}}=\frac{1}{\dfrac{D_{均}}{|D_{往}-D_{返}|}} \tag{4-2}$$

式中，$D_{均}=(D_{往}+D_{返})/2$。

例如，某段距离 AB，往测时为 165.33 m，返测时为 165.35 m，距离平均值为 165.34 m，故其相对误差为

$$\frac{|D_{往}-D_{返}|}{D_{平均}}=\frac{|165.33-165.35|}{165.34}=\frac{1}{8\ 267} \tag{4-3}$$

相对误差的分母愈大，表明量距的精度愈高。一般情况下，平坦地区丈量的精度应不低于 1/2 000，在量距困难地区，也应不低于 1/1 000。

2. 倾斜地面距离丈量方法

1）平量法

沿倾斜地面丈量距离，当地势起伏不大时，可将钢尺拉平丈量，如图 4-9 所示。丈量时由 A 点向 B 点进行，甲立于 A 点，指挥乙将尺拉在 AB 方向线上。甲将尺的零端对准 A 点，乙将钢尺抬高，并且目估使钢尺水平，然后用垂球尖将尺段的末端投影到地面上，插上测钎。

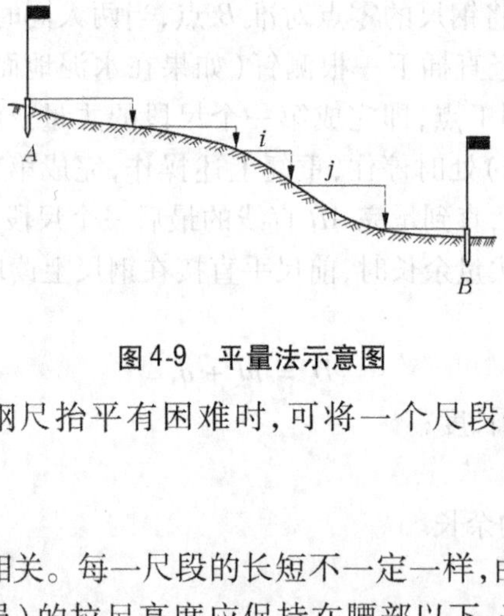

图 4-9　平量法示意图

当地面倾斜较大，将钢尺抬平有困难时，可将一个尺段分成几个小段来平量，如图 4-9 中的 ij 段。

注意事项：

（1）尺段长度与坡度相关。每一尺段的长短不一定一样，由地面坡度的大小来决定。一般前尺手（低处的拉尺员）的拉尺高度应保持在腰部以下，这样既能用上力将钢尺拉平，又能看清垂球线所处的尺面分划读数。

（2）量测方向由高向低。倾斜地面的平量法不能由低处点向高处点丈量，只能从高处点向低处点丈量，因此可从高处点向低处点丈量两次代替往返测。

2）斜量法

如图 4-10 所示，当倾斜地面的坡度比较均匀时，可以采用平地量距的方法沿着斜坡丈量出 A、B 两点间的斜距 L，再用经纬仪测出地面的倾角 α 或用水准仪测出两点间的高差 h，然后按下式计算出 A、B 间的水平距离 D：

$$D = L\cos\alpha = \sqrt{L^2 - h^2} \tag{4-4}$$

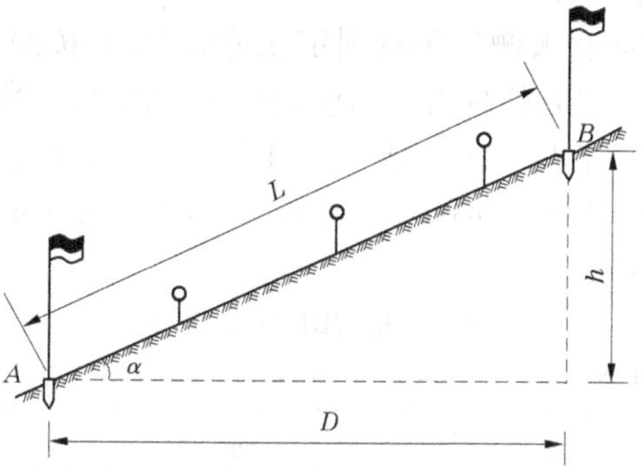

图 4-10 斜量法示意图

(二)精密量距方法

用钢尺精密量距时,应选择检定过的优质钢尺,并有以检定时的拉力、温度为条件的尺长方程式。丈量时用弹簧秤施加检定时的拉力。

1. 准备工作

1)清理场地

精密量距前,首先应将丈量直线方向上的障碍物和杂草清除干净。

2)经纬仪定线

如图 4-11 所示,将经纬仪安置在 A 点,用望远镜纵丝瞄准 B 点,制动照准部,望远镜上下转动,指挥助手在望远镜视线方向上比一整尺短 1 dm 左右的地面上打一木桩,然后在望远镜指挥下由助手在木桩顶面上精确标定一点,通过该点用铅笔画一个"+"号,如图 4-11 所示,十字线的一条短线和直线方向一致,另一短线作为量距时的指标线。至此,1 号尺段桩定位完毕,仿此定位其他各尺段桩。应当注意,在整个定线过程中,望远镜在水平方向内切不可转动;另外,相邻两尺段桩间的距离均应比一整尺短 1 dm 左右。

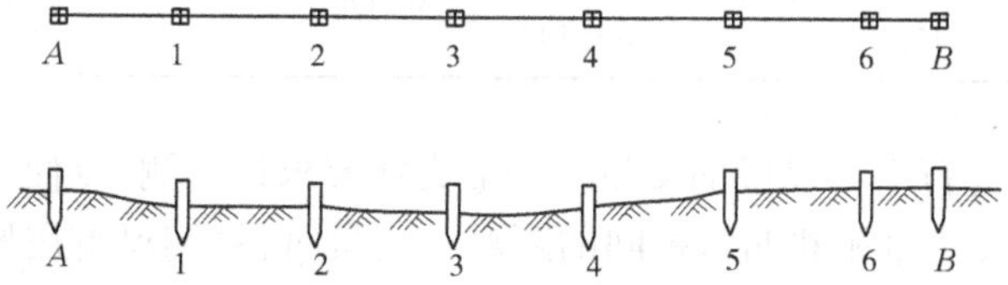

图 4-11 精密量距

3)准备量距用的工具

首先选择一把检定过的优质钢尺,然后准备拉力计、温度计、记录本、测钎等工具。丈量前 10 min,要拉出钢尺,使尺温接近于施测现场的气温。

2. 量距

测量小组可由 5 人组成,两人分别在两侧拉尺,另外两人分别在两侧读数,还有一人负责指挥与记录工作。

具体测量方法如下:

(1)后尺手将拉力计与钢尺固定连接,然后将拉力计与大测钎连接。钢尺与大测钎的连接部位要能沿测钎杆滑动。

(2)前尺手沿支线方向将大测钎尖端固定在地面上,并按照检定钢尺时的拉力将钢尺拉紧。待尺子和拉力稳定后,指挥者发出读数口令,前后尺读数人员同时根据十字线交点在尺上读取读数,读至毫米并记入手簿,见表4-1。每尺段要丈量3次,每次都要变换钢尺读数的位置(2 ~3 cm)。3次丈量的长度互差,一般不超过3 mm,在量距的同时记录现场温度,以便进行温度改正。

表4-1 精密钢尺量距手簿

尺长方程式:$l_t = 50 + 0.008 + 1.25 \times 10^{-5} \times 50 \times (t - 20\ ℃)$

尺段	次数	钢尺读数(m)		尺段长度(m)	温度改正数(m)	尺长改正数(m)	高差改正数(m)	尺段平距(m)
		前尺	后尺					
A—1	1	49.209	0.520	48.689	28.5 ℃	0.008	0.457	49.701
	2	49.225	0.535	48.690				
	3	49.246	0.555	49.691	0.005		-0.002	
	平均长度			49.690				
1—2	1	49.913	0.123	49.790	28.7 ℃	0.008	0.356	49.802
	2	49.936	0.145	49.791				
	3	49.955	0.166	49.789	0.005		-0.001	
	平均长度			49.790				
2—B	1	45.855	0.708	45.147	28.7 ℃	0.007	-0.265	45.158
	2	45.753	0.605	45.148				
	3	45.802	0.655	45.147	0.005		-0.001	
	平均长度			45.147				

(3)移动尺子,进行下一尺段的丈量。一般直线要求往返测,以便于检核。

用检定过的钢尺丈量相邻两木桩间的距离。丈量时,将钢尺首尾紧贴桩顶"+"号中心,并用弹簧秤施以与钢尺检定时相同的拉力,同时根据两桩顶的"+"标记的指标线读数,读至mm;读完一次后,将钢尺前后移动2 ~3 cm,按照同样的方法进行第二次读数;再前后移动2 ~3 cm,进行第三次读数,并对三次丈量的结果进行比较,若三个长度间最大值和最小值的差值不超过3 mm,则取其平均值作为该段的丈量结果。每量完一尺段应测定温度一次,估读至0.1 ℃,以便进行温度改正计算。依此逐段丈量至终点,即为往测,记录格式见表4-1。往测完毕,调转尺头立即进行返测。在实际工作时,往往采取两把尺子或交换钢尺两端的人员再测一次作为返测,以提高工作效率。

3. 测量桩顶高程

上一步操作中,得到的距离是相邻桩顶之间的倾斜距离,为了改算成水平距离,要用水准测量方法测出各桩顶的高程，以便进行倾斜改正。水准测量宜在量距前或量距后往、返观测一次，以资检核。相邻两桩顶往、返所测高差之差，一般不得超过 ±10 mm；如在限差以内，取其平均值作为观测成果。

4. 成果整理

1）计算尺段的尺长改正数

一般来讲，钢尺的实际长度和它的名义长度是不相等的，因此必须对所量距离加入尺长改正。

设所用钢尺的尺长方程式（可通过钢尺检定得到）为

$$l_t = l_0 + \Delta l + \alpha(t - t_0) \times l_0 \tag{4-5}$$

式中 l_t ——钢尺在温度 t 时的实际长度；

l_0 ——钢尺的名义长度；

Δl ——整尺的尺长改正数，即钢尺在 t_0 温度下的实际长度和名义长度的差值；

α ——钢尺的线膨胀系数，其值为 1.25×10^{-5}/℃；

t_0 ——钢尺检定时的温度，一般取 20 ℃；

t ——钢尺在量距时的温度。

从尺长方程式中可以得知，在 t_0 温度下整尺的尺长改正数为 Δl，于是不难求得所量尺段长度 l_s 在 t_0 温度下的尺长改正数 Δl_d 为

$$\Delta l_d = \frac{\Delta l}{l_0} l_s \tag{4-6}$$

2）计算尺段的温度改正数

钢尺受温度变化的影响也会引起尺长变化，因此对所量距离也必须加入这一变化引起的改正，即温度改正。同样从尺长方程式中可以得知所量尺段长度在丈量时温度 t 下的尺长改正数，即温度改正数 Δl_t 为

$$\Delta l_t = \alpha(t - t_0) l_s \tag{4-7}$$

3）计算尺段的倾斜改正数

实际量距时，钢尺是位于尺段桩顶上的，量出来的距离是倾斜距离，还必须将它化算为水平距离。如图 4-12 所示，假定 AB 为一尺段，实际丈量结果为 L，尺段高差为 h，尺段的平距为 D，则有

$$L^2 - D^2 = h^2 \tag{4-8}$$

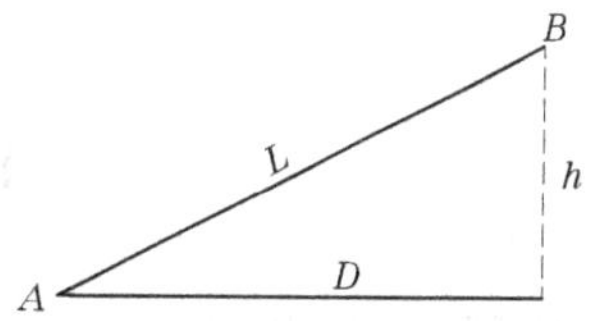

图 4-12 倾斜改正数的计算

即

$$(L + D)(L - D) = h^2 \tag{4-9}$$

$$L - D = \frac{h^2}{L + D} \tag{4-10}$$

$L - D$ 实际上就是斜距化归为平距应当施加的改正值，以 ΔL_h 表示；同时由于斜距 L 和平距 D 相差很小，近似的用 L 代替 D；因为平距总是比斜距短，所以改正数应取负值，于是

$$\Delta L_h = -\frac{h^2}{2L} \tag{4-11}$$

采用前述相同的符号,尺段倾斜改正数的计算公式可以表述为

$$\Delta l_h = -\frac{h^2}{2\,l_s} \tag{4-12}$$

4)计算尺段平距

将以上三项改正数加到丈量的尺段长度上,即得改正后的尺段平距,即

$$D = l_s + \Delta l_d + \Delta l_t + \Delta l_h \tag{4-13}$$

5)汇总出全线平距

将各尺段的平距相加即得全线平距。

计算算例参见表4-1。

四、钢尺量距注意事项

影响钢尺量距精度的因素主要有仪器误差、观测误差和外界条件的影响。

(1)仪器误差,如钢尺刻划误差和尺长误差。

(2)观测误差,如对点不准,读数误差及直线定线误差。

(3)外界条件影响,如量距时的温度和拉力误差等。

鉴于测量时误差对观测结果精度的影响,在量距时应注意下面几点:

(1)钢尺要拉平,用力要均匀地将钢尺拉平后再读数。

(2)定线要准确,读数要仔细,注意尺的零点位置。

(3)定线方法合理选择。当精度要求不高时,可用目估定线;当直线较长或精度要求较高时,可用经纬仪定线。

(4)爱护钢尺。使用钢尺时,应避免将钢尺扭曲打结,不得在地面和水中拖拉钢尺,以防止磨损和锈蚀。当丈量路面时,应有专人提醒来往车辆及行人,防止钢尺被碾压折断。

任务二 视距测量

视距测量(Stadia Traverse)是用经纬仪的视距装置,配合相应的标尺测定边长与角度的一种导线,是利用光学测量仪器内的分划装置(十字丝的视距丝)和目标点上的标尺测定距离的测量方法。视距测量的精度较低,一般其测距精度为1/200~1/300,但其操作简便,受地形起伏的限制较小,因此常用于精度要求不高的地形测图中。

一、视距测量原理

(一)视线水平时的视距公式

如图4-13所示,欲测定A、B两点间的水平距离D及高差h,将经纬仪安置在A点,照准B点上竖立的视距尺。当望远镜视线水平时,视线与视距尺面垂直。对光后视距尺成像在十字丝平面上,视距尺上M点和N点的像与视距丝m和n重合,即下、上视距丝m、

n,可以在视距尺上读取 M、N 两点的读数,其读数差用 l(l = 下丝读数 - 上丝读数)表示,称其为视距间隔。

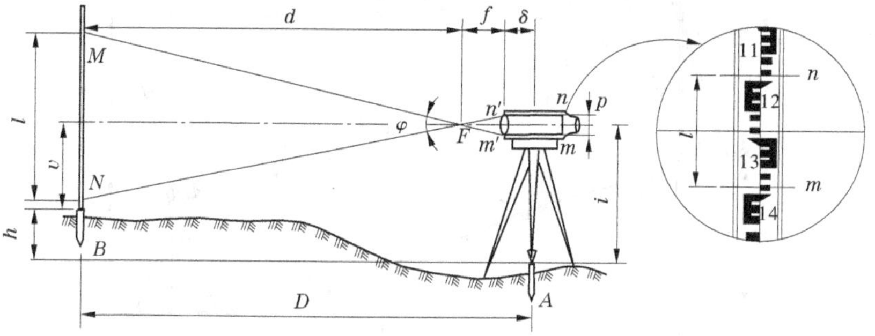

图 4-13　视线水平时的视距原理

设物镜焦点到视距尺之间的距离为 d,用 P 代表十字丝平面上两视距丝之间的固定间距,用 f 代表物镜焦距,由相似三角形 MNF 与 $m'n'F$ 可得

$$\frac{MN}{m'n'} = \frac{d}{f} \tag{4-14}$$

故

$$d = \frac{MN \cdot f}{m'n'} = \frac{f}{p}l \tag{4-15}$$

仪器中心距物镜焦点的距离为($\delta + f$),其中 δ 为仪器中心到物镜光心的距离,故仪器中心至视距尺的距离为

$$D = d + (\delta + f) = \frac{f}{p}l + (\delta + f) \tag{4-16}$$

用 K 代表 $\frac{f}{p}$,用 C 代表($\delta + f$),则

$$D = Kl + C \tag{4-17}$$

式(4-17)中的 K 称为视距乘常数,C 称为视距加常数。在仪器设计时,通过选择适当焦距的物镜和适当的视距丝间距,可使 $K = 100$。对于内对光望远镜,$C \approx 0$,可忽略不计。于是视线水平时的视距公式为

$$D = Kl \tag{4-18}$$

如图 4-13 所示,当视线水平时,十字丝中丝在视距尺上的读数为 v,设仪器高为 i,则测站点 A 到立尺点 B 间的高差为

$$h = i - v \tag{4-19}$$

(二)视线倾斜时的视距公式

在地面倾斜较大的地区进行测量时,往往需要上仰或下俯望远镜才能看到视距尺,这时视线是倾斜的,它和视距尺不垂直,所以不能直接应用式(4-18)计算视距。

如图 4-14 所示,在 A 点上安置经纬仪,照准 B 点上竖立的视距尺。当望远镜视线向上倾斜一个 α 角时,上、下视距丝在标尺上截得的尺间隔为 l 。假定视距尺绕 O 点转动一个 α 角,这时视线和视距尺垂直,设此时对应的尺间隔为 l'。于是仪器中心到照准位置的

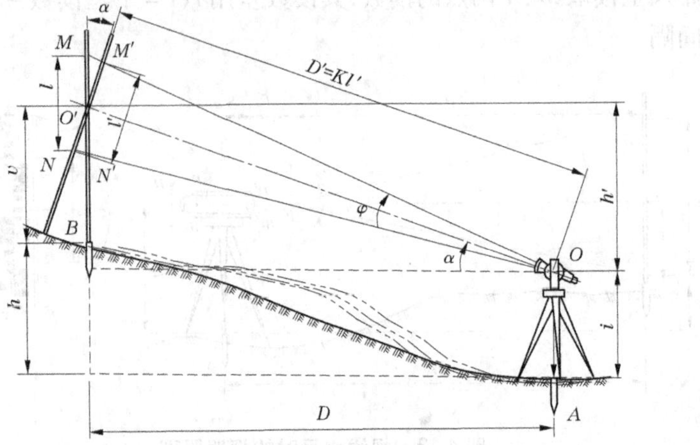

图 4-14 视线倾斜时的视距原理

倾斜距离 D' 为

$$D' = Kl' \tag{4-20}$$

则 A、B 两点间的水平距离 D 为

$$D = D'\cos\alpha = Kl'\cos\alpha \tag{4-21}$$

在 $\triangle MM'O$ 和 $\triangle NN'O$ 中

$$\angle MOM' = \angle NON' = \alpha \tag{4-22}$$

$$\angle M'MO = 90° + \frac{1}{2}\varphi \tag{4-23}$$

$$\angle N'NO = 90° - \frac{1}{2}\varphi \tag{4-24}$$

由于 $\varphi/2$($\varphi \approx 34'$)很小,故可以把 $\angle M'MO$ 和 $\angle N'NO$ 都看成直角,因此在 $\triangle MM'O$ 和 $\triangle NN'O$ 中

$$MO = M'O\cos\alpha \tag{4-25}$$

$$NO = N'O\cos\alpha \tag{4-26}$$

于是

$$MN = M'N'\cos\alpha \tag{4-27}$$

即

$$l' = l\cos\alpha \tag{4-28}$$

将式(4-28)代入式(4-21),得视线倾斜时的视距公式为

$$D = Kl\cos^2\alpha \tag{4-29}$$

从图 4-14 不难看出,仪器中心到 B 点的高差 h' 为

$$h' = D\tan\alpha = Kl\cos^2\alpha\tan\alpha = Kl\sin\alpha\cos\alpha = \frac{1}{2}Kl\sin2\alpha \tag{4-30}$$

设仪器高为 i,十字丝中丝在视距尺上的读数为 v,则 A、B 两点间的高差 h 为

$$h = h' + i - v \tag{4-31}$$

即

$$h = \frac{1}{2}Kl\sin2\alpha + i - v \tag{4-32}$$

或

$$h = D\tan\alpha + i - v \tag{4-33}$$

二、视距测量的观测与计算

视距测量的实施步骤如下：

(1)在被测点位上竖立视距尺。

(2)在测站点安置经纬仪，量取仪器高 i（量至厘米），盘左（视距测量只用盘左一个盘位）照准标尺。

(3)如果采用视线水平方法测量视距，将望远镜视线调平（指标水准管气泡居中且竖盘读数等于 90°），依序读取下丝、上丝和中丝读数 v（读至厘米），计算视距间隔 l，按式(4-18)、式(4-19)计算水平距离 D（取至分米）及高差 h（取至厘米）。

(4)如果采用视线倾斜方法测量视距，使望远镜照准标尺任一位置（保证上丝、下丝能读数），依序读取下丝、上丝和中丝读数 v，调整指标水准管气泡居中，读取竖盘读数（读至分），计算视距间隔 l 和竖直角 α，然后按式(4-29)、式(4-32)或式(4-33)计算水平距离 D 及高差 h。

视距测量的算例见表 4-2，算例中所示为视线倾斜方法视距。

表 4-2　视距测量记录、计算手簿

测站：A　　测站高程：360.123 m　　仪器高 i = 1.41 m　　指标差 x = 0

点号	Kl(m)	中丝读数(m)	竖盘读数(°　′)	竖直角(°　′)	平距(m)	高差(m)
1	17.0	0.82	91　51	-1　51	17.0	+0.04
2	14.0	1.92	88　31	+1　29	14.0	-0.15
3	7.9	1.26	91　39	-1　39	7.9	-0.08
4	66.8	2.00	92　06	-2　06	66.7	-3.04
5	19.9	1.81	88　27	+1　33	19.9	+0.14

三、视距测量误差及注意事项

（一）视距测量误差

1. 读数误差

视距间隔是由上、下视距丝在标尺上的读数相减而求得的。由于视距丝本身具有一定的粗细，它将压盖标尺上一定宽度的分划，使读数产生误差，视距越远，误差也越大。为了减弱这项误差的影响，测量时应对最大视距作出控制；同时，在观测时尽可能使上丝或下丝截取整分划值，以减少一次估读误差。

2. 仪器误差

一般认为视距乘常数 $K=100$，但由于观测时温度和气压的变化或仪器制造工艺上的因素导致 K 值不一定恰好等于100，这将给视距测量带来系统性的影响。因此，测量前应对视距乘常数 K 进行检验，采用检验后的常数值。

3. 外界条件影响

外界条件对视距的影响是多方面的，大气的垂直折光使视线产生弯曲；温度的变化会使仪器的 K 值发生变化；风力较大会使仪器和标尺不稳定；尘雾弥漫使标尺看不清等。为减弱外界不利因素的影响，应选择有利的观测时间，特别是折光的影响，越接近地面，影响越大。视距尺不同部分的光线，是通过不同密度的空气层到达望远镜的，越接近地面的光线，受折光影响越显著。经验证明，当视线接近地面在视距尺上读数时，垂直折光引起的误差较大，并且这种误差与距离的平方成正比例地增加，因此视线应离开地面一定的高度。

4. 视距尺倾斜的误差

视距公式是在标尺竖直的情况下得到的，实际工作中，如果标尺没有扶直，将给视距带来误差。这种误差随着视线竖直角的增大而增大，实践表明，当距离为100 m，标尺倾斜2°，竖直角为5°时，所引起的距离误差将达到0.3 m。因此，为减弱此项误差的影响，立尺时应尽可能扶直，读取竖盘读数时一定要使指标水准管气泡严格居中。

5. 视距尺分划误差

视距尺上的分划不准确，将给视距带来误差。这项误差可通过检定来确定它的大小，尽可能选用合格的尺子。

（二）视距测量注意事项

（1）观测时，水准尺要竖直，并尽量采用带有水准器的视距尺。

（2）为减少垂直折光的影响，观测时应尽可能使视线离地面1 m以上。

（3）要严格测定视距乘常数，K 值应在 100 ± 0.1 之内，否则要加以改正。

（4）视距尺一般应是厘米刻划的整体尺。使用塔尺时应注意检查各节尺的接头是否准确。

（5）观测时，视线长度应控制在300 km内，读数要认真仔细，并注意消除视差。

（6）要在成像稳定的情况下进行观测。

任务三　电磁波测距

电磁波测距（Electromagnetic Distance Measurement，简称EDM），是以电磁波测距仪测定两点间距离，用电磁波（光波或微波）作为载波传输测距信号，以测定两点间距离的一种方法。

一、电磁波测距概念及分类

从20世纪40年代开始，雷达以及各种脉冲式和相位式导航系统的发展，促进了人们对电子测时技术、测相技术和高稳定度频率源等领域的深入研究。世界上第一台电磁波测距仪于 1953 年由瑞典 AGA 公司(现在合并到美国 Trimble 公司)研制成功，仪器采用 5 mW氦－氖激光器发射的激光作为载波，白天测程为 40 km，夜间测程为 60 km，测距精度为 $\pm(5\ mm+1\times10^{-6}D)$，主机重 23 kg。20 世纪 60 年代激光出现，电子技术迅速发展，目前各类光电测距仪在测量工作中已得到广泛应用。与钢尺量距及视距测量相比，EDM 具有测程长、精度高、作业速度快、工作强度低、几乎不受地形限制等优点，因此在现代测量中得到了广泛的应用。随着电子技术的高速发展，这些仪器不断改进，现在已经达到了相当完善的程度，使大地测量和工程测量发生了以下三个方面的变化：

(1)三角测量中的起始边长度，现在一律用电磁波测距仪直接测量，过去布设基线网推算起始边长度的方法已成历史。

(2)导线测量、三边测量和测边测角布网方式的应用越来越广泛，有逐渐取代三角测量的趋势。

(3)利用电子全站仪或速测仪，采取边角测量方法加密大地控制网和布设高程导线，有很高的经济效益。

我国已用电磁波测距法在青藏高原布设了精密导线，作为国家大地网的一部分。

(一)电磁波测距概念

电磁波测距是用电磁波作为载波，传输测距信号，以测量两点间距离的一种方法。与传统的量距工具和方法相比，具有精度高、速度快、几乎不受地形限制等优点，在测绘工作中得到了普遍应用。

电磁波测距的基本原理是通过测定电磁波(无线电波或光波)在测线两端点间往返传播的时间 t，按下式计算被测距离 D，如图 4-15 所示。

$$D=\frac{1}{2}ct \tag{4-34}$$

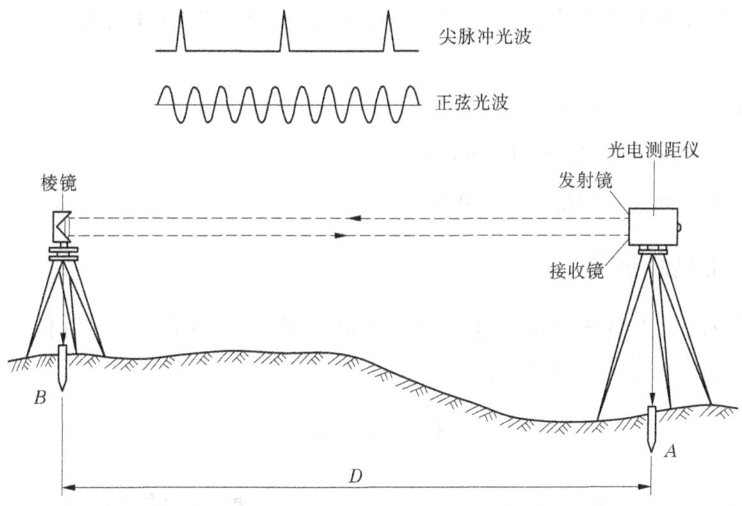

图 4-15 光电测距原理图

(二)电磁波测距分类

电磁波测距是利用电磁波作为载波和调制波进行长度测量的一门技术，其分类依据不同,分类结果也不同。

1. 按测定时间的方法分类

(1)脉冲式。直接测定仪器发出的脉冲信号往返于被测距离的传播时间,进而求得距离。

(2)相位式。测定仪器发射的测距信号往返于被测距离的滞后相位 φ 来间接推算信号的传播时间 t,从而求得距离。当前电磁波测距仪中,相位式测距仪居多。

2. 按测程分类

(1)长程。测程大于 15 km。

(2)中程。测程为 3 ~ 15 km。

(3)短程。测程在 3 km 及其以下。

3. 按载波源分类

(1)光波。激光测距仪、红外测距仪。

(2)微波。微波测距仪。

4. 按载波数分类

(1)单载波。可见光;红外光;微波。

(2)双载波。可见光,可见光;可见光,红外光等。

(3)三载波。可见光,可见光,微波;可见光,红外光,微波等。

5. 按反射目标分类

(1)漫反射目标(非合作目标)。

(2)合作目标。平面反射镜、角反射镜等。

(3)有源反射器。同频载波应答机、非同频载波应答机等。

6. 按精度指标分类

电磁波测距按测距精度来分,以 1 km 测距中误差 M_D 为精度指标,一般分为以下三级:

(1) Ⅰ级($|M_D| \leqslant 5$ mm)。

(2) Ⅱ级(5 mm < $|M_D| \leqslant 10$ mm)。

(3) Ⅲ级(10 mm < $|M_D| \leqslant 20$ mm)。

二、电磁波测距原理

如图 4-15 所示,光电测距仪是通过测量光波在待测距离 D 上往、返传播一次所需要的时间 t_{2D} ,依下式来计算待测距离 D:

$$D = \frac{1}{2} c t_{2D} \tag{4-35}$$

式中 c ——光在大气中的传播速度,$c = \frac{c_0}{n}$, c_0 为光在真空中的传播速度,迄今为止,人类所测得 c_0 的精确值为 299 792 458 m/s ±1.2 m/s;

n——大气折射率($n \geqslant 1$),它是光的波长 λ、大气温度 t 和气压 p 的函数,即

$$n = f(\lambda, t, p) \tag{4-36}$$

由于 $n \geqslant 1$，所以 $c \leqslant c_0$，亦即光在大气中的传播速度要小于其在真空中的传播速度。

对一台测距仪来讲，发射光波的波长 λ 是一个常数（例如红外测距仪一般采用 GaAs（砷化镓）发光二极管发出的红外光作为光源，其波长 $\lambda = 0.85 \sim 0.93\ \mu m$），则由式(4-36)可知，影响光速的大气折射率 n 只随大气的温度 t、气压 p 而变化，这就要求我们在测距作业中，必须实时测定现场的大气温度和气压，并对所测距离施加气象改正。

根据测定光波在待测距离 D 上往、返传播一次所需时间 t_{2D} 的方法不同，光电测距仪可分为脉冲式和相位式两种。

（一）脉冲式光电测距仪

脉冲式光电测距仪是将发射光波的光强调制成一定频率的尖脉冲，通过测定发射的脉冲在待测距离上往返传播的时间来计算距离。如图 4-16 所示，在尖脉冲光波离开测距仪发射镜的瞬间，触发打开电子门，此时时钟脉冲进入电子门填充，计数器开始计数。在仪器接收镜接收到由棱镜反射回来的尖脉冲光波的瞬间关闭电子门，计数器停止计数。设时钟脉冲的振荡频率为 f_0，周期为 $T_0 = 1/f_0$，计数器计得的时钟脉冲个数为 q，则

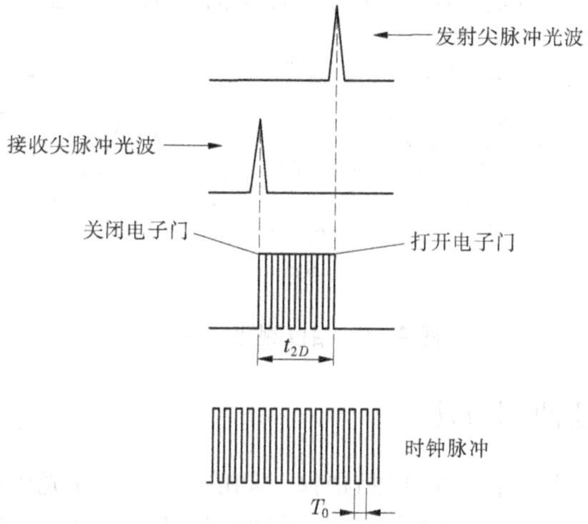

图 4-16　脉冲测距原理

$$t_{2D} = qT_0 = \frac{q}{f_0} \tag{4-37}$$

目前，脉冲式光电测距仪一般是采用固体激光器（如红宝石激光器或掺钕钇铝石榴石激光器等）作为光源，能发出高功率的单脉冲激光。因此，这类仪器一般可以不用合作目标（如反射镜），直接利用被测目标对脉冲激光产生的漫反射进行测距，作业十分方便、迅速。但是这类仪器受脉冲宽度和电子计数器时间分辨率的限制，测距精度一般较低，为 ±1 m ~ ±5 m。它适用于军事测量和工程测量中精度要求不高的某些项目，还可用于无人立尺时的地形测图。

（二）相位式光电测距仪

相位式光电测距仪是将发射光波的光强调制成一定频率的调制光（测距信号光），通过测定发射的调制光在待测距离上往返传播的相位差来间接地计算时间和距离。如

图 4-15 所示，设仪器发射的光波为一正弦曲线，将光波往返于被测距离上的图形展开，如图 4-17 所示，光波成为一连续的正弦曲线。其中，光波一周期的相位变化为 2π，设调制光波的频率为 f，则光波从 A 到 B 再返回 A 的相位差 Φ 可由下式求得

$$\Phi = 2\pi f\, t_{2D} \tag{4-38}$$

即

$$t_{2D} = \frac{\Phi}{2\pi f} \tag{4-39}$$

如图 4-17 所示，相位差 Φ 不管有多大，均可视为两部分组成：一部分是 2π 的整倍数 N，另一部分是小于 2π 的角度值 φ，即

$$\Phi = N \times 2\pi + \varphi \tag{4-40}$$

相位差 Φ 可通过仪器的相位计测定，但是相位计只能测定不足一整周期的相位差尾数 φ，而不能确定整周期的倍数 N。为此，仪器上同时设置了可以发射多种频率调制光的装置，使相位差 Φ 分别成为不足一整周期的相位，以较低频率的调制光测定相位差大数，以较高频率的调制光测定相位差小数，从而解决 N 值的确定问题。

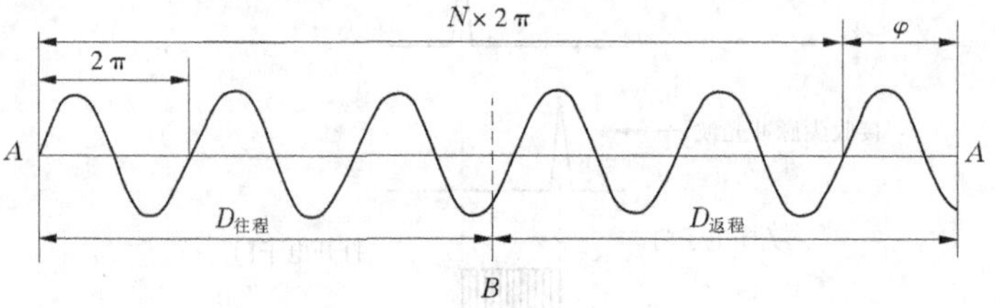

图 4-17 相位测距原理

三、电磁波测距仪使用方法

测程在 5 km 以下的测距仪为短程测距仪。如前所述，目前光电测距仪普遍采用红外线为载波，故又称为红外测距仪。国内外测绘仪器制造厂生产的仪器有多种，其中光电测距仪及其使用方法如下。

(一)仪器结构

主机通过连接器安置在经纬仪上部，经纬仪可以是普通光学经纬仪，也可以是电子经纬仪。利用光轴调节螺旋，可使主机的发射—接受器光轴与经纬仪视准轴位于同一竖直面内。另外，测距仪横轴到经纬仪横轴的高度与觇牌中心到反射棱镜的高度一致，从而使经纬仪瞄准觇牌中心的视线与测距仪瞄准反射棱镜中心的视线保持平行。

配合主机测距的反射棱镜，根据距离远近，可选用单棱镜(1 500 m 内)或三棱镜(2 500 m 内)，棱镜安置在三脚架上，根据光学对中器和长水准管进行对中整平。

(二)仪器主要技术指标及功能

短程红外光电测距仪的最大测程为 2 500 m，测距精度可达 $\pm(3\ \text{mm} + 2\times10^{-6}D)$(其中 D 为所测距离)；最小读数为 1 mm；仪器设有自动光强调节装置，在复杂环境下测量时也可人工调节光强；可输入温度、气压和棱镜常数自动对结果进行改正；可输入垂直角自动计算出水平距离和高差；可通过距离预置进行定线放样；若输入测站坐标和高程，

可自动计算观测点的坐标和高程。测距方式有正常测量和跟踪测量,其中正常测量所需时间为3 s,还能显示数次测量的平均值;跟踪测量所需时间为0.8 s,每隔一定时间间隔自动重复测距。

(三)仪器操作与使用

(1)安置仪器。先在测站上安置好经纬仪,对中、整平后,将测距仪主机安装在经纬仪支架上,用连接器固定螺丝锁紧,将电池插入主机底部、扣紧。在目标点安置反射棱镜,对中、整平,并使镜面朝向主机。

(2)观测竖直角、气温和气压。用经纬仪十字横丝照准觇板中心,测出竖直角 α。同时,观测和记录温度与气压计上的读数。观测竖直角、气温和气压,目的是对测距仪测量出的斜距进行倾斜改正、温度改正和气压改正,以得到正确的水平距离。

(3)测距准备 按电源开关键“PWR”开机,主机自检并显示原设定的温度、气压和棱镜常数值,自检通过后将显示“good”。

若修正原设定值,可按“TPC”键后输入温度、气压值或棱镜常数(一般通过“ENT”键和数字键逐个输入)。一般情况下,只要使用同一类的反光镜,棱镜常数不变,而温度、气压每次观测均可能不同,需要重新设定。

(4)距离测量。调节主机照准轴水平调整手轮(或经纬仪水平微动螺旋)和主机俯仰微动螺旋,使测距仪望远镜精确瞄准棱镜中心。在显示“good”状态下,精确瞄准也可根据蜂鸣器声音来判断,信号越强,声音越大,上下左右微动测距仪,使蜂鸣器的声音最大,便完成了精确瞄准,出现“*”。

精确瞄准后,按“MSR”键,主机将测定并显示经温度改正、气压改正和棱镜常数改正后的斜距。在测量中,若光速受挡或遇大气抖动等,测量将暂被中断,此时“*”消失,待光强正常后继续自动测量;若光束中断30 s,须光强恢复后,再按“MSR”键重测。

斜距到平距的改算,一般在现场用测距仪进行,方法是:按“V/H”键后输入竖直角值,再按“SHV”键显示水平距离。连续按“SHV”键可依次显示斜距、平距和高差。

四、电磁波测距成果整理

一般测距仪测定的是斜距,因而需对测试成果进行仪器常数改正、气象改正、倾斜改正等,最后求得水平距离。

(一)仪器常数改正

仪器常数有加常数和乘常数两项,对于加常数,由于发光管的发射面、接收面与仪器中心不一致,反光镜的等效反射面与反光镜中心不一致,内光路产生相位延迟及电子元件的相位延迟,使得测距仪测出的距离值与实际距离值不一致,见图4-18。此常数一般在仪器出厂时预置在仪器中,但是由于仪器在搬运过程中的震动、电子元件老化等,常数还会变化,因此还会有剩余加常数。这个常数要经过仪器检测求定,并对所测距离加以改正。需要注意的是,不同型号的测距仪,其反光镜常数是不一样的。若互换反光镜,要经过加常数重新测试方可使用。

仪器的测尺长度与仪器振荡频率有关。仪器经过一段时间使用,晶体会老化,致使测距时仪器的晶振频率与设计时的频率有偏移,因此产生与测试距离成正比的系统误差。

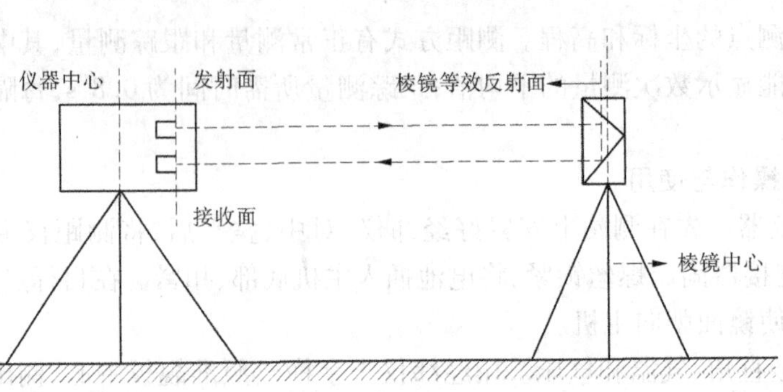

图 4-18 测距仪加常数

其比例因子称为乘常数。如晶振有 15 kHz 误差，会产生 $1\times10^{-6}D$ 系统误差，使 1 km 的距离产生 1 mm 误差。此项误差也应通过检测求定，在所测距离中加以改正。

现代测距仪都具有设置仪器常数的功能，测距前预先设置常数，在仪器测距过程中自动改正。若测距前未设置常数，可按下式计算：

$$\Delta D_k = K + RD \tag{4-41}$$

式中 K——仪器加常数；

R——仪器乘常数。

（二）气象改正

仪器的测尺长度是在一定的气象条件下推算出来的。但是，仪器在野外测量时气象参数与仪器标准气象元素不一致，因此使测距值产生系统误差。所以在测距时，应同时测定环境温度（读至 1 ℃），气压（读至 1 mmHg（133.3 Pa））。利用仪器生产厂家提供的气象改正公式计算距离改正值。这是电磁波测距的重要改正，因为电磁波在大气中传输时受气象条件的影响很大。此项改正的实质是大气折射率对距离的改正。因折射率与气压、气温、湿度有关，因此习惯上我们称为气象改正。大气折射率为

$$n = \frac{c_0}{c} \tag{4-42}$$

式中 c——光在大气中的传播速度；

c_0——光在真空中的传播速度。

1975 年 IUGG 第十六届年会公布的新值是：$c_0 = (299\ 792\ 458 \pm 1.2)$ m/s。因此，式(4-34)又可写为

$$D = \frac{t}{2}\frac{c_0}{n} \tag{4-43}$$

测距仪的调制频率是根据测距仪选定的参考大气条件设计的，设与参考大气条件相应的折射率为 n_0，故仪器测算出来的距离为

$$D_0 = \frac{t}{2}\frac{c_0}{n_0} \tag{4-44}$$

由式(4-43)和式(4-44)可知：

$$D = D_0\frac{n_0}{n} \tag{4-45}$$

式(4-45)说明实际距离 D 等于距离测量值 D_0 乘以 $\frac{n_0}{n}$。

一般而言，空气是低气压物质，其折射率接近于1，故可写为

$$n_0 = 1 + \delta_{n0} \tag{4-46}$$

$$n = 1 + \delta_n \tag{4-47}$$

代入式(4-45)得

$$D = \frac{1 + \delta_{n0}}{1 + \delta_n} D_0 \tag{4-48}$$

因为 δ_n 是一个正的小量，可将 $(1+\delta_n)^{-1}$ 按级数展开，略去高次项后代入式(4-48)得

$$D = D_0(1 + \delta_{n0})(1 - \delta_n) \tag{4-49}$$

略去二次项有

$$D = D_0 + D_0(\delta_{n0} - \delta_n) \tag{4-50}$$

式(4-50)中第二项即为气象改正：

$$\Delta D_n = D_0(\delta_{n0} - \delta_n) \tag{4-51}$$

实用的计算公式由巴雷尔西尔公式导出。1963 年 IUGG 决定使用巴雷尔西尔公式，称为折射率与波长的关系式(色散公式)：

$$n = 1 + A + \frac{B}{\lambda^2} + \frac{C}{\lambda^4} \tag{4-52}$$

式中，$A = 2\ 876.04 \times 10^{-7}$；$B = 16.288 \times 10^{-7}$；$C = 0.136 \times 10^{-7}$；$n$ 为在温度 0 ℃、气压 760 mmHg、湿度 0%、含 0.03% CO_2 的标准大气压条件下的折射率。

式(4-52)只适用于单一波长的光。实际上，任一波长的光都有一定的带宽。在大气中不同波长光的传播速度是不同的。不同波长合成的光速称为群速，相应的折射率称为群折射率。调制光以群速传播，群速由下式给出：

$$c_g = c - \frac{d_c}{d_\lambda}\lambda \tag{4-53}$$

式中 d_c ——光速变化宽度；

d_λ ——光波波长的带宽。

相应的群折射率为

$$n_g = n - \frac{d_n}{d_\lambda}\lambda \tag{4-54}$$

式中 n_g——群折射率；

n——单一波长的折射率；

d_n——群波长的带宽；

λ——光波的有效波长。

由微分式(4-52)得

$$\frac{\mathrm{d}n}{\mathrm{d}\lambda} = -\frac{2B}{\lambda^3} - \frac{4C}{\lambda^5} \tag{4-55}$$

将式(4-55)和式(4-52)代入式(4-54)有

$$n_g = 1 + A + \frac{3B}{\lambda^2} + \frac{5C}{\lambda^4} \tag{4-56}$$

式中,λ 以 μm 为单位。

式 (4-56)求出的是在标准大气条件下的群折射率。测量时的大气气象条件与标准气象条件是不一样的,其折射率也不同。如果已知上述标准气象条件下的群折射率 n_g,则一般大气条件下光的折射率按下式计算

$$n = 1 + \frac{n_g - 1}{1 + \alpha t}\frac{P}{760} - \frac{5.51e}{1 + \alpha t} \times 10^{-8} \tag{4-57}$$

式中 P——观测时气压,读至 1 mmHg;

α——空气膨胀系数,$\alpha = \frac{1}{273.16}$。

根据式(4-51)、式(4-56)、式(4-57)就可求出任何仪器的气象改正公式。

例如,DI20 测距仪的红外波长 $\lambda = 0.835$ μm,由此可求出其气象改正式为

$$\Delta D_n = (282.2 - \frac{105.91 - 15.02e}{273.16 + t}) \times 10^{-6} \times D_0 \tag{4-58}$$

式中,t 以℃为单位,e 以 mmHg 为单位,D_0 以 m 为单位。

气压单位除有 mmHg 外,还有 mb(毫巴)以及法定单位 kPa,它们的关系为

$$\begin{cases} 1\ \text{mmHg} = 133.322\ \text{Pa} \\ 1\ \text{mb} = 99.9915\ \text{Pa} \\ 760\ \text{mmHg} = 1013.2\ \text{mb} \end{cases} \tag{4-59}$$

气象要素的采集通常是在测距的同时,使用空盒气压计和通风干湿计来测定。气压计和通风干湿计都不应受阳光直接照射,干湿计应距地面 1.5 m 处量测。

(三)倾斜改正

测距仪测试结果经过前几项改正后的距离是测距仪几何中心到反光镜几何中心的斜距。要改算成平距还应进行倾斜改正。现代测距仪一般都与光学经纬仪或电子经纬仪组合,测距时可以同时测出竖直角 α 或天顶距 z(天顶距是从天顶方向到目标方向的角度)。用下式计算平距 D:

$$D = D_0 \sin z \tag{4-60}$$

五、测距的误差来源和精度表达式

(一)相位式光电测距仪测距的主要误差来源

相位测距误差由两部分组成:一部分是与距离长短无关的测相误差 $\frac{m_4}{\pi}$、常数误差 m_c,我们称它为固定误差;另一部分是与距离成比例的真空光速值误差 $\frac{m_{c_0}}{c_0}$、频率误差 $\frac{m_f}{f}$ 及大气折射率误差 $\frac{m_n}{n}$,我们将它称为比例误差。严格地说,测相误差也与距离有关。但由于限幅测相,使不同距离上有相近的信噪比,因此可认为与距离无关。

由相位法测距的基本公式

$$D = N\frac{c}{2nf} + \frac{\varphi}{2\pi}\frac{c}{2nf} + K \tag{4-61}$$

全微分并转换成中误差：

$$m_D = \left[\left(\frac{m_c}{c}\right)^2 + \left(\frac{m_n}{n}\right)^2 + \left(\frac{m_f}{f}\right)^2\right]D^2 + \left(\frac{\lambda}{4\pi}\right)^2 m_\varphi^2 + m_K^2 \tag{4-62}$$

还应包括 m_A 和 m_g，测距误差较为完整的表达式为

$$m_D = \left[\left(\frac{m_c}{c}\right)^2 + \left(\frac{m_n}{n}\right)^2 + \left(\frac{m_f}{f}\right)^2\right]D^2 + \left(\frac{\lambda}{4\pi}\right)^2 m_\varphi^2 + m_K^2 + m_A^2 + m_g^2 \tag{4-63}$$

$$m_D = \pm (A + BD) \tag{4-64}$$

式中　A——固定误差；

B——比例误差；

D——被测距离。

此外，在进行距离测量时，还包括没有反映出来的误差，例如仪器和反射镜的对中误差、置平改正误差、偏心改正误差和周期误差等。

（二）测距的精度表达式

衡量仪器的测距精度，一是仪器的内部符合精度，二是仪器的外部符合精度。每台仪器出厂时的标准精度也是外部符合精度。

为了方便，一般地我们近似地用式（4-64）的线性形式作为测距的精度表达式。

项目小结

本项目主要讲述距离测量的知识，项目下的 3 个任务围绕着学习目标逐一展开，任务一主要针对钢尺量距的工作原理进行了讲述；任务二主要对视距测量的仪器和工具的特点及使用方法进行了讲述；任务三讲述了电磁波测距的原理及施测方法。

距离测量是指测量地面上两点连线长度的工作。通常需要测定的是水平距离，即两点连线投影在某水准面上的长度。它是确定地面点的平面位置的要素之一，是测量工作中最基本的任务之一。通常需要测定的是水平距离，即两点连线投影在某水准面上的长度。

在三角测量、导线测量、地形测量和工程测量等工作中都需要进行距离测量。距离测量的精度用相对误差（相对精度）表示，即距离测量的误差同该距离长度的比值，用分子为 1 的公式 $1/n$ 表示。比值越小，距离测量的精度越高。距离测量常用的方法有钢尺量距、视距测量和电磁波测距等。

（1）钢尺量距。

用量尺直接测定两点间距离，分为钢尺量距和因瓦基线尺量距。钢尺是用薄钢带制成，长 20 m、30 m 或 50 m。所量距离大于尺长时，需先标定直线再分段测量。钢尺量距的精度一般高于 1/1 000。因瓦基线尺是用温度膨胀系数很小的因瓦合金钢制造的线状尺或带状尺。常用的线状尺长 24 m，钢丝直径 1.65 mm，线尺两端各连接一个有毫米刻划的分划尺，分划尺刻度为 80 mm。量距时用 10 kg 重锤通过滑轮引张，使尺子呈悬链线

形状，线尺两端分划尺上同名刻划线间的直线距离，即悬链线的弦长，是线尺的工作长度。因瓦基线尺受温度变化影响极小，量距精度高达 1/1 000 000，主要用于丈量三角网的基线和其他高精度的边长。

(2)视距测量。

用有视距装置的测量仪器，按光学原理和三角学原理测定两点间距离的方法。常用经纬仪、平板仪、水准仪和有刻划的标尺施测。通过望远镜的两条视距丝，观测其在垂直竖立的标尺上的位置，视距丝在标尺上的间隔称为尺间隔或视距读数，仪器到标尺间的距离是尺间隔的函数，对于大多数仪器来说，在设计时使距离和尺间隔之比为 100:1。视距测量的精度可达 1/400～1/300。

(3)电磁波测距。

电磁波测距仪测量距离，测程较长，测距精度高，工作效率高，所以电磁波测距已成为理想的测量距离的方法。

项目考核

一、选择题

1. 钢尺量距时，量得倾斜距离为 61.730 m，直线两端高差为 1.987 m，则高差改正值为(　　)m。

A. -0.016　　B. 0.016　　C. 1.987　　D. -0.032

2. 用经纬仪视距测量方法进行高差测量时，除需要量取仪器高，读取竖盘读数外，还要读取(　　)。

A. 水平角　　B. 水平距离　　C. 上、中、下三丝读数　　D. 方位角

3. 不属于精密量距的三项改正是(　　)。

A. 尺长改正　　B. 温度改正　　C. 倾斜改正　　D. 相位改正

4. 下面是三个小组丈量距离的结果，只有(　　)组测量的精度高于 1/5 000。

A. 100 m ±0.025 m　　B. 250 m ±0.060 m

C. 150 m ±0.035 m　　D. 200 m ±0.036 m

5. 钢尺量距时，量得倾斜距离为 123.456 m，直线两端高差为 1.987 m，则高差改正值为(　　)。

A. -0.016　　B. 0.016　　C. -0.032　　D. 1.987

6. 钢尺精密量距的各改正值中，(　　)恒为负。

A. 尺长改正　　B. 温度改正　　C. 高差改正　　D. 拉力修正

7. 用视距测量方法进行倾斜距离测量时需要读取上、下丝读数和(　　)。

A. 水平角　　B. 竖直角　　C. 方位角　　D. 中丝读数

8. 某段距离的平均值为 100 m，其往返较差为 +40 mm，则相对误差为(　　)。

A. 0.04/100　　B. 0.004　　C. 1/2 500　　D. 0.01/25

9. 在测距仪及全站仪的仪器说明上的标称精度，常写成 $\pm(A+BD)$，其中 B 称为(　　)。

A. 固定误差　B. 固定误差系数　C. 比例误差　D. 比例误差系数

10. 用经纬仪进行视距测量，已知 $K=100$，视距间隔为 0.25，竖直角为 $+2°45'$，则水平距离的值为(　　)。

A. 24.77 m　B. 24.94 m　C. 25.00 m　D. 25.06 m

二、判断题

1. 钢尺量距时，如定线不准，则所量结果总是偏大。(　　)

2. 某段距离丈量的平均值为 100 m，其往返较差为 +4 mm，其相对误差为 1/2 500。(　　)

3. 所谓直线定线，就是在地面上两端点之间定出若干个点，这些点都必须在两端点连线所决定的垂直面内。(　　)

4. 光电测距成果的改正计算有三轴关系改正计算。(　　)

5. 用全站仪进行距离或坐标测量前，海拔是需设置的内容。(　　)

6. 钢尺精密量距时应采用经纬仪定线。(　　)

7. 用视距法测量水平距离和高差时，需要用经纬仪观测的数据是仪器高。(　　)

8. 钢尺精密量距时可采用目估的方法。(　　)

9. 精密量距时对丈量结果应进行尺长、温度和倾斜三项改正。(　　)

10. 精密量距宜在阴天进行。(　　)

三、问答与计算题

1. 试述相位式光电测距仪工作的基本原理。

2. 相位法测距为什么要用两个或多个频率测距？

3. 电磁波测距中应加哪些改正，才能获得两点间的水平距离？

4. 光电测距的误差来源有哪些？

5. 试述视距测量的基本原理。

6. 用钢尺丈量一条直线，往测丈量的长度为 217.30 m，返测为 217.38 m，今规定其相对误差不应大于 1/2 000，试问：

(1) 此测量成果是否满足精度要求？

(2) 若丈量 100 m，往返丈量最大可允许相差多少毫米？

7. 完成表 4-3 的计算工作。

8. 已知测站点高程 $H=381.34$ m，仪器高 1.42 m，各点视距测量记录见表 4-4。试求出各地形点的平距及高程(竖直角计算公式为 $\alpha_L = 90° - L$)。

表 4-3　精密钢尺量距手簿

尺长方程式：$l_t = 50 + 0.005 + 1.25 \times 10^{-5} \times 50 \times (t - 20\ ℃)$

尺段	次数	钢尺读数(m) 前尺	钢尺读数(m) 后尺	尺段长度(m)	温度改正数(m)	尺长改正数(m)	高差改正数(m)	尺段平距(m)
A—1	1	49.809	0.220		18.5 ℃		0.457	
	2	49.825	0.235					
	3	49.846	0.255					
	平均长度							
1—2	1	49.913	0.113		18.7 ℃		0.356	
	2	49.936	0.125					
	3	49.955	0.156					
	平均长度							
2—B	1	40.855	0.708		18.7 ℃		-0.265	
	2	45.753	0.605					
	3	45.802	0.655					
	平均长度							

表 4-4　视距测量记录计算手簿

点号	Kl(m)	中丝读数(m)	竖盘读数(°　′)	竖直角(°　′)	平距(m)	高差(m)	高差(m)
1	53.6	2.71	82　51				
2	79.3	1.42	98　46				
3	57.9	1.26	70　39				
4	67.8	2.25	95　06				

项目五 直线定向

【学习目标】

理解直线定向的原理,掌握坐标方位角和象限角的概念及其关系,掌握坐标正算、坐标反算,学会推算方位角的方法,学会运用原理解决实际问题,培养学生团结合作的团队精神。

【重点】

应熟练掌握方位角推算、坐标正算、坐标反算。

【难点】

方位角推算、坐标反算。

地面上测量的数据,在高斯平面直角坐标系中,可方便地应用数学公式进行有关计算。距离和方向是确定地面点平面位置的几何要素。测定地面上两点的距离和方向,是测量的基本工作。在测量工作中,确定地面上两点之间的相对位置,仅仅知道两点间的水平距离是不够的,还必须确定此直线与标准方向之间的水平夹角。

任务一 直线定向的原理

一、基本原理

确定一条直线与标准方向的关系,称为直线定向。

为了确定直线的方向,我们首先要确定一个标准方向,作为直线定向的依据,然后由该直线与标准方向之间的水平角来确定直线的方向。

(一)基准方向

测量工作中常用的标准方向有以下三种。

1. 真子午线方向

如图5-1所示,地表任一点 P 与地球旋转轴所组成的平面与地球表面的交线称为 P 点的真子午线。真子午线在 P 点的切线方向称为 P 点的真子午线方向。真子午线方向可用天文观测的方法或采用陀螺经纬仪来测定。

2. 磁子午线方向

如图5-1所示,地表任一点与地球磁场南北极连线所组成的平面与地球表面的交线称为该点的磁子午线。磁子午线在该点的切线方向称为该点的磁子午线方向。磁子午线方向可以用罗盘仪来测定。

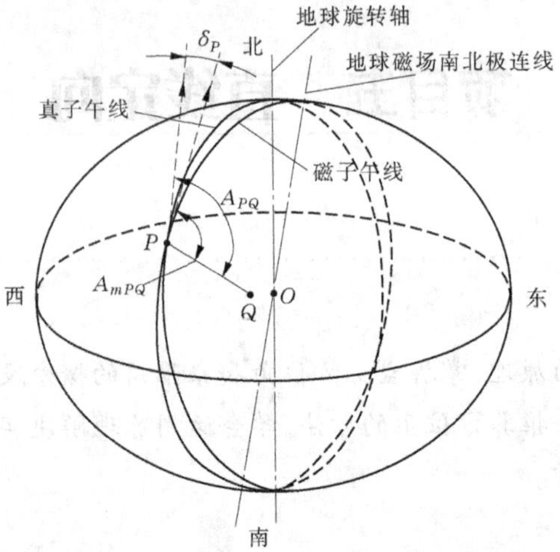

图 5-1 标准方向

3. 坐标纵线(轴)方向

平面直角坐标系或高斯平面直角坐标系中平行于纵坐标轴的直线方向称为坐标纵线(轴)方向。过地面上任一点在相应坐标系中的位置都可以做一条坐标纵线(轴)。

一般情况下,通过地面同一点的真子午线方向、磁子午线方向和坐标纵线(轴)方向是不一致的。真子午线方向、磁子午线方向和坐标纵线(轴)方向通常称为三北方向。

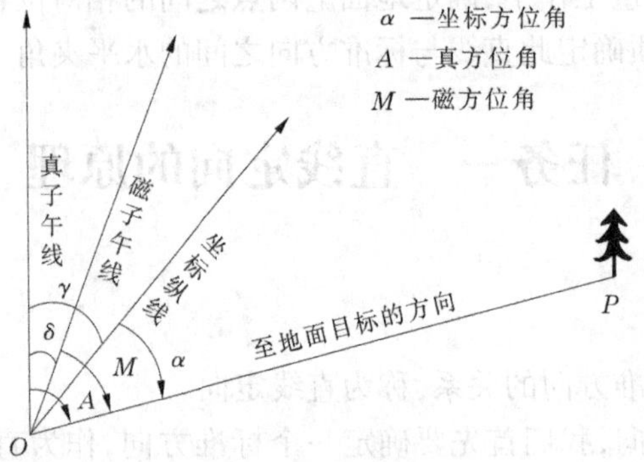

图 5-2 标准方向与方位角

(二)基准方向间关系

1. 磁偏角

由于地磁的南北极与地球的南北极并不重合(磁北极在北纬 74°、西经 110°附近,磁南极在南纬 69°、东经 114°附近),因此通过地面上某点的磁子午线与真子午线也不一致,真子午线方向和磁子午线方向的夹角称为磁偏角,如图 5-1 所示的 δ_P,磁子午线北端在真子午线以东为东偏,δ 为"+",以西为西偏,δ 为"-",如图 5-2 所示。磁子午线方向和坐标纵线(轴)方向的夹角称为磁坐偏角。

2. 子午线收敛角

过地面上各点的子午线均向南、北两极收敛，两子午线方向不平行而存在一个角，若其中一个子午线为中央子午线，则该投影带内其他各子午线与中央子午线的夹角为子午线收敛角。鉴于中央子午线与总坐标线(轴)的平行关系，这里我们称真子午线方向和坐标纵线(轴)方向的夹角为子午线收敛角，用 γ 表示，坐标纵线(轴)在真子午线以东为东偏，γ 为“+”，以西为西偏，γ 为“-”，如图 5-2 所示。任一点的子午线收敛角 γ 可以用式(5-1)计算：

$$\gamma = \Delta L \sin B \tag{5-1}$$

式中 ΔL——该点与中央子午线的经度之差，即

$$\Delta L = L - L_0 \tag{5-2}$$

式中 L、B——计算点的经纬度；

L_0——中央子午线的经度。

二、方位角与象限角

(一)方位角间的关系

测量工作中，通常采用方位角来表示直线的方向。由标准方向北端起，顺时针方向量到某直线的夹角，称为该直线的方位角。角度值方位为 0°~360°。

根据标准方向的不同，方位角可分为真方位角、磁方位角和坐标方位角。

地面上任一直线都具有三种方位角。若以真子午线方向的北端起，顺时针旋至直线所夹的水平角，则称为该直线的真方位角，如图 5-2 所示，直线 OP 的真方位角记为 A_{OP}；若以磁子午线方向的北端起，顺时针旋至直线所夹的水平角，则称为该直线的磁方位角，如图 5-2 所示，直线 OP 的磁方位角为 M_{OP}；若以坐标纵线(轴)方向的北端起，顺时针旋至直线所夹的水平角，则称为该直线的坐标方位角，直线 OP 的坐标方位角以 α_{OP} 表示。

由于过同一点的磁子午线偏离真子午线一个磁偏角，故真方位角与磁方位角存在着换算关系，由图 5-2 可知：

$$A_{OP} = M_{OP} + \delta \tag{5-3}$$

式中，δ 的符号有正有负。

同样，过一点直线的真方位角与坐标方位角之间也存在着换算关系，根据图 5-2 所示可知：

$$A_{OP} = \alpha_{OP} + \gamma \tag{5-4}$$

式中，γ 的符号有正有负。

(二)坐标方位角

普通测量中，应用最多的是坐标方位角。在以后的讨论中，若无特别说明，所提到的方位角均指坐标方位角。

坐标方位角是指以坐标纵线(轴)指北方向为准，顺时针方向旋至直线的夹角，通常以 α 表示。

如图 5-3 所示,直线 AB 有两个方向,从 A 到 B 的方向为正方向,则从 B 到 A 的方向为反方向,故直线 AB 有两个方位角 α_{AB} 和 α_{BA},α_{AB} 称为直线 AB 的正方位角,α_{BA} 称为直线 AB 的反方位角。从图 5-3 中可知,α_{AB} 与 α_{BA} 存在下述关系:

$$\alpha_{BA} = \alpha_{AB} \pm 180° \tag{5-5}$$

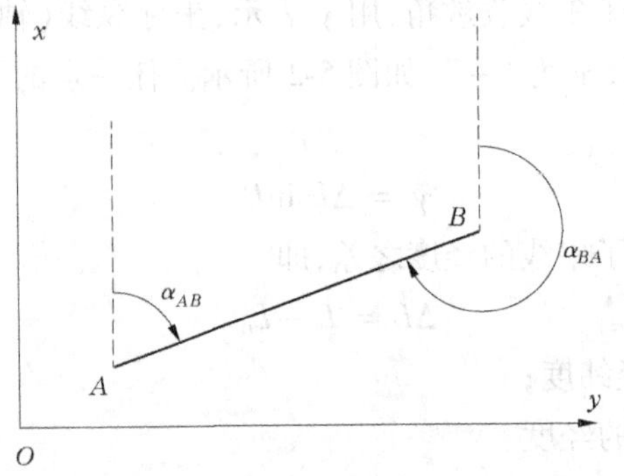

图 5-3 直线正、反坐标方位角

【例 5-1】 已知直线 AB 边的方位角为 $\alpha_{AB} = 102°25'32''$,求 α_{BA}。

解法 1:

$$\alpha_{BA} = \alpha_{AB} + 180° = 102°25'32'' + 180° = 282°25'32''$$

α_{BA} 在 0° ~360°内,范围正确,合乎要求,因此 $\alpha_{BA} = 282°25'32''$。

解法 2:

$$\alpha_{BA} = \alpha_{AB} - 180°$$

$$\alpha_{BA} = \alpha_{AB} - 180° = 102°25'32'' - 180° = -77°34'28''$$

因为 α_{BA} 在 0° ~360°外,应该划算至范围内,因此有

$$\alpha_{BA} = -77°34'28'' + 360° = 282°25'32''$$

由此可见,在一直线的正反方位角换算中,使用常数 180°的作用是将直线方向的起点、终点号予以颠倒,而使用常数 360°的作用是将计算结果划算至坐标方位角的取值范围内。

应当指出,通过 A 点、B 点的真子午线是向两极收敛的,故直线 AB 的正、反真方位角不存在上述关系。同样,直线 AB 的正、反磁方位角也不存在上述关系,因此给计算带来了不便,故测量中均采用坐标方位角进行直线定向。

(三)象限角

直线与坐标纵线(轴)所夹的锐角,称为象限角,以 R 表示。直线的方向也可以用象限角来表示。显然,象限角的变化范围是 0° ~90°。

如图 5-4 所示,通过直线起点 O 的纵坐标线和横坐标线将平面划分为四个象限。直线 OA,位于第Ⅰ象限,象限角是 R_1;直线 OB,位于第Ⅱ象限,象限角是 R_2;直线 OC,位于第Ⅲ象限,象限角是 R_3;直线 OD,位于第Ⅳ象限,象限角是 R_4。

用象限角表示直线的方向,必须注明直线所处的象限,第Ⅰ象限用"北东"表示,第Ⅱ

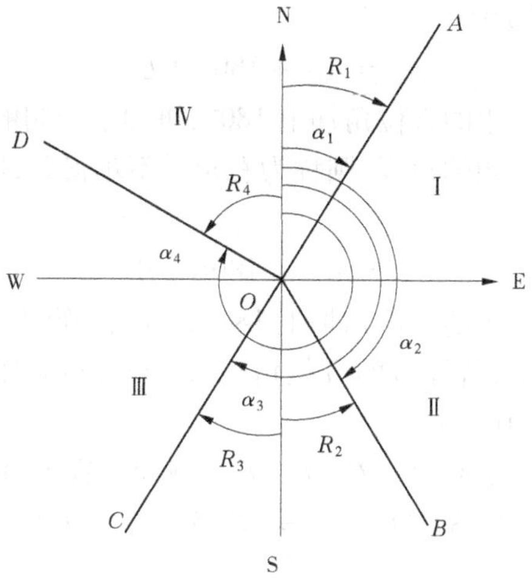

图 5-4 方位角与象限角的关系

象限用“南东”表示，第Ⅲ象限用“南西”表示，第Ⅳ象限用“北西”表示。例如，R_{AB} = 南东 75°24′26″，表示直线 AB 位于第Ⅱ象限，象限角是 75°24′26″。

（四）直线的坐标方位角与象限角的关系

从图 5-4 中不难看出，直线的方位角与象限角存在下述关系，如表 5-1 所示。

表 5-1 直线的坐标方位角与象限角的关系

纵坐标增量 ΔX 符号	横坐标增量 ΔY 符号	直线所在的象限	方位角与象限角的关系
+	+	北东 Ⅰ	$R_1 = \alpha_1$
−	+	南东 Ⅱ	$R_2 = 180° - \alpha_2$
−	−	南西 Ⅲ	$R_3 = \alpha_3 - 180°$
+	−	北西 Ⅳ	$R_4 = 360° - \alpha_4$

【例 5-2】 已知直线 AB 的象限角为 R_{AB} = 32°25′32″，直线方向为北西，求 α_{AB}。

解：因直线方位为北西，可知直线 AB 在第Ⅳ象限，根据公式 $R_4 = 360° - \alpha_4$ 得到

$$\alpha_{AB} = 360° - R_{AB} = 360° - 32°25'32'' = 327°34'28''$$

（五）坐标方位角的推算

实际工作中，常常根据已知边的方位角和观测的水平角来推算未知边的方位角。

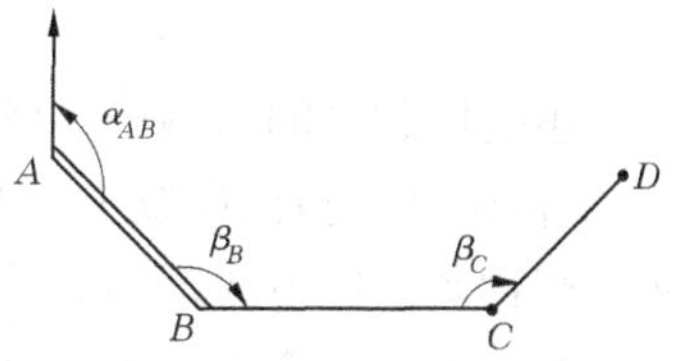

图 5-5 坐标方位角的推算

如图 5-5 所示，从 A 到 D 是一条折线，假定 α_{AB} 已知，在转折点 B、C 上分别设站观测了水平角 β_B、β_C，由于观测了推算路线左侧的角度，故称为左角。现在来推算 BC、CD 边的方位角。由图 5-5 可以看出：

$$\alpha_{BC} = \alpha_{AB} + 180° + \beta_B$$
$$\alpha_{CD} = \alpha_{BC} + 180° + \beta_C$$

一般公式(即左角公式)为

$$\alpha_{前} = \alpha_{后} + 180° + \beta_{左} \tag{5-6}$$

即前一边的方位角等于后一边的方位角加上 180°,再加上观测的左角。

如果观测了推算路线右侧的角度,则称为右角。不难得到,用右角推算未知边方位角的公式为

$$\alpha_{前} = \alpha_{后} + 180° - \beta_{右} \tag{5-7}$$

即前一边的方位角等于后一边的方位角加上 180°,再减去观测的右角。

在式(5-6)和式(5-7)中,若算得的方位角超过 360°,则应加上或者减去 360°或若干个 360°,使方位角在 0°~360°范围内。

【例 5-3】 已知直线依次 $A—B—C—D—E$ 为观测前进方向,AB 方位角为 52°48′26″,测得 $\angle B = 70°00'32''$,$\angle C = 89°34'02''$,$\angle D = 89°36'43''$,观测角均为左角。求 BC、CD、DE 的方位角。

解:选用公式

$$\alpha_{前} = \alpha_{后} + 180° + \beta_{左} \pm 360°$$

则有

$$\alpha_{BC} = \alpha_{AB} + 180° + \beta_B \pm 360°$$
$$\alpha_{CD} = \alpha_{BC} + 180° + \beta_C \pm 360°$$
$$\alpha_{DE} = \alpha_{CD} + 180° + \beta_D \pm 360°$$

$$\alpha_{BC} = 52°48'26'' + 180° + 70°00'32'' = 305°48'58''$$
$$\alpha_{CD} = 305°48'58'' + 180° + 89°34'02'' - 360° = 215°23'00''$$
$$\alpha_{DE} = 215°23'00'' + 180° + 89°36'43'' - 360° = 124°59'43''$$

说明,公式中最后“±360°”的作用是将计算结果划算至坐标方位角的取值范围内,若直接计算已在正确范围内,则可忽略“±360°”此项。

三、罗盘定向

用磁针测定直线的方向比较方便,但磁针所测定的磁北方向的精度不高。磁针指向地球的磁北极或磁南极。严格地说,磁极每年都在移动,因此磁偏角在同一地点也不是固定的值,甚至每天早晚测定的磁偏角也有微小的差异。所以,磁偏角有长期变化和周日变化。

磁针还受地磁极的影响产生倾斜角,如在北半球,磁针受磁北极吸引,其指北端向下倾斜,通常在磁针的指南端绕上一些细铜丝以保持其水平。此外,磁针受环境影响较大,如钢铁建筑物和高压电线都会影响其所指方向,便有偶然性的磁变反常现象。所有这些因素都会影响磁针测定方向的精度,但由于用磁针测定方向简单方便,所以道路踏勘、森林普查等测量工作中迄今仍采用此类方法。

(一)罗盘仪

罗盘仪(Bearing Circle)是用来测定直线方向的仪器,它测得的是磁方位角,其精度虽然不高,但其结构简单,使用方便,在普通测量中仍广泛使用。

罗盘仪主要由望远镜、刻度盘和磁针组成,如图 5-6 所示。仪器望远镜系统具有良好

的成像质量。磁针和刻度盘组成磁罗盘，其磁针磁性能稳定可靠，经久耐用。磁针位于刻度盘中心的顶针上，静止时，一端指向地球的南磁极，另一端指向地球的北磁极。一般在磁针的北端涂上黑漆，在南端绕有铜丝，可以用此标志来区别南北端。磁针下有一个小的杠杆，不用时应该拧紧杠杆一端的小螺钉，使磁针离开顶针，避免顶针不必要的磨损。刻度盘的刻划通常以1°或30′为单位，每10°有一注记，刻度盘按反时针方向从0°到360°。望远镜装在刻度盘上，物镜端与目镜端分别在刻划线0°和180°的上面，如图5-7所示。罗盘仪在定向时，刻度盘与望远镜一起转动指向目标，当磁针静止后，度盘上由0°逆时针方向到磁针北端所指的度数，即为所测直线的方位角。

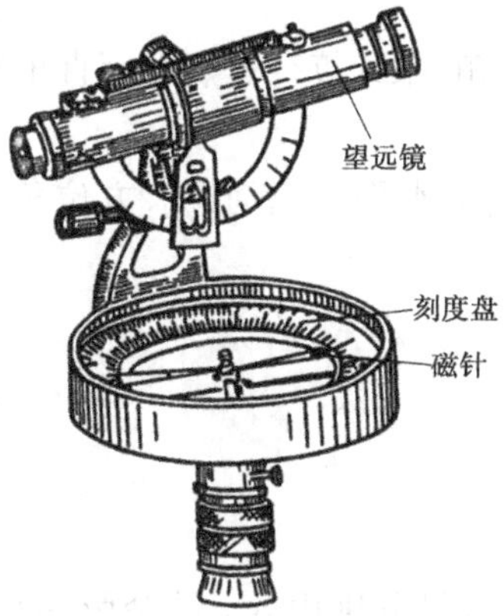

图5-6 罗盘仪

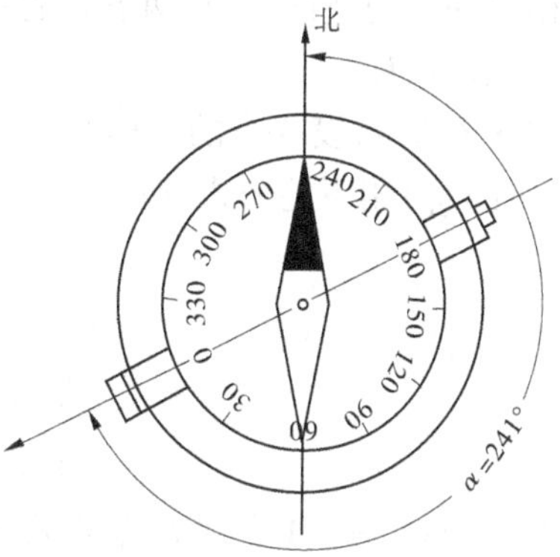

图5-7 罗盘仪刻度及读数

（二）磁方位角测定

如图5-8所示，为了测定直线AB的磁方位角，将罗盘仪安置在A点上，用垂球对中，使度盘中心与A点处于同一铅垂线上，然后松开球形支柱上的螺旋，上下俯仰度盘位置，使度盘上的水准气泡居中，再固定度盘。放松磁针，使之可以自由转动。转动罗盘仪，用望远镜找准B点，当磁针静止时，磁针所指的度盘刻度即为直线AB的磁方位角。

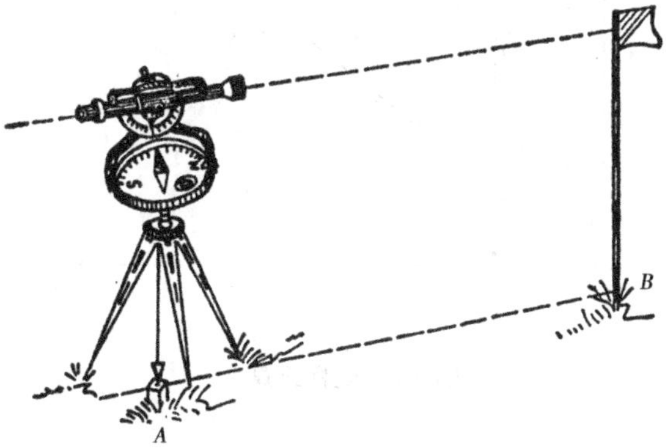

图5-8 罗盘仪测定直线方向

使用罗盘仪进行测量,附近不能有任何铁器,并要避开高压线,否则磁针会发生偏转,影响测量结果。观测时,必须等待磁针静止才能读数,读数完毕后,应将磁针固定以避免顶针磨损。若磁针摆动相当长的时间还静止不下来,表明仪器使用太久,磁针的磁性不足,应进行充磁。

任务二　坐标正反算

一、坐标正算

根据已知点的坐标,已知两点间的水平距离和方位角,来计算待定点平面直角坐标的方法称为坐标正算。

如图 5-9 所示,设 A 点的坐标已知,测得 AB 两点间的水平距离为D_{AB},方位角为α_{AB},则 B 点的坐标可用下述公式计算

$$\left.\begin{aligned} x_B &= x_A + \Delta x_{AB} \\ y_B &= y_A + \Delta y_{AB} \end{aligned}\right\} \tag{5-8}$$

$$\left.\begin{aligned} \Delta x_{AB} &= D_{AB}\cos\alpha_{AB} \\ \Delta y_{AB} &= D_{AB}\sin\alpha_{AB} \end{aligned}\right\} \tag{5-9}$$

式中　Δx_{AB}、Δy_{AB}——A 点到 B 点的纵、横坐标增量,其符号分别由 α_{AB} 的余弦函数、正弦函数确定。

【例 5-4】　如图 5-9 所示,已知 A 点坐标为(299.83,303.81),D_{AB} = 139.03 m,α_{AB} = 144°46′18″,求 B 点坐标。

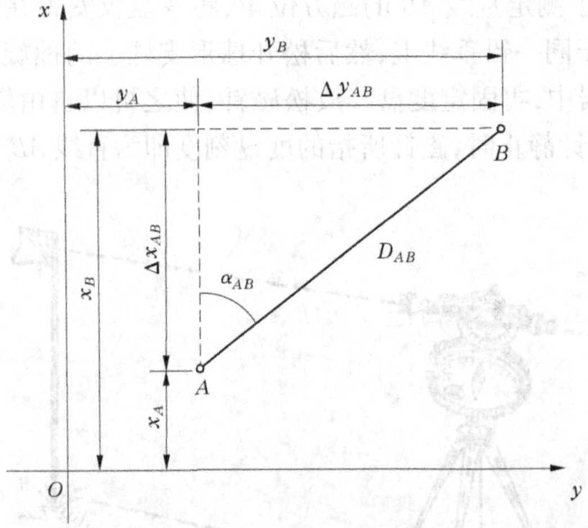

图 5-9　坐标正算

解:

$$\Delta x_{AB} = D_{AB}\cos\alpha_{AB} = 139.03 \times \cos 144°46'18'' = -113.57$$

$$\Delta y_{AB} = D_{AB}\sin\alpha_{AB} = 139.03 \times \sin 144°46'18'' = +80.20$$

$$x_B = x_A + \Delta x_{AB} = 299.83 + (-113.57) = 186.26$$
$$y_B = y_A + \Delta y_{AB} = 303.81 + 80.20 = 384.01$$

二、坐标反算

根据两点的平面直角坐标，反过来计算它们之间水平距离和方位角的方法，称为坐标反算。

在图 5-10 中，假定 A、B 两点的坐标 (x_A, y_A)、(x_B, y_B) 已知，则方位角 α_{AB} 可按下述方法计算：

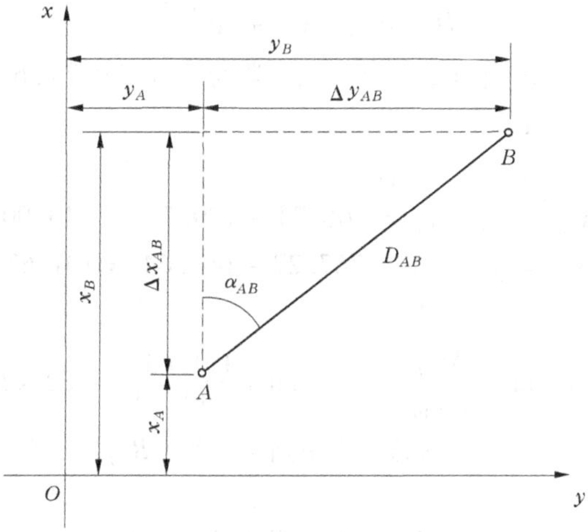

图 5-10 坐标反算

(1) 计算坐标增量 Δx_{AB}、Δy_{AB}：

$$\left.\begin{aligned}\Delta x_{AB} &= x_B - x_A \\ \Delta y_{AB} &= y_B - y_A\end{aligned}\right\} \tag{5-10}$$

(2) 计算象限角：

$$R_{AB} = \arctan\frac{|\Delta y_{AB}|}{|\Delta x_{AB}|} \tag{5-11}$$

(3) 根据 Δx_{AB}、Δy_{AB} 的符号，按表 5-2 中所列，确定 R_{AB} 所在的象限，并以相应公式计算方位角 α_{AB}。

表 5-2 方位角计算公式

Δx_{AB}	Δy_{AB}	R_{AB} 所在象限	α_{AB} 计算公式
+	+	北东 Ⅰ	$\alpha_{AB} = R_{AB}$
−	+	南东 Ⅱ	$\alpha_{AB} = 180° - R_{AB}$
−	−	南西 Ⅲ	$\alpha_{AB} = 180° + R_{AB}$
+	−	北西 Ⅳ	$\alpha_{AB} = 360° - R_{AB}$

应当注意，有以下几种特殊情况，可根据 Δx_{AB}、Δy_{AB} 的符号直接写出 AB 边的方位角

值：

当 Δx_{AB} 为零，Δy_{AB} 为正时，$\alpha_{AB}=90°$；Δy_{AB} 为负时，$\alpha_{AB}=270°$。

当 Δy_{AB} 为零，Δx_{AB} 为正时，$\alpha_{AB}=0°$；Δx_{AB} 为负时，$\alpha_{AB}=180°$。

A、B 两点间的水平距离 D_{AB} 可按下列任一公式计算：

$$\left.\begin{aligned} D_{AB} &= \frac{\Delta x_{AB}}{\cos\alpha_{AB}} \\ D_{AB} &= \frac{\Delta y_{AB}}{\sin\alpha_{AB}} \\ D_{AB} &= \sqrt{\Delta x_{AB}^2 + \Delta y_{AB}^2} \end{aligned}\right\} \tag{5-12}$$

【例 5-5】 如图 5-10 所示，已知 A 点坐标为（179.74，665.64），B 点坐标为（166.74，767.27），求 D_{AB}、α_{AB}。

解：(1)计算坐标增量 Δx_{AB}、Δy_{AB}：

$$\Delta x_{AB} = x_B - x_A = 166.74 - 179.74 = -13.00$$

$$\Delta y_{AB} = y_B - y_A = 767.27 - 665.64 = 101.63$$

(2)计算象限角：

$$R_{AB} = \arctan\frac{|\Delta y_{AB}|}{|\Delta x_{AB}|} = \arctan\frac{|101.63|}{|-13.00|} = 82°42'38''$$

(3)根据 Δx_{AB}、Δy_{AB} 的符号，按表 5-2 中所列，确定 R_{AB} 所在的象限，并以相应公式计算方位角 α_{AB}。

Δx_{AB}、Δy_{AB} 的符号分别为“-”“+”，为第Ⅱ象限，故

$$\alpha_{AB} = 180° - R_{AB} = 180° - 82°42'38'' = 97°17'22''$$

(4)根据 $D_{AB}=\sqrt{\Delta x_{AB}^2+\Delta y_{AB}^2}$ 完成计算。

$$D_{AB} = \sqrt{(-13.00)^2 + (101.63)^2} = 102.46$$

项目小结

本项目主要讲述直线定向和坐标正反算的知识，项目下的 2 个任务围绕着学习目标逐一展开，任务一主要是讲述直线定向相关知识；任务二主要是讲述坐标正反算的计算方法。

确定地面上两点的相对位置时，仅知道两点之间的水平距离还不够，通常还必须确定此直线与标准方向之间的水平夹角。测量上把确定直线与标准方向之间的角度关系称为直线定向。

1. 真子午线方向

过地球南北极的平面与地球表面的交线叫真子午线。通过地球表面某点的真子午线的切线方向，称为该点的真子午线方向。指向北方的一端叫真北方向，真子午线方向是用天文测量方法确定的。

2. 磁子午线方向

磁子午线方向是磁针在地球磁场的作用下，自由静止时磁针轴线所指的方向，指向北端的方向称为磁北方向，可用罗盘仪测定。

3. 坐标纵轴方向

在平面直角坐标系统中，是以测区中心某点的真子午线方向或是磁子午线方向作为坐标纵轴方向，指向北方的一端称为轴北，即为 X 轴方向。

由标准方向北端起，顺时针方向量至某直线的夹角称为该直线的方位角。方位角取值范围是 $0° \sim 360°$。

根据标准方向不同有三种方位角：若标准方向为真子午线方向，则其方位角称为真方位角。若标准方向为磁子午线方向，则其方位角称为磁方位角。若标准方向是坐标纵轴，则称其为坐标方位角。

从坐标纵轴的北端或南端顺时针或逆时针起转至直线的锐角称为坐标象限角，用 R 表示，其角值变化为 $0° \sim 90°$。为了表示直线的方向，应分别注明北偏东、北偏西或南偏东、南偏西。如北东 85°、南西 47°等。显然，如果知道了直线的方位角，就可以换算出它的象限角；反之，知道了象限角，也就可以推算出方位角。

坐标正算，就是根据直线的边长、坐标方位角和一个端点的坐标，计算直线另一个端点的坐标的工作。

坐标反算，就是根据直线两个端点的已知坐标，计算直线的边长和坐标方位角的工作。

项目考核

一、选择题

1. 坐标方位角是以(　　)为标准方向，顺时针转到测线的夹角。

A. 真子午线方向　　B. 磁子午线方向

C. 坐标纵轴方向　　D. 真北方向线

2. 下列关于方位角之间的关系说法错误的是(　　)。

A. 方位角是指从直线起点的标准方向北端起，顺时针方向到直线的水平夹角

B. 过地面上某点的真子午线方向与坐标北方向常不重合，两者之间的夹角称为子午线偏角

C. 过地面上某点的磁子午线方向与坐标北方向常不重合，两者之间的夹角称为磁偏角

D. 过地面上某点的真子午线方向与磁子午线方向常不重合，两者之间的夹角称为磁偏角

3. 确定直线的方向，一般用(　　)来表示。

A. 真子午线方向　B. 象限角　　C. 水平角　　D. 竖直角

4. 以下不属于直线的标准方向的有(　　)。

A. 真北方向　B. 磁北方向　C. 坐标北方向　D. 坐标横轴方向

5. 已知一直线的坐标方位角是150°23′37″,则该直线上的坐标增量符号是(　　)。

A.(+,+)　B.(-,-)　C.(-,+)　D.(+,-)

6. 若已知直线 AB 的坐标方位角为120°50′42″、距离为100.12 m 和 A 点的坐标为 $A(100.00,100.00)$,则 B 点的坐标为(　　)。

A. $x_B=48.67$, $y_B=185.96$　B. $x_B=185.96$, $y_B=48.67$

C. $x_B=84.67$, $y_B=158.96$　D. $x_B=158.96$, $y_B=84.67$

7. 地面上有 A、B、C 三点,已知 AB 边的坐标方位角为25°23′,测得左夹角 $\angle ABC=89°34'$,则 BC 边的坐标方位角为(　　)。

A. 114°57′　B. 294°57′　C. -64°11′　D. 295°49′

8. 已知直线 AB 的磁方位角为32°50′45″,A 点的磁偏角为-5′30″。该直线的真方位角为(　　)。

A. 32°56′15″　B. 32°45′15″　C. 32°55′15″　D. 32°44′45″

9. 能测定直线真方位角的仪器是(　　)。

A. 经纬仪　B. 陀螺仪　C. 全站仪　D. 罗盘仪

10. 地面上有 A、B、C 三点,已知 AB 边的坐标方位角为125°23′,测得右夹角 $\angle ABC=89°34'$,则 BC 边的坐标方位角为(　　)。

A. 214°57′　B. 34°57′　C. 35°49′　D. 215°49′

二、判断题

1. 若直线位于赤道上,则坐标方位角等于其真方位角。(　　)

2. 若直线位于中央子午线上,则坐标方位角等于其真方位角。(　　)

3. 两直线所处纬度相同(且同为东偏),若直线所在经度越大,则该直线坐标方位角与真方位角偏差越大。(　　)

4. 在同一条子午线上,两直线所处的纬度不同,纬度越高,则其坐标方位角与真方位角的偏差越小。(　　)

5. 已知一直线的坐标方位角是165°13′37″,则该直线的象限角可称为东南14°46′23″。(　　)

6. 某直线的坐标方位角为121°23′36″,则反坐标方位角为301°23′36″。(　　)

7. 在第Ⅲ象限中,坐标方位角和象限角的关系是 $\alpha=180°-R$。(　　)

8. 罗盘仪测定磁方位角时,一定要根据磁针南端读数。(　　)

9. 坐标纵轴方向,是指铅垂线的方向。(　　)

10. 已知某直线的坐标方位角为230°,则其象限角为南西50°。(　　)

三、问答与计算

1. 什么叫直线定向?测量工作中常用的标准方向有哪几种?

2. 直线的方向是如何表示的?

3. 什么叫方位角、坐标方位角、象限角?

4. 坐标方位角和象限角的关系是什么?

5. 如图 5-11 所示，已知 $\alpha_{AB}=145°30'$，B、C 点上观测的水平角值如图中所示，试推算 CD 边的方位角。

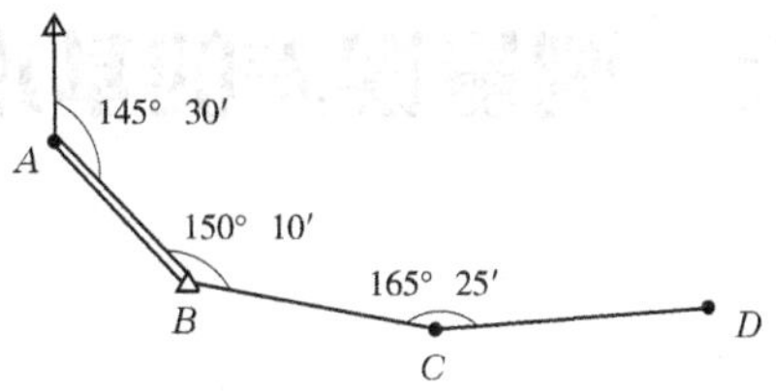

图 5-11

6. 已知 $x_A=123.631$ m，$y_A=330.215$ m，$\alpha_{AB}=145°35'25''$，$D_{AB}=130.265$ m。试求 B 点的坐标。

7. 已知 $x_A=323.646$ m，$y_A=369.361$ m；$x_B=503.442$ m，$y_B=220.731\ 1$ m。试计算 α_{AB} 及 D_{AB}。

项目六 测量误差的基本知识

【学习目标】

了解测量误差来源及产生的原因；掌握系统误差和偶然误差的特点及其处理方法；理解精度评定指标（中误差、相对误差、容许误差）的概念；了解误差传播定律的应用。

【重点】

系统误差和偶然误差的特点及其处理方法。

【难点】

中误差、相对误差、容许误差的概念；误差传播定律的应用。

任务一 测量误差的来源及其分类

一、测量误差的来源

测量时，由于各种因素会造成少许的误差，对这些因素必须了解，并有效地解决，方可使整个测量过程中误差减至最小。实践证明，产生测量误差的原因主要有以下三个方面：

（1）观测者。由于观测者的感觉器官鉴别能力的局限性，在仪器安置、照准、读数等工作中都会产生误差。同时，观测者的技术水平及工作态度也会对观测结果产生影响。

（2）测量仪器。测量工作所使用的测量仪器都具有一定的精密度，从而使观测结果的精度受到限制。另外，仪器本身构造上的缺陷也会使观测结果产生误差。

（3）外界观测条件。是指野外观测过程中外界条件的因素，如天气的变化、植被的不同、地面土质松紧的差异、地形的起伏、周围建筑物的状况，以及太阳光线的强弱、照射的角度大小等。

在实际的测量工作中，大量实践表明，当对某一未知量进行多次观测时，无论测量仪器有多精密，观测进行得多仔细，所得的观测值之间总是不尽相同。这种差异都是由于测量中存在误差的缘故。测量所获得的数值称为观测值。观测中误差的存在往往导致各观测值与其真实值（简称为真值）之间存在差异，这种差异称为测量误差（或观测误差）。用 L 代表观测值，X 代表真值，则误差

$$\Delta = L - X \tag{6-1}$$

这种误差通常又称为真误差。

由于任何测量工作都是由观测者使用某种仪器、工具，在一定的外界条件下进行的，所以，观测误差来源于以下三个方面：观测者的视觉鉴别能力和技术水平；仪器、工具的精密程度；观测时外界条件的好坏。通常我们把这三个方面综合起来称为观测条件。观测条件将影响观测成果的精度：观测条件好，则测量误差小，测量的精度就高；反之，则测量误差大，精度就低；若观测条件相同，则可认为精度相同。在相同观测条件下进行的一系列观测称为等精度观测；在不同观测条件下进行的一系列观测称为不等精度观测。

任何观测都不可避免地要产生误差。为了获得观测值的正确结果，就必须对误差进行分析研究，以便采取适当的措施来消除或削弱其影响。

二、测量误差的分类

测量误差按其性质可分为系统误差和偶然误差两类。

（一）系统误差

在相同的观测条件下做一系列的观测，如果误差在大小、符号上表现出一定的规律变化，这种误差称为系统误差。产生系统误差的原因很多，主要是由于使用的仪器不够完善及外界条件所引起的。

消除系统误差的影响，可以采用改正的方法，也可采用适当的观测方法。例如进行水准测量时，仪器安置在离两水准尺等距离的地方，可以消除水准仪视准轴不平行于水准管轴的误差。在测水平角时，采取盘左和盘右观测取其平均值，以消除视准轴与横轴不垂直所引起的误差。另一种是找出系统误差产生的原因和规律，对测量结果加以改正。例如在钢尺量距中，可对测量结果加尺长改正和温度改正，以消除钢尺长度的影响。

（二）偶然误差

在相同的观测条件下做一系列的观测，如果误差在大小和符号上都表现出偶然性，即误差的大小不等，符号不同，这种误差称为偶然误差。

偶然误差是由于人的感觉器官和仪器的性能受到一定的限制，以及观测时受到外界条件的影响等原因所造成的。例如，水准测量估读毫米时，每次估读也不绝对相同，其影响可大可小，纯属偶然性，但在相同条件下重复观测某一量，出现的大量偶然误差却具有一定的规律性。

测量成果中除系统误差和偶然误差外，还可能出现错误（有时也称为粗差）。错误产生的原因较多，可能是由作业人员疏忽大意、失职而引起的，如大数读错、读数被记录员记错、照错了目标等；也可能是仪器自身或受外界干扰发生故障引起的；还有可能是容许误差取值过小造成的。错误对观测成果的影响极大，所以在测量成果中绝对不允许有错误存在。发现错误的方法是：进行必要的重复观测，通过多余观测条件，进行检核验算；严格按照国家有关部门制定的各种测量规范进行作业等。

任务二　偶然误差的特性

在测量成果中，错误可以发现并剔除，系统误差能够加以改正，而偶然误差是不可避免的，它在测量成果中占主导地位，所以测量误差理论主要是处理偶然误差的影响。下面详细分析偶然误差的特性。从单个偶然误差来看,其出现的符号和大小没有一定的规律性,但对大量的偶然误差进行统计分析,就能发现其规律性,误差个数愈多,规律性愈明显。

例如,在测量实践中,根据偶然误差的分布,我们可以明显地看出其统计规律。在相同的观测条件下,对358个三角形的内角进行了观测。由于观测值含有偶然误差,致使每个三角形的内角和不等于180°。设三角形内角和的真值为X,观测值为L,其观测值与真值之差为真误差Δ,用下式表示为

$$\Delta = L_i - X \qquad (i = 1,2,\cdots,358) \tag{6-2}$$

由式(6-2)计算出358个三角形内角和的真误差,并取误差区间为±0.2″,以误差的大小和正负号,分别统计出它们在各误差区间内的个数V和频率V/n,结果列于表6-1。

表6-1 偶然误差的区间分布

误差区间	正误差		负误差		合计	
dΔ(″)	个数V	频率V/n	个数V	频率V/n	个数V	频率V/n
0~0.2	45	0.126	46	0.128	91	0.254
0.2~0.4	40	0.112	41	0.115	81	0.226
0.4~0.6	33	0.092	33	0.092	66	0.184
0.6~0.8	23	0.064	21	0.059	44	0.123
0.8~1.0	17	0.047	16	0.045	33	0.092
1.0~1.2	13	0.036	13	0.036	26	0.073
1.2~1.4	6	0.017	5	0.014	11	0.031
1.4~1.6	4	0.011	2	0.006	6	0.017
1.6以上	0	0	0	0	0	0
	181	0.505	177	0.495	358	1.000

从表6-1中可以看出,最大误差不超过1.6″,小误差比大误差出现的频率高,绝对值相等的正、负误差出现的个数近于相等。通过大量试验统计结果证明了偶然误差具有如下特性:

(1)有限性。在一定的观测条件下,偶然误差的绝对值不会超过一定的限度。

(2)集中性。绝对值小的误差比绝对值大的误差出现的可能性大。

(3)对称性。绝对值相等的正误差与负误差出现的机会相等。

(4)抵偿性。当观测次数无限增多时,偶然误差的算术平均值趋近于零,即

$$\lim_{n\to\infty}\frac{[\Delta]}{n} = 0 \tag{6-3}$$

式中:$[\Delta] = \Delta_1 + \Delta_2 + \cdots + \Delta_n = \sum_{i=1}^{n}\Delta_i$

如果将表6-1中所列数据用图6-1表示,可以更直观地看出偶然误差的分布情况。

图中横坐标表示误差的大小，纵坐标表示各区间误差出现的频率除以区间的间隔值。当误差个数足够多时，如果将误差的区间间隔无限缩小，则图 6-1 中各长方形顶边所形成的折线将变成一条光滑的曲线，称为误差分布曲线。在概率论中，把这种误差分布称为正态分布。

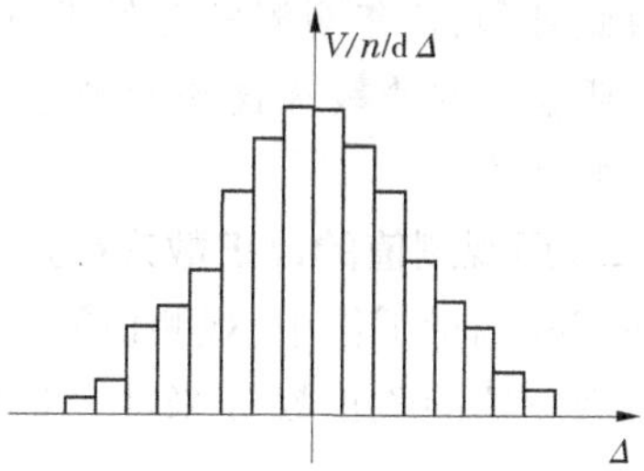

图 6-1　误差分布直方图

掌握了偶然误差的特性，就能根据带有偶然误差的观测值求出未知量的最可靠值，并衡量其精度。同时，可应用误差理论来研究最合理的测量工作方案和观测方法。

任务三　衡量精度的标准

为了对测量成果的精确程度做出评定，有必要建立一种评定精度的标准，通常用中误差、相对误差和容许误差来表示。

一、中误差

（一）用真误差来确定中误差

设在相同观测条件下，对真值为 X 的一个未知量 I 进行 n 次观测，观测值结果为 I_1，I_2，…，I_n，每个观测值相应的真误差（真值与观测值之差）为 Δ_1，Δ_2，…，Δ_n，则以各个真误差之平方和的平均数的平方根作为精度评定的标准，用 m 表示，称为观测值中误差：

$$m = \sqrt{\frac{[\Delta\Delta]}{n}} \tag{6-4}$$

式中　n——观测次数；

m——观测值中误差，又称均方误差；

$[\Delta\Delta]$——各个真误差 Δ 的平方的总和，$[\Delta\Delta]=\Delta_1\Delta_1+\Delta_2\Delta_2+\cdots+\Delta_n\Delta_n$。

式(6-4)表明了中误差与真误差的关系，中误差并不等于每个观测值的真误差，中误差仅是一组真误差的代表值，一组观测值的测量误差愈大，中误差也就愈大，其精度就愈低；测量误差愈小，中误差也就愈小，其精度就愈高。

【例 6-1】　甲、乙两个小组，各自在相同的观测条件下，对某三角形内角和分别进行了 7 次观测，求得每次三角形内角和的真误差分别为：

甲组：+2″、-2″、+3″、+5″、-5″、-8″、+9″

乙组：-3″、+4″、0″、-9″、-4″、+1″、+13″

则甲、乙两组观测值中误差为

$$m_{甲} = \pm\sqrt{\frac{2^2+(-2)^2+3^2+5^2+(-5)^2+(-8)^2+9^2}{7}} = \pm 5.5''$$

$$m_{乙} = \pm\sqrt{\frac{(-3)^2+4^2+(-9)^2+(-4)^2+1^2+13^2}{7}} = \pm 6.5''$$

由此可知,乙组观测精度低于甲组,这是因为乙组的观测值中有较大误差出现,因中误差能明显反映出较大误差对测量成果可靠程度的影响,所以成为被广泛采用的一种评定精度的标准。

(二)用观测值的改正数来确定观测值的中误差

在实际测量工作中,观测值的真误差往往是不知道的,因此真误差也无法求得,所以常通过观测值的改正数 v_i 来计算观测值中误差,即

$$v_i = L - L_i \quad (i = 1,2,\cdots,n) \tag{6-5}$$

式中 L——观测值的算术平均值。

$$m = \pm\sqrt{\frac{[vv]}{n-1}} \tag{6-6}$$

(三)算术平均值中误差

算术平均值 L 的中误差 M 可按下式计算:

$$M = \frac{m}{\sqrt{n}} = \pm\sqrt{\frac{[vv]}{n(n-1)}}$$

【例 6-2】 某一段距离共丈量了 6 次,结果如表 6-2 所示,求算术平均值、观测中误差、算术平均值的中误差及相对误差。

表 6-2

测次	观测值(m)	观测值改正数 v(mm)	vv(mm)	计算
1	148.643	+15	225	$L = \frac{[l]}{n} = 148.628$(m)
2	148.590	−38	1 444	$m = \pm\sqrt{\frac{[vv]}{n-1}} = \pm\sqrt{\frac{3\,046}{6-1}} = \pm 24.7$(mm)
3	148.610	−18	324	$M = \pm\sqrt{\frac{[vv]}{n(n-1)}} = \pm\sqrt{\frac{3\,046}{6\times(6-1)}}$ ± 10.1(mm)
4	148.624	−4	16	$M_x = \frac{\lvert M\rvert}{D} = \frac{0.010\,1}{148.628} = \frac{1}{14\,716}$
5	148.654	+26	676	
6	148.647	+19	361	
平均值	148.628	$[\Delta] = 0$	3 046	

二、相对误差

测量工作中对于精度的评定,在很多情况下用中误差这个标准是不能完全描述对某量观测的精确度的。例如,用钢卷尺丈量了 100 m 和 1 000 m 两段距离,其观测值中误差均为 ±0.1 m,若以中误差来评定精度,显然就要得出错误结论,因为量距误差与其长度有关,为此需要采取另一种评定精度的标准,即相对误差。相对误差是指绝对误差的绝对值与相应观测值之比,通常以分子为 1、分母为整数的形式表示。

$$\text{相对误差} = \frac{\text{误差的绝对值}}{\text{观测值}} = \frac{1}{T}$$

绝对误差指中误差、真误差、容许误差、闭合差和较差等,它们具有与观测值相同的单

位。上例中前者相对中误差为$\frac{0.1}{100}=\frac{1}{1\ 000}$,后者为$\frac{0.1}{1\ 000}=\frac{1}{10\ 000}$。很明显,后者的精度高于前者。

相对误差常用于距离丈量的精度评定,而不能用于角度测量和水准测量的精度评定,这是因为后两者的误差大小与观测量角度、高差的大小无关。

三、极限误差

由偶然误差第一个特性可知,在一定的观测条件下,偶然误差的绝对值不会超过一定的限值。根据误差理论和大量的实践证明,大于2倍中误差的偶然误差,出现的机会仅有5%,大于3倍中误差的偶然误差的出现机会仅为3‰,即大约在300次观测中,才可能出现一个大于3倍中误差的偶然误差。因此,在观测次数不多的情况下,可认为大于3倍中误差的偶然误差实际上是不可能出现的。

因此,常以3倍中误差作为偶然误差的极限值,称为极限误差,用$\Delta_{限}$表示:

$$\Delta_{限}=3m$$

在实际工作中,一般常以2倍中误差作为极限值,即

$$\Delta_{限}=2m$$

如观测值中出现了超过$2m$的误差,可以认为该观测值不可靠,应舍去不用。

任务四　误差传播定律

有些未知量往往是不能直接测得的,而是由某些直接观测值通过一定的函数关系间接计算而得。例如水准测量中,测站的高差是由读得的前、后视读数求得的,即$h=a-b$。由于直接观测值含有误差,因而它的函数必然要受其影响而存在误差,阐述观测值中误差与函数中误差之间关系的定律,称为误差传播定律。现就线性与非线性两种函数形式分别讨论如下。

一、线性函数

线性函数的一般形式为

$$Z=k_1x_1\pm k_2x_2\pm\cdots\pm k_nx_n \tag{6-7}$$

式中　$x_1,x_2,\cdots,x_n$——独立观测值,其中误差分别为$m_1,m_2,\cdots,m_n$;

$k_1,k_2,\cdots,k_n$——常数。

设函数Z的中误差为m_z,则(略去推导)

$$m_z^2=k_1^2m_1^2+k_2^2m_2^2+\cdots+k_n^2m_n^2 \tag{6-8}$$

二、非线性函数

非线性函数即一般函数,其形式为

$$Z=f(x_1,x_2,\cdots,x_n) \tag{6-9}$$

式(6-9)可用泰勒级数展开成线性函数的形式。对函数取全微分,得

$$dZ = \frac{\partial f}{\partial x_1}dx_1 + \frac{\partial f}{\partial fx_2}dx_2 + \cdots + \frac{\partial f}{\partial x_n}dx_n \tag{6-10}$$

因为真误差均很小，用以代替式(6-10)的 $dZ, dx_1, dx_2, \cdots, dx_n$，得真误差关系式

$$\Delta Z = \frac{\partial f}{\partial x_1}\Delta x_1 + \frac{\partial f}{\partial x_2}\Delta x_2 + \cdots + \frac{\partial f}{\partial x_n}\Delta x_n \tag{6-11}$$

式中 $\frac{\partial f}{\partial x_i}(i = 1,2,\cdots,n)$ ——函数对保变量所取的偏导数，以观测值代入，所得的值为常数。

式(6-11)是线性函数的真误差关系式，仿式(6-8)，得函数 Z 的中误差为

$$m_z^2 = \left(\frac{\partial f}{\partial x_1}\right)^2 m_1^2 + \left(\frac{\partial f}{\partial x_2}\right)^2 m_2^2 + \cdots + \left(\frac{\partial f}{\partial x_n}\right)^2 m_n^2 \tag{6-12}$$

三、误差传播定律的应用

应用误差传播定律求观测值函数的中误差时，可归纳为如下三步：

(1)按问题的要求写出函数式：

$$z = f(x_1, x_2, \cdots, x_n)$$

(2)对函数式全微分，得出函数的真误差与观测值真误差之间的关系式：

$$\Delta_x = \left(\frac{\partial f}{\partial x_1}\right)\Delta_{x_1} + \left(\frac{\partial f}{\partial x_2}\right)\Delta_{x_2} + \cdots + \left(\frac{\partial f}{\partial x_n}\right)\Delta_{x_n}$$

式中 $\frac{\partial f}{\partial x_i}$ ——用观测值代入求得的值。

(3)写出函数中误差与观测值中误差之间的关系式：

$$m_z^2 = \left(\frac{\partial f}{\partial x_1}\right)^2 m_1^2 + \left(\frac{\partial f}{\partial x_2}\right)^2 m_2^2 + \cdots + \left(\frac{\partial f}{\partial x_n}\right)^2 m_n^2$$

上式写出的规律是：将偏导数值平方，把真误差换成中误差平方。用数值代入上式计算时，注意各项的单位要统一。

必须指出，在误差传播定律的推导过程中，要求观测值必须是独立观测值。

按上述方法可导出几种常用的简单函数中误差的公式，如表 6-3 所列，计算时可直接应用。

表 6-3 常用函数的中误差公式

函数式	函数的中误差
倍数函数 $z = kx$	$m_z = km_x$
和差函数 $z = x_1 \pm x_2 \pm \cdots \pm x_n$	$m_z = \pm\sqrt{{m_1}^2 + {m_2}^2 + \cdots + {m_n}^2}$ 若 $m_1 = m_2 = \cdots = m_n$，$m_z = m\sqrt{n}$
线性函数 $z = k_1x_1 \pm k_2x_2 \pm \cdots \pm k_nx_n$	$m_z = \pm\sqrt{{k_1}^2m_1^2 + k_2^2m_2^2 + \cdots + k_n^2m_n^2}$

四、应用举例

误差传播定律在测绘领域应用十分广泛，利用它不仅可以求得观测值函数的中误差，

而且还可以研究确定容许误差值。下面举例说明其应用方法。

【例6-3】 在1∶1 000比例尺地形图上，量得某坝的坝轴线长为234.5 mm，其中误差m为±0.1 mm。求坝线的实际长度及其中误差m_d。

解：坝轴线的实际长度与图上量得长度之间是倍数函数关系，即

$$D = cx = 1\ 000 \times 234.5\ \text{mm} = 234.5\ \text{m}$$

$$m_d = cm = 1\ 000 \times 0.1\ \text{mm} = 0.1\ \text{m}$$

最后结果写为 $D = (234.5 \pm 0.1)\ \text{m}$

【例6-4】 自水准点BM_1向水准点BM_2进行水准测量（见图6-2），设各段所测高差分别为

$$h_1 = +3.852\ \text{m} \pm 5\ \text{mm}$$

$$h_2 = +6.305\ \text{m} \pm 3\ \text{mm}$$

$$h_3 = -2.346\ \text{m} \pm 4\ \text{mm}$$

求BM_1、BM_2两点间的高差及其中误差。

解：BM_1、BM_2之间的高差$h = h_1 + h_2 + h_3 = 7.811$ m；

高差中误差 $m_h = \pm\sqrt{m_1^2 + m_2^2 + m_3^2} = \pm\sqrt{5^2 + 3^2 + 4^2} = \pm 7.1(\text{mm})$

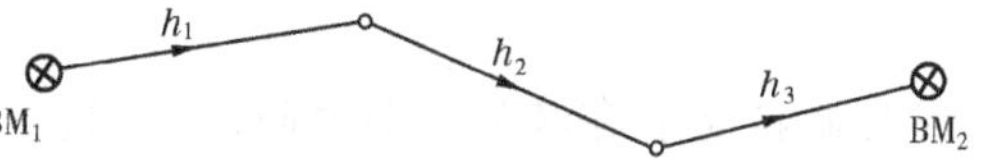

图6-2 水准路线

【例6-5】 图根水准测量中，已知每次读水准尺的中误差为$m_i = \pm 2$ mm，假定视距平均长度为50 m，若以3倍中误差为容许误差，试求在测段长度为L km的水准路线上，图根水准测量往返测所得高差闭合差的容许值。

解：已知每站观测高差为

$$h = a - b$$

则每站观测高差的中误差为

$$m_h = \sqrt{2}m_i = \pm 2\sqrt{2}(\text{mm})$$

因视距平均长度为50 m，则每千米可观测10个测站，L km共观测$10L$个测站，L km高差之和为

$$\sum h = h_1 + h_2 + \cdots + h_{10L}$$

L km高差和的中误差为

$$m_{\Sigma} = \sqrt{10L}m_h = \pm 4\sqrt{5L}(\text{mm})$$

往返高差的较差（即高差闭合差）为

$$f_h = \sum h_{往} + \sum h_{返}$$

高差闭合差的中误差为

$$m_{f_h} = \sqrt{2}m_{\Sigma} = 4\sqrt{10L}(\text{mm})$$

以3倍中误差为容许误差，则高差闭合差的容许值为

$$f_{h容} = 3m_{f_h} = \pm 12\sqrt{10L} \approx 38\sqrt{L}(\text{mm})$$

在前面水准测量的学习中,我们取$f_{h容} = \pm 40\sqrt{L}$ (mm)作为闭合差的容许值是考虑了除读数误差外的其他误差的影响(如外界环境的影响、仪器的 i 角误差等)。

项目小结

测量误差是测量过程中必然会存在的,也是测量技术人员必须要面对和处理的问题。本章主要介绍了测量误差的来源、性质,并简单介绍了测量误差的特点。

(1)衡量误差大小的数字指标——中误差。

(2)观测值中误差的计算及观测值函数中误差的计算——误差传播律。

(3)误差传播律有线性函数和非线性函数误差传播律。

(4)误差传播律的应用。

项目考核

一、选择题

1. 引起测量误差的因素概括起来有以下三个方面(　　)。

A. 观测者、观测方法、观测仪器　　B. 观测仪器、观测者、外界因素

C. 观测方法、外界因素、观测者　　D. 观测仪器、观测方法、外界因素

2. 用测回法测水平角,盘左盘右角值相差1°是属于(　　)。

A. 系统误差　B. 偶然误差　C. 绝对误差　D. 粗差

3. 测量记录时,如有听错、记错,应(　　)。

A. 将错误数字涂盖　　B. 将错误数字擦去

C. 将错误数字画去　　D. 返工重测重记

4. 尺长误差和温度误差属于(　　)。

A. 偶然误差　B. 系统误差　C. 中误差　D. 粗差

5. 用名义长度为 30 m 的钢尺量距,而该钢尺实际长度为 30.004 m,用此钢尺丈量 A、B 两点距离,由此产生的误差是属于(　　)。

A. 偶然误差　B. 相对误差　C. 系统误差　D. 绝对误差

6. 水准尺向前或向后方向倾斜对水准测量读数造成的误差是(　　)。

A. 偶然误差　　B. 系统误差

C. 可能是偶然误差也可能是系统误差　D. 既不是偶然误差也不是系统误差

7. 已知用 DJ_6 型光学经纬仪野外一测回方向值的中误差为 ±06″,则一测回角值的中误差为(　　)。

A. ±17″　B. ±6″　C. ±12″　D. ±8.5″

8. 对某边观测 4 测回,观测中误差为 ±2 cm,则算术平均值的中误差为(　　)。

A. ±0.5 cm　B. ±1 cm　C. ±4 cm　D. ±2 cm

9. 在等精度观测的条件下，正方形一条边 a 的观测中误差为 m，则正方形的周长（$S=4a$）的中误差为（　　）。

A. m　　B. $2m$　　C. $4m$　　D. $8m$

10. 设在三角形 ABC 中直接观测了 $\angle A$ 和 $\angle B$，其中误差分别为 $m_A=\pm 03''$，$m_B=\pm 04''$，则 $m_C=$（　　）。

A. $\pm 05''$　　B. $\pm 01''$　　C. $\pm 07''$　　D. $\pm 25''$

二、判断题

1. 在测量工作中只要认真仔细，粗差是可以避免的。（　　）
2. 测量中，增加观测次数的目的是消除系统误差。（　　）
3. 系统误差是可以在测量过程中消除的。（　　）
4. 测量误差大于极限误差时，被认为是错误，必须重测。（　　）
5. 两段距离及其中误差分别为 100 m ±2 cm 和 200 m ±2 cm，则该两段距离精度相同。（　　）
6. 由于单一观测值的中误差比算术平均值的中误差大 $\sqrt{n}$ 倍，所以算术平均值比单一观测值更可靠。（　　）
7. 表示量距的精度常用相对误差，它是中误差与观测值的比值。（　　）
8. 测量 $\angle A=100°$，$\angle B=50°$，测角中误差均为 $\pm 10''$，所以 $\angle$A 的精度高于 $\angle$B。（　　）
9. 设观测一个角度的中误差为 $\pm 08''$，则三角形内角和的中误差应为 $\pm 08''$。（　　）
10. 观测条件不相同的各次观测称为等精度观测。（　　）

项目七 控制测量

【学习目标】

理解控制测量的原理；了解交会定点方法；掌握闭合导线测量、附合导线测量的内业计算以及高程控制测量方法；熟悉全站仪构造和使用；运用原理解决实际问题，培养学生的良好习惯和团结合作的团队精神。

【重点】

导线测量的原理、施测方法及成果整理。

【难点】

交会定点的方法、导线测量及控制测量应用。

为防止误差累积和保证分幅测图时每幅图都能具有同等的精度，必须按测量原则先进行控制测量。

控制测量(Control Surey)是指为建立测量控制网而进行的测量工作，主要包括平面控制测量、高程控制测量和三维控制测量。为了限制误差的累积和传播，保证测图和施工的精度及速度，测量工作必须遵循"从整体到局部，先控制后碎部"的原则，即先进行整个测区的控制测量，再进行碎部测量。控制测量的实质就是测量控制点的平面位置和高程。测定控制点的平面位置工作，称为平面控制测量；测定控制点的高程工作，称为高程控制测量。

任务一 控制测量概述

一、国家基本控制网

国家测绘部门在全国范围内建立的测量控制网，称为国家基本控制网，包含平面控制网(见图7-1)和高程控制网(见图7-2)。它是全国地形测量和施工测量的依据。我国在全国范围内建立的平面测量控制网和高程测量控制网，一二等网为骨干网，三四等网为加密网。由于四等控制点之间相距仍有2～6 km，对于工程建设、城市建设和测图等工作，使用时仍不方便，因此需要在三四等的控制下再进一步加密。

平面控制测量是测定控制点的平面位置。平面控制网的建立，可采用卫星定位测量、导线测量、三角形网测量等方法。平面控制网的坐标系统，应在满足测区内投影长度变形

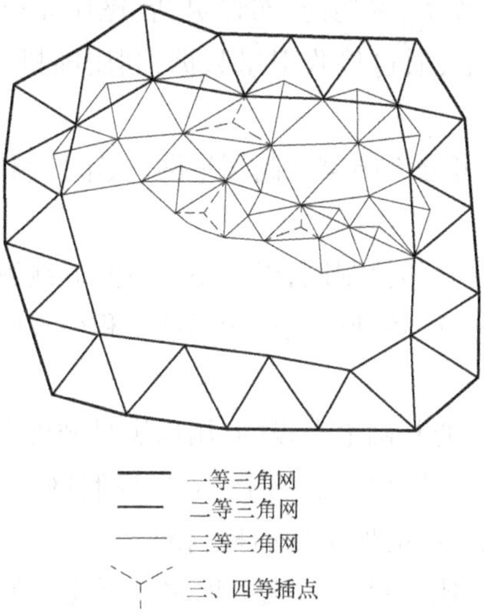

图 7-1　平面控制网

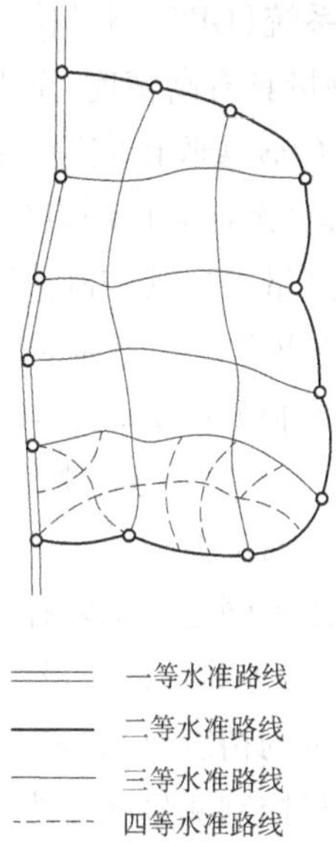

图 7-2　高程控制网

值不大于 2.5 cm/km 的要求下，作下列选择：

(1)采用统一的高斯正形投影 3°带平面直角坐标系统。

(2)采用高斯正形投影 3°带或任意带平面直角坐标系统，投影面可采用 1985 年国家高程基准、测区抵偿高程面或测区平均高程面。

(3)小测区可采用简易方法定向，建立独立坐标系统。

(4)在已有平面控制网的地区，可沿用原有的坐标系统。

(5)厂区内可采用建筑坐标系统。

三角测量(见图 7-3)是将控制点组成连续的三角形，观测所有的三角形内角以及测定至少一条边的边长(基线)，其余各边长度以基线边长和所测内角用正弦定理推算，再由起算数据求出所有控制点的平面位置。这种控制点称为三角点，而这种图形的控制网称为三角网。

导线测量(见图 7-4)则是将地面上各相邻控制点用直线相连而构成连续的折线。观测连接角，并观测出各个转折角和所有的折线边长，即可由起算数据确定控制点的平面位置。这些控制点称为导线点，而所连折线称为导线。

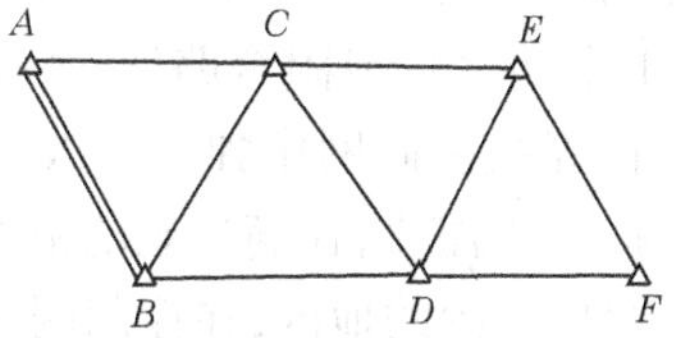

图 7-3　三角测量

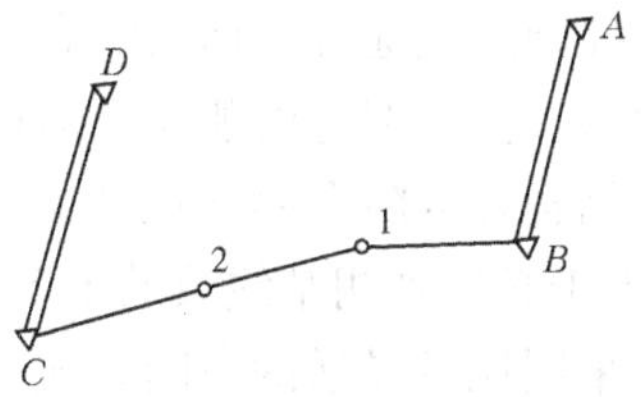

图 7-4　导线测量

全球定位系统(GPS)测量技术的出现,给控制测量带来了革命性的突破。与经典方法相比,GPS测量具有高精度、全天候、高效率、多功能、布设灵活、操作简单、应用广泛等优点。只要将GPS接收机安置于控制点上,通过接收卫星数据,利用随机处理软件及平差软件,即可解算出地面控制点坐标。

平面控制测量根据其控制范围大小,可分为国家控制测量网、城市控制测量网以及用于工程目的的小地区工程控制测量网。

国家平面控制测量是在全国范围内建立的控制网,以三角测量和导线测量为主,按精度高低分一、二、三、四等逐级控制。它是全国各种比例尺测图和工程建设的基础控制,也是研究地球科学的依据。

城市控制测量网是在国家控制测量网的基础上布设的,用以满足城市大比例尺测图、城市规划、市政工程和各种建设工程的施工放样的需要而建立的控制网。根据城市面积大小和施工测量的精度要求,可布设不同等级的城市平面控制网。

小地区工程控制测量网是为小区域大比例尺测图或工程测量所建立的控制网,在布设时应尽量与高等级控制网联测。若联测不便可建立独立控制网。直接为测图建立的控制网称为图根控制网,布设方法以小三角测量和导线测量为主。小地区控制网的技术要求,可参照相应的《工程测量规范》(GB 50026—2007)要求执行。

按《工程测量规范》(GB 50026—2007),控制网的主要技术要求如表7-1~表7-17所示。

表7-1 卫星定位测量控制网的主要技术要求

等级	平均边长(km)	固定误差 A(mm)	比例误差系数 B(mm/km)	约束点间的边长相对中误差	约束平差后最弱边相对中误差
二等	9	≤10	≤2	≤1/250 000	≤1/120 000
三等	4.5	≤10	≤5	≤1/150 000	≤1/70 000
四等	2	≤10	≤10	≤1/100 000	≤1/40 000
一级	1	≤10	≤20	≤1/40 000	≤1/20 000
二级	0.5	≤10	≤40	≤1/20 000	≤1/10 000

卫星定位测量控制网的布设应根据测区的实际情况、精度要求、卫星状况、接收机的类型和数量以及测区已有的测量资料进行综合设计。首级网布设时,宜联测2个以上高等级国家控制点或地方坐标系的高等级控制点;对控制网内的长边,宜构成大地四边形或中点多边形。控制网应由独立观测边构成一个或若干个闭合环或附合路线,各等级控制网中构成闭合环或附合路线的边数不宜多于6条。各等级控制网中独立基线的观测总数,不宜少于必要观测基线数的1.5倍。加密网应根据工程需要,在满足规范精度要求的前提下可采用比较灵活的布网方式。对于采用GPS-RTK测图的地区,在控制网的布设中应顾及参考站点的分布及位置。

表 7-2 GPS 控制测量作业的基本技术要求

等级		二等	三等	四等	一级	二级
接收机类型		双频	双频或单频	双频或单频	双频或单频	双频或单频
仪器标称精度		$10\ mm+2\times10^{-6}$	$10\ mm+5\times10^{-6}$	$10\ mm+5\times10^{-6}$	$10\ mm+5\times10^{-6}$	$10\ mm+5\times10^{-6}$
观测量		载波相位	载波相位	载波相位	载波相位	载波相位
卫星高度角(°)	静态	≥15	≥15	≥15	≥15	≥15
	快速静态	—	—	—	≥15	≥15
有效观测卫星数	静态	≥5	≥5	≥4	≥4	≥4
	快速静态	—	—	—	≥5	≥5
观测时段长度(min)	静态	30~90	20~60	15~45	10~30	10~30
	快速静态	—	—	—	10~15	10~15
数据采样间隔(s)	静态	10~30	10~30	10~30	10~30	10~30
	快速静态	—	—	—	5~15	5~15
点位几何图形强度因子 PDOP		≤6	≤6	≤6	≤8	≤8

GPS 控制测量测站作业:观测前,应对接收机进行预热和静置,同时应检查电池的容量、接收机的内存和可存储空间是否充足。天线安置的对中误差,不应大于 2 mm;天线高的量取应精确至 1 mm。观测中,应避免在接收机近旁使用无线电通信工具。作业同时,应做好测站记录,包括控制点点名、接收机序列号、仪器高、开关机时间等相关的测站信息。

表 7-3 导线测量的主要技术要求

等级	导线长度(km)	平均边长(km)	测角中误差(″)	测距中误差(mm)	测距相对中误差	测回数			方位角闭合差(″)	导线全长相对闭合差
						1″仪器	2″仪器	6″仪器		
三等	14	3	1.8	20	1/150 000	6	10	—	$3.6\sqrt{n}$	≤1/55 000
四等	9	1.5	2.5	18	1/80 000	4	6	—	$5\sqrt{n}$	≤1/35 000
一级	4	0.5	5	15	1/30 000	—	2	4	$10\sqrt{n}$	≤1/15 000
二级	2.4	0.25	8	15	1/14 000	—	1	3	$16\sqrt{n}$	≤1/10 000
三级	1.2	0.1	12	15	1/7 000	—	1	2	$24\sqrt{n}$	≤1/5 000

注:1. 表中 n 为测站数。

2. 当测区测图的最大比例尺为 1:1 000 时,一、二、三级导线的导线长度、平均边长可适当放长,但最大长度不应大于表中规定相应长度的 2 倍。

导线网的布设应按照一定原则进行布设,导线网用作测区的首级控制网时,应布设环形网,且宜联测 2 个已知方向。加密网可采用单一附合导线或结点导线网形式。结点间或结点与已知点间的导线段宜布设成直伸形状,相邻边长不宜相差过大,网内不同环节上的点也不宜相距过近。

表 7-4 水平角方向观测法的技术要求

等级	仪器精度等级	光学测微器两次重合读数之差(″)	半测回归零差(″)	一测回内 2c 互差(″)	同一方向值各测回较差(″)
四等及以上	1″级仪器	1	6	9	6
	2″级仪器	3	8	13	9
一级及以下	2″级仪器	—	12	18	12
	6″级仪器	—	18	—	24

注:1. 全站仪、电子经纬仪水平角观测时不受光学测微器两次重合读数之差指标的限制。

2. 当观测角方向的垂直角超过 ±3°的范围时,该方向 2c 互差可按相邻测回同方向进行比较,其值应满足表中一测回内 2c 互差的限值。

水平角观测采用方向观测法时,当观测方向不多于 3 个时,可不归零;当观测方向多于 6 个时,可进行分组观测。分组观测应包括两个共同方向(其中一个为共同零方向)。其两组观测角之差,不应大于同等级测角中误差的 2 倍。分组观测的最后结果,应按等权分组观测进行测站平差。

表 7-5 测距的主要技术要求

平面控制网等级	仪器精度等级	每边测回数		一测回读数较差(mm)	单程各测回较(mm)	往返较差
		往	返			
三等	5 mm 级仪器	3	3	≤5	≤7	$\leqslant 2(a+b\times D)$
	10 mm 级仪器	4	4	≤10	≤15	
四等	5 mm 级仪器	2	2	≤5	≤7	
	10 mm 级仪器	3	3	≤10	≤15	
一级	10 mm 级仪器	2	—	≤10	≤15	—
二、三级	10 mm 级仪器	1	—	≤10	≤15	

注:1. 测回是指照准目标 1 次、读数 2~4 次的过程。

2. 困难情况下,边长测距可采取不同时间段测量代替往返观测。

测距作业时,应该符合下列规定:

(1)测站对中误差和反光镜对中误差不应大于 2 mm。

(2)当观测数据超限时,应重测整个测回,当观测数据出现分群时,应分析原因,采取相应措施重新观测。

(3)四等及以上等级控制网的边长测量,应分别量取两端点观测始末的气象数据,计算时应取平均值。

(4)测量气象元素的温度计宜采用通风干湿温度计,气压表宜选用高原型空盒气压表;读数前应将温度计悬挂在离开地面和人体 1.5 m 以外阳光不能直射的地方,且读数精确至 0.2 ℃;气压表应置平,指针不应滞阻,且读数精确至 50 Pa。

(5)当测距边用电磁波测距三角高程测量方法测定的高差进行修正时,竖直角的观测和对向观测高差较差要求,可按五等电磁波测距三角高程测量的有关规定放宽 1 倍执行。

表 7-6 普通钢尺测距的主要技术要求

等级	边长量距较差相对误差	作业尺数	量距总次数	定线最大偏差(mm)	尺段高差较差(mm)	读定次数	估读值至(mm)	温度读数值至(℃)	同尺各次或同段各尺的较差(mm)
二级	1/20 000	1~2	2	50	≤10	3	0.5	0.5	≤2
三级	1/10 000	1~2	2	70	≤10	2	0.5	0.5	≤3

注:1. 量距边长应进行温度、坡度和尺长改正。

2. 当检定钢尺时,其相对误差不应大于1/100 000。

表 7-7 因瓦尺测距的主要技术要求

相对中误差	作业次数	丈量总次数	定线最大偏差(mm)	尺段高差较差(mm)	读定次数	估读值至(mm)	温度读数值至(℃)	同尺各次或同段各尺的较差(mm)	成果取值精确至(mm)	经各项修正后,各次或各尺全长较差(mm)
1/300 000	2~3	4~6	≤20	≤3	3	0.1	0.5	≤0.3	0.1	$\leq 5\sqrt{S}$
1/200 000	2	4	≤25	≤3	3	0.1	0.5	≤0.3	0.1	$\leq 8\sqrt{S}$
1/100 000	1~2	2~4	≤30	≤3	3	0.1	0.5	≤0.5	1.0	$\leq 10\sqrt{S}$

注:1. S 为测距长度(km)。

2. 本技术要求出自《工程测量规范》(GB 50026—2007)。

表 7-8 内业计算中数字取位要求

等级	观测方向值及各项修正数(″)	边长观测值及各项修正数(m)	边长与坐标(m)	方位角(″)
三、四等	0.1	0.001	0.001	0.1
一级及以下	1	0.001	0.001	1

表 7-9 三角形网测量的主要技术要求

等级	平均边长(km)	测角中差(″)	测边相对中误差	最弱边边长相对中误差	测回数			三角形最大闭合差(″)
					1″仪器	2″仪器	6″仪器	
二等	9	1	≤1/250 000	≤1/120 000	12	—	—	3.5
三等	4.5	1.8	≤1/150 000	≤1/70 000	6	9	—	7
四等	2	2.5	≤1/100 000	≤1/40 000	4	6	—	9
一级	1	5	≤1/40 000	≤1/20 000	—	2	4	15
二级	0.5	10	≤1/20 000	≤1/10 000	—	1	2	30

注:当测区测图的最大比例尺为1:1 000时,一、二级小三角的边长可适当放长,但不应大于表中规定长度的2倍。

三角形网中的角度宜全部观测,边长可根据需要选择观测或全部观测;观测的角度和边长应作为三角形网中的观测量参与平差计算。

首级控制网定向时,方位角传递宜联测2个已知方向。

表 7-10 二等三角形网边长测量主要技术要求

平面控制网等级	仪器精度等级	每边测回数		一测回读数较差(mm)	单程各测回较差(mm)	往返较差(mm)
		往	返			
二等	5 mm 级仪器	3	3	≤5	≤7	$\leqslant 2(a+b\cdot D)$

注:1. 测回是指找准目标 1 次,读数 2～4 次的过程。

2. 根据具体情况,测边可采取不同时间段测量代替往返观测。

表 7-11 三角形网内业计算中数字取位要求

等级	观测方向值及各项修正数(″)	边长观测值及各项修正数(m)	边长与坐标(m)	方位角(″)
二等	0.01	0.000 1	0.001	0.01

表 7-12 水准测量的主要技术要求(一)

等级	每千米高差全中误差(mm)	路线长度(km)	水准仪的型号	水准尺	观测次数		往返较差、附合或环线闭合差	
					与已知点联测	附合或环线	平地(mm)	山地(mm)
二等	2	—	DS_1	因瓦	往返各一次	往返各一次	$4\sqrt{L}$	
三等	6	≤50	DS_1	因瓦	往返各一次	往一次	$12\sqrt{L}$	$4\sqrt{n}$
			DS_3	双面		往返各一次		
四等	10	≤16	DS_3	双面	往返各一次	往一次	$20\sqrt{L}$	$6\sqrt{n}$
五等	15	—	DS_3	单面	往返各一次	往一次	$30\sqrt{L}$	—

注:1. 结点之间或结点与高级点之间,其路线的长度,不应大于表中规定的 0.7 倍。

2. L 为往返测段,附合或环线的水准路线长度(km);n 为测站数。

3. 数字水准仪测量的技术要求和同等级的光学水准仪相同。

表 7-13 水准观测的主要技术要求(二)

等级	水准仪的型号	视线长度(m)	前后视的距离较差(m)	前后视的距离较差累积(m)	视线离地面最低高度(m)	基、辅分划或黑面、红面读数较差(mm)	基、辅分划或黑面、红面所测高差较差(mm)
二等	DS_1	50	1	3	0.5	0.5	0.7
三等	DS_1	100	3	6	0.3	1.0	1.5
	DS_2	75				2.0	3.0
四等	DS_2	100	5	10	0.2	3.0	5.0
五等	DS_2	100	近似相等	—	—	—	—

注:1. 二等水准视线长度小于 20 m 时,其视线高度不应低于 0.3 m。

2. 三、四等水准采用变动仪器高度观测单面水准尺时,所测两次高差较差,应与黑面、红面所测高差之差的要求相同。

3. 数字水准仪观测,不受基、辅分划或黑、红面读数较差指标的限制,但测站两次观测的高差较差,应满足表中相应等级基、辅分划或黑、红面所测高差较差的限值。

表 7-14 跨河水准测量的主要技术要求

跨越距离(m)	观测次数	单程测回数	半测回远尺读数次数	测回差(mm)		
				三等	四等	五等
<200	往返各一次	1	2	—	—	—
200～400	往返各一次	2	2	8	12	25

注:1. 一测回的观测顺序:先读近尺,再读远尺;仪器搬至对岸后,不动焦距先读远尺,再读进尺。

2. 当采用双向观测时,两条跨河视线长度宜相等,两岸岸上长度宜相等,并大于 10 m;当采用单向观测时,可分别在上午、下午各完成半数工作量。

当水准路线需要跨越江河(湖塘、宽沟、洼地、山谷等)时,水准作业场地应选在跨越距离较短、土质坚硬、密实便于观测的地方,标尺点须设立木桩。两岸测站和立尺点应对称布设。当跨越距离小于 200 m 时,可采用单线过河;大于 200 m 时,应采用双线过河并组成四边形闭合环。往返较差、环线闭合差应符合表 7-12 的规定。水准观测的主要技术要求,应符合表 7-14 的规定。

当跨越距离小于 200 m 时,也可采用在测站上变换仪器高度的方法进行,两次观测高差较差不应超过 7 mm,取其平均值作为观测高差。

表 7-15 电磁波测距三角高程测量的主要技术要求(一)

等级	每千米高差全中误差(mm)	边长(km)	观测方式	对向观测高差较差(mm)	附合或环形闭合差(mm)
四等	10	≤1	对向观测	$40\sqrt{D}$	$20\sqrt{\sum D}$
五等	15	≤1	对向观测	$60\sqrt{D}$	$30\sqrt{\sum D}$

注:1. D 为电磁波测距边长度(km)。

2. 起讫点的精度等级,四等应起讫于不低于三等水准的高程点上,五等应起讫于不低于四等的高程点上。

3. 路线长度不应超过相应等级水准路线的长度限值。

表 7-16 电磁波测距三角高程测量的主要技术要求(二)

等级	垂直角观测				边长测量	
	仪器精度等级	测回数	指标差较差(″)	测回较差(″)	仪器精度等级	观测次数
四等	2″级仪器	3	≤7	≤7	10 mm 级仪器	往返各一次
五等	2″级仪器	4	≤10	≤10	10 mm 级仪器	往一次

注:当采用 2″级光学经纬仪进行垂直角观测时,应根据仪器的竖直角检测精度,适当增加测回数。

电磁波测距三角高程观测量的数据处理中,直返觇的高差应进行地球曲率和折光差的改正。平差前,应该按下式计算每千米高差全中误差。

$$M_W = \sqrt{\frac{1}{N}\left[\frac{WW}{L}\right]}$$

式中 M_W——高差全中误差,mm;

W——附合或环线闭合差,mm;

L——计算各 W 时,相应的路线长度,km;

N——附合路线和闭合环的总个数。

各等级高程网，应按最小二乘法进行平差并计算每千米高差全中误差。高程成果的取值，应精确至 1 mm。

表 7-17 测图比例尺的选用

比例尺	用途
1:5 000	可行性研究、总体规划、厂址选择、初步设计等
1:2 000	可行性研究、初步设计、矿山总图管理、城镇详细规划等
1:1 000	初步设计、施工图设计；城镇、工矿总图管理；竣工验收及工业普查等
1:500	

注：1. 对于精度要求较低的专用地形图，可按小一级比例尺地形图的规定进行测绘或利用小一级比例尺地形图放大成图。

2. 对于局部施测大于 1:500 比例尺的地形图，除另有要求外，可按 1:500 地形图测量的要求执行。

随着 GPS 技术的成熟与接收机价格的下降，GPS 测量日益普及，各类、各等级控制测量中，GPS 测量比重越来越大。

二、城市控制网

城市控制网是在国家基本控制网的基础上建立起来的，目的在于为城市规划、市政建设、工业与民用建筑设计和施工放样服务。城市控制网建立的方法与国家基本控制网相同，只是控制网精度有所不同。为了满足不同目的的要求，城市控制网也是分级建立的。

三、小区域控制网

小区域控制网是指在面积小于 15 km^2 范围内建立的控制网。小区域控制网原则上应与国家基本控制网或城市控制网相连，形成统一的坐标系和高程系。但当关联有困难时，为了建设的需要，也可以建立独立控制网。小区域控制网也要根据面积大小分级建立。

四、图根控制网

在等级控制点基础上测定图根控制点（直接用于测绘地形图的控制点）的工作称为图根控制测量。

图根控制测量也分为图根平面控制测量和图根高程控制测量。

（一）图根平面控制测量

图根平面控制测量一般采用导线测量（图根导线测量）、小三角测量（图根三角测量）和交会法。

（二）图根高程控制测量

图根高程控制测量一般采用三、四、五等水准测量和三角高程测量。

根据国家《水利水电工程测量规范》（SL 197—2013）规定水利高程测量中的平面控制测量分为以下三种。

1. 基本平面控制测量

国家二、三、四等三角测量和导线测量，还有五等三角测量和导线测量，均可根据水利水电工程的需要作为首级控制，水利枢纽地区的首级控制应 1 次全面布设。应尽可能设成网，以增加图形强度。控制测量宜考虑“一测多用”，避免重复测量造成浪费。

2. 图根平面控制测量

测角图根(线形锁、单三角形、交会法)、测边图根(二边、三边交会)、测边测角图根(二边二角交会等)和图根导线。

3. 测站点平面控制测量

根据基本平面控制点和图根平面控制点，用解析法或图解法测定。

任务二　导线测量

导线测量(Traverse Survey)是建立国家基本平面控制的方法之一，也用于工程建设的平面控制、城市建设的平面控制和地形测图的平面控制等方面。导线测量是指在测区内按一定要求，选定一系列的点，再将这一系列点依相邻次序连成折线形式，并测量各折线边的边长和转折角，再根据起始数据推算各测点的平面位置的技术与方法。它适用于地物复杂的建筑区、视线障碍物较多的隐蔽区和带状地区。

一、导线布设形式

(一)闭合导线

闭合导线是起止于同一个已知点的封闭导线。

如图7-5所示，导线从一个已知控制点出发，经过一系列点后，最后依旧回到这一点，形成一个闭合多边形。整个闭合导线中有时也可以假定一点作为已知点。闭合导线自身存在严密的几何条件，具有检核作用。

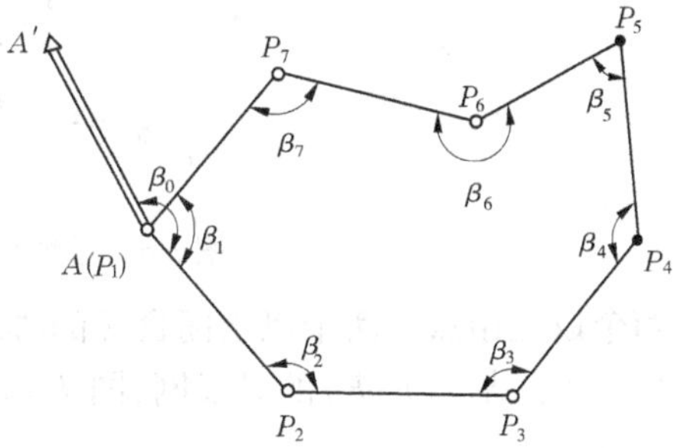

图7-5　闭合导线

(二)附合导线

附合导线是起止于两个已知点间的单一导线。

如图7-6所示，导线从一个已知控制点出发，经过一系列点，最后附合到另一个已知控制点。此种布设形式，具有检核观测成果的作用。

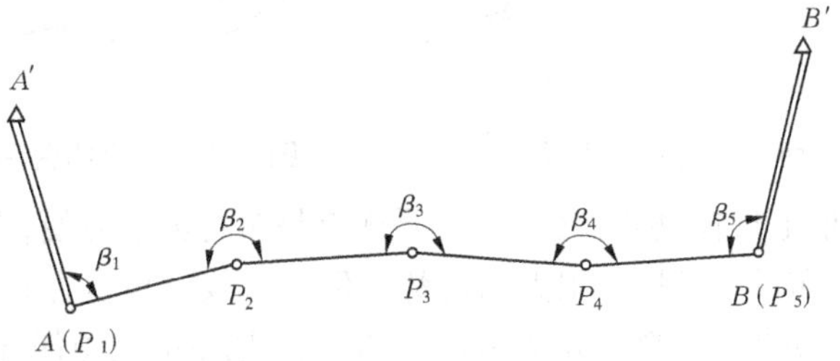

图7-6　附合导线

(三)支导线

支导线是仅有一端连接在高级控制点上的自由伸展导线。

如图7-7所示，导线从一个已知控制点出发，既不附合到另一个已知控制点，也不回到原来的起始点。因支导线缺乏检核条件，不易发现错误，通常边数不超过4条，一般不宜采用。

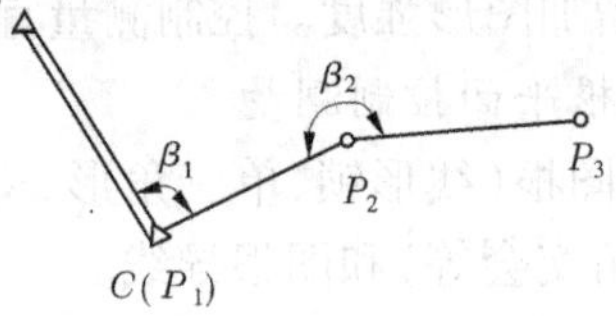

图7-7 支导线

（四）单结点导线网

从三个或更多的已知控制点开始，几条导线汇合于一个点，该点称为结点。这样，只有一个结点的导线网称为单结点导线网，如图7-8所示。

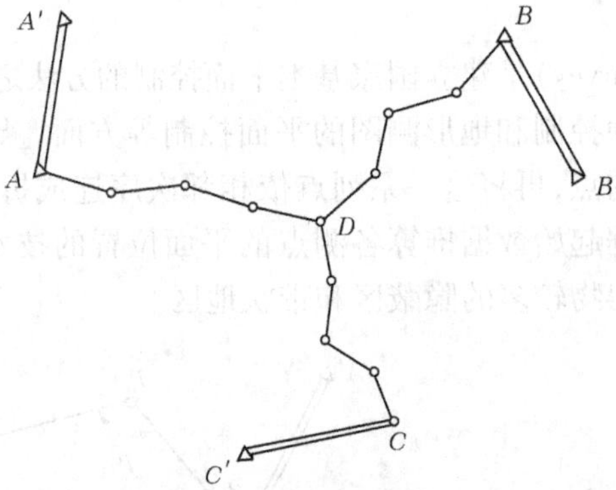

图7-8 单结点导线网

（五）两个以上结点或两个以上闭合环的导线网

图7-9为两个结点（E、F）的导线网，图7-10为三个闭合环的导线网。

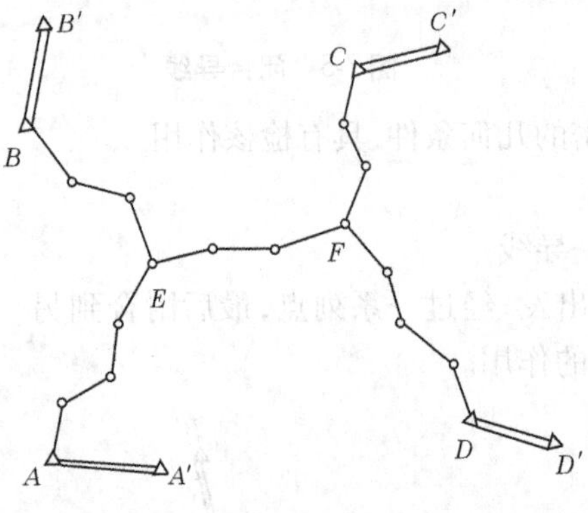

图7-9 两个结点的导线网

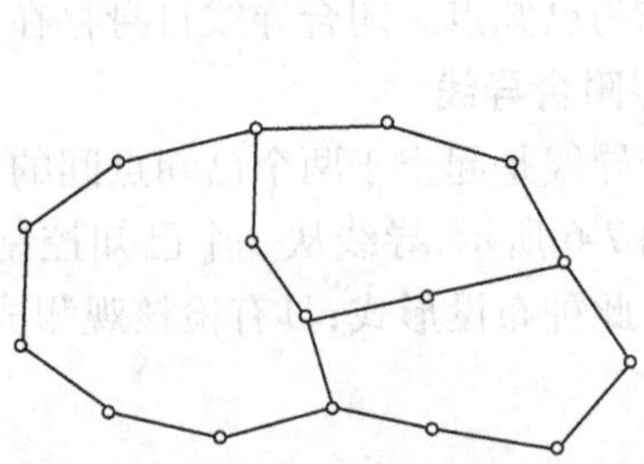

图7-10 三个闭合环的导线网

导线测量与其他地形控制相比较，其主要优点是布置灵活方便，在平坦而隐蔽的地区以及城市和建筑区，布设导线具有很大的优势。但是导线测量也存在不足，其中比较突出的不足是测距工作任务繁重。随着电磁波测距的发展，繁重的测距任务得到了很大的改善。

二、导线测量的外业工作

导线测量的外业工作是指在现场进行的测量工作，主要包括图上布置、设计、野外实地踏勘选点、标定或埋石、测角与量边等工作。

选点前，应调查搜集测区已有地形图和高一级的控制点的成果资料，把控制点展绘在地形图上，然后在地形图上拟订导线的布设方案，最后到野外踏勘，实地核对、修改、落实点位和建立标志。如果测区没有地形图资料，则需详细踏勘现场，根据已知控制点的分布、测区地形条件及测图和施工需要等具体情况，合理地选定导线点的位置。

（一）踏勘选点及建立标注

不同的测量目的，对导线的形式、平均边长、导线总长以及导线点的位置都有一定的要求。为了更好地满足这些要求，应先熟悉有关技术规范，掌握有关技术要求。

1. 导线点的选择

实地导线选点时，应该注意下列事项：

（1）相邻导线点间要通视，地势平坦，便于测角和量边。

（2）点位选在地势较高、视野开阔的地方，以利于施测碎部或加密以及施工放样。

（3）导线边长应大致相等，避免相差悬殊的长短边相邻。

（4）导线点选在土质坚硬、稳定的地方，以便于保存点的标志和安置仪器。

（5）导线点的数量要足够，以便控制整个测区。

（6）所选的导线间必须满足超越（或远离）障碍物 1.3 m 以上。

（7）路线平面控制点的位置应沿路线布设，距路中心的位置大于 50 m 且小于 300 m，同时应便于测角、测距及地形测量和定线放样。

（8）在桥梁和隧道处，应考虑桥隧布设控制网的要求，在大型构造物的两侧应分别布设一对平面控制点。

2. 建立标志

导线点确定后，应在地面上埋设导线点的标记。在每一点位上打下大木桩，其周围浇灌一圈混凝土，并在桩顶中心钉一小铁钉，铁钉头表示导线点位置，作为临时性标志（见图 7-11）；对于需要长期保存的导线点，则应埋设简易混凝土标石，顶面刻划“+”标记。所有导线点的标志都要依次进行编号，如图 7-12 所示。为了方便日后寻找，应绘出导线点与附近明显且固定地物之间的关系草图，注明尺寸，称为点之记（Description of Station）（见图 7-13）。点之记是记载控制点点名、等级、点位略图及与周围固定地物的关系等情况的资料。

（二）量边

图根级导线的边长应使用经过检定的钢尺进行丈量。当尺长改正数小于尺长的 1/10 000时，量距时的平均尺温与检定时的温度之差不超过 ±10 ℃，尺面倾斜小于 1.5% 时，可不进行尺长、温度、倾斜改正。支导线的边长应采用往返丈量方法。测量精度不得低于 1/3 000。对于一、二、三级导线，应按钢尺量距的精密方法丈量，执行相应的技术标准。

导线边长可用电磁波测距仪直接测定，也可采用钢尺量距的方法。若用电磁波测距仪测定，其精度较高，一般均能达到小区域导线测量精度的要求。若用钢尺量距，对于图根控制，应用鉴定过的钢尺按精密测距方法进行往返丈量，相对较差不超过 1/3 000，在特殊困难地区也不得超过 1/1 000，取其平均值作为最后结果。

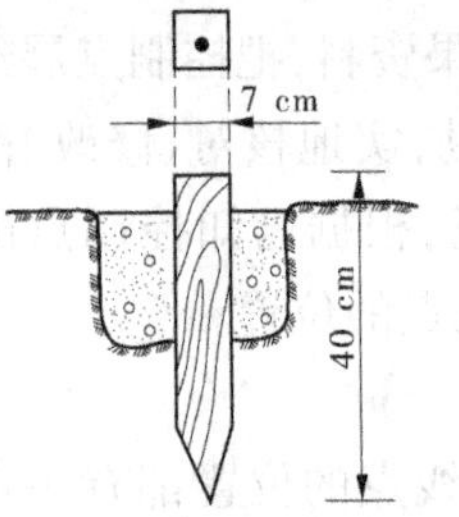

图 7-11 临时性标志

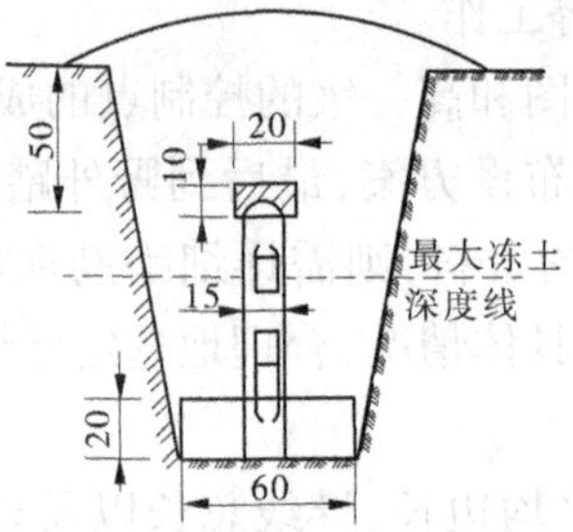

图 7-12 永久性标志 （单位:cm）

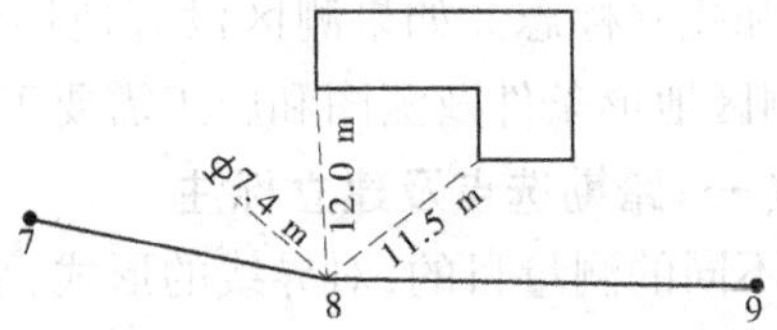

图 7-13 点之记

（三）测角

导线的转折角有左右之分，用测回法施测导线左角或右角。导线的左角是指在导线前进方向左侧的水平角。导线的右角是指在导线前进方向右侧的水平角。对于闭合导线，由于前进顺序为逆时针方向，故左角又是封闭多边形的内角。对于附合导线或支导线，应统一观测左角（或右角）。

导线的转折角采用测回法观测。导线的等级不同，使用仪器类型不同，测回数也不同。图根导线转折角一般采用 DJ_6 型经纬仪观测一测回，上下两半测回角值差不应超过 ±40″，取其平均值。

表 7-18 导线转折角观测和限差

比例尺	仪器	测回数	测角中误差	半测回差	测回差	角度闭合差
1:500 ~ 1:2 000	DJ_2	两个半测回	±30″	±18″		$\pm 60'' \sqrt{n}$
	DJ_6	2			±24″	
1:5 000 ~ 1:10 000	DJ_2	两个半测回	±20″	±18″		$\pm 40'' \sqrt{n}$
	DJ_6	2			±24″	

角度观测的注意事项如下：

（1）观测前应先检验仪器，发现仪器有误差应立即进行校正，并采用盘左、盘右取平均值和用十字丝交点照准等方法，减小和消除仪器误差对观测结果的影响。

（2）安置仪器要稳定，脚架应踏牢，对中、整平应仔细，测量短边时应特别注意对中，在地形起伏较大的地区观测时，应严格整平。

（3）目标处的标杆应竖直，并根据目标的远近选择不同粗细的标杆。

（4）观测时应严格遵守各项操作规定。例如：照准时应消除视差；水平角观测时，切勿误动度盘；竖直角观测时，应在读取竖盘读数前，显示指标水准管气泡居中等。

（5）水平角观测时，应以十字丝交点附近的竖丝照准目标根部。竖直角观测时，应以十字丝交点附近的横丝照准目标顶部。

（6）读数应准确，观测时应及时记录和计算。

（7）各项误差应在规定的限差以内，超限必须重测。

(8)保证测角的精度,满足测量的要求。

(四)定向

当导线边与测区内高级或同级已知控制边连接时,应在连接点上观测连接角以进行导线定向,作为传递坐标方位角和坐标之用。当附近无高级控制点,建立的导线为独立导线时,则应用罗盘仪测定导线起始边的磁方位角进行定向,并假定起始点的坐标作为起算数据。

三、导线测量的内业计算

(一)计算前的准备工作

导线测量的最终目的是要获得各导线点的坐标,因此外业工作结束后就要进行内业计算。

内业计算的原始数据为观测的角度和边长,它们必须正确、可靠,因此要全面检查外业观测数据有无遗漏、记错和算错;检查起算依据的已知点坐标是否转抄正确,成果是否符合精度要求等。当发现记录、计算有错时,不要改动原始数据,要认真反复校核。

根据已知数据和外业观测成果绘制导线略图。导线略图是一种示意图,绘图比例、线型粗细没有严格要求,但需要注意美观、大方、大小适宜,与实际图形保持相似,与实地方位大体一致。所有已知数据和观测数据应注记在略图中,绘制计算表格。

(二)测量坐标正反算

根据已知数据进行坐标正反算,具体内容在项目五中已经详细介绍过,这里不再赘述。

(三)闭合导线算例

闭合导线算例见表7-19,推算过程如下。

1. 角度闭合差的计算和调整

1)角度闭合差f_β的计算

内角和观测值$\sum\beta_{测}$与理论值$\sum\beta_{理}$之差f_β称为闭合导线角度闭合差,即

$$f_\beta = \sum\beta_{测} - \sum\beta_{理} = \sum\beta_{测} - (n-2)\times 180° \tag{7-1}$$

2)计算角度闭合差允许值$f_{\beta允}$

角度闭合差f_β的大小反映了水平角观测的质量。$f_{\beta允}$按导线转折角观测和限差表的规定计算。

$$f_{\beta允} = \pm 60''\sqrt{n} \tag{7-2}$$

3)判断精度

当$f_\beta \leqslant f_{\beta允}$时,满足精度要求;当$f_\beta > f_{\beta允}$时,则需重测。

4)计算角度改正数

$$v_\beta = -\frac{f_\beta}{n} \tag{7-3}$$

角度闭合差分配原则:按相反符号平均分配到各角上,当f_β不能整除时,余数分在短边所邻角上。

5)检核

为避免改正数的计算或分配错误,可按下式进行检核:

$$\sum v_{\beta} = -f_{\beta} \tag{7-4}$$

6)计算改正后角值

如果改正数计算和分配无误,将各角观测值$\beta_{测}$加上相应改正数v_{β}即得各角改正后角值$\beta_{改}$。

$$\beta_{改} = \beta_{测} + v_{\beta} \tag{7-5}$$

改正后角值之和$\sum \beta_{改}$应该等于n边形内角和的理论值$\sum \beta_{理}$,以此检核改正后角值计算是否正确。

$$\sum \beta_{改} = \sum \beta_{理} = (n-2) \times 180° \tag{7-6}$$

2. 导线边方位角的计算

可根据第一条边的方位角和调整后的内角(左角),推算其他各边的方位角,其公式为

$$\alpha_{前} = \alpha_{后} + 180° + \beta_{左} \tag{7-7}$$

式中 $\beta_{左}$——改正后的左角。

如果观测角为右角,则推算公式为

$$\alpha_{前} = \alpha_{后} + 180° - \beta_{右} \tag{7-8}$$

当计算得到的α值超过360°时,应减去360°;若小于0°,应加上360°,使得方位角的范围为0°~360°。由最后一边的方位角推算而得第一边的方位角,其值应等于它的起始值,如不等,表明计算有错误。

3. 坐标增量计算及坐标增量闭合差的调整

1)坐标增量的计算

按坐标正算公式计算各边的坐标增量,其公式如下:

$$\left.\begin{aligned} \Delta x_i &= D_i \cos\alpha_i \\ \Delta y_i &= D_i \sin\alpha_i \end{aligned}\right\} \tag{7-9}$$

式中,D_i表示第i条导线边的边长,$i=1,2,\cdots,n$;计算位数取到cm。

2)坐标增量闭合差的计算

$$\left.\begin{aligned} f_x &= \sum \Delta x_{测} \\ f_y &= \sum \Delta y_{测} \end{aligned}\right\} \tag{7-10}$$

式中 f_x——横坐标增量闭合差;

f_y——纵坐标增量闭合差。

3)导线全长闭合差的计算

$$f_D = \sqrt{f_x^2 + f_y^2} \tag{7-11}$$

闭合导线由起始点出发,最后不是闭合到起始点,而产生的一段差距称为闭合导线全长闭合差,以f_D表示。

4)导线相对闭合差的计算

一般情况下,导线越长,测角和量距的累积误差就越大,全长闭合差也越大,因而单纯地用f_D还不能正确反映出导线测量的精度。通常采用f_D值与导线全长$\sum D$之比并化成

分子为 1 的形式来衡量导线测量的精度，称为导线全长相对闭合差，以 K 来表示。

$$K = \frac{f_D}{\sum D} = \frac{1}{\frac{\sum D}{f_D}} = \frac{1}{N} \tag{7-12}$$

在通常情况下，图根导线的 K 值不应超过 1/2 000，困难地区也不应超过 1/1 000。若 K 值不满足限差要求，首先检查内业计算有无错误，其次检查外业成果，若均不能发现错误，则应进行外业局部或全部重测；若 K 值满足限差要求，则可分配坐标增量闭合差。

5）计算坐标增量改正值

K 值满足限差要求后，即可将坐标增量闭合差反符号，按与边长成正比例的法则，分配到各边的坐标增量上去，使改正后的坐标增量之和等于其理论值零，即

$$\left.\begin{aligned} v_{\Delta xi} &= -\frac{f_x}{\sum D}D_i \\ v_{\Delta yi} &= -\frac{f_y}{\sum D}D_i \end{aligned}\right\} \tag{7-13}$$

式中 $v_{\Delta xi}$——第 i 条导线边的 x 坐标增量改正值；

$v_{\Delta yi}$——第 i 条导线边的 y 坐标增量改正值；

D_i——第 i 条导线边的边长；

$\sum D$——导线全长。

6）改正数检核

改正数之和与坐标增量闭合差的相反数相等，可作为计算校核。但由于取舍误差的影响，有时改正数之和与坐标增量闭合差相反数有一微小的差值，可将其分配到边长较长的导线边上，即

$$\left.\begin{aligned} \sum v_{\Delta xi} &= -f_x \\ \sum v_{\Delta yi} &= -f_y \end{aligned}\right\} \tag{7-14}$$

7）计算改正后坐标增量值

如果坐标增量改正数经过校核无误，则将各边坐标增量加上相应改正数便可得各边改正后坐标增量值，即

$$\left.\begin{aligned} \Delta x_{改i} &= \Delta x_i + v_{\Delta xi} \\ \Delta y_{改i} &= \Delta y_i + v_{\Delta yi} \end{aligned}\right\} \tag{7-15}$$

8）坐标增量检核

改正后的坐标增量之和应该等于其理论值零，以此可检核改正后坐标增量计算是否正确。

$$\left.\begin{aligned} \sum \Delta x_{改i} &= 0 \\ \sum \Delta y_{改i} &= 0 \end{aligned}\right\} \tag{7-16}$$

表 7-19　闭合导线坐标计算表

点号	观测的水平角度(左角)	改正数	改正后的角度(左角)	坐标方位角	边长 D (m)	增量计算值 Δx(m)	增量计算值 Δy(m)	增量改正数 $v_{\Delta x}$(m)	增量改正数 $v_{\Delta y}$(m)	改正后增量 Δx(m)	改正后增量 Δy(m)	坐标值 x(m)	坐标值 y(m)
	° ′ ″	″	° ′ ″	° ′ ″									
1												160.256 (已知)	168.662 (已知)
				222 10 00 (已知)	105.221	−77.989	−70.634	−0.017	−0.025	−78.006	−70.659		
2	107 48 40	+2	107 48 42									82.250	98.003
				149 58 42	80.180	−69.423	40.116	−0.013	−0.019	−69.436	40.097		
3	73 00 29	+2	73 00 31									12.814	138.100
				42 59 13	129.342	+94.615	88.189	−0.020	−0.031	94.595	88.158		
4	89 34 00	+2	89 34 02									107.409	226.258
				312 33 15	78.162	+52.860	−57.577	−0.013	−0.019	52.847	−57.596		
1	89 36 42	+3	89 36 45									160.256 (已知)	168.662 (已知)
				222 10 00 (已知)									
2													
Σ	359 59 51	+9	360 00 00		392.905	+0.063	+0.094	−0.063	−0.094	0	0		

计算检核：

$f_\beta = \sum\beta_{测} - \sum\beta_{理} = \sum\beta_{测} - (n-2)\times180° = 359°59'51'' - 360° = -09''$；$f_{\beta允} = \pm60''\sqrt{n} = \pm60''\sqrt{4} = \pm120''$；$f_\beta < f_{\beta允}$；精度合格。

$f_x = \sum\Delta x_{测} = +0.063$，$f_y = \sum\Delta y_{测} = +0.094$，$f_D = \sqrt{f_x^{\ 2} + f_y^{\ 2}} = 0.113$，$K = \dfrac{f_D}{\sum D} = \dfrac{1}{\dfrac{\sum D}{f_D}} = \dfrac{1}{N} = \dfrac{0.113}{392.905} = \dfrac{1}{3\,477} \approx \dfrac{1}{3\,400}$

$K_{容} = \dfrac{1}{2\,000}$，$K < K_{容}$，导线精度合格

4. 计算导线点的坐标

根据起点的已知坐标及调整之后的坐标增量，逐一推求各导线点的坐标。算完最后一点，还要再推算起点的坐标，推算得出的坐标应等于已知坐标。

$$\left.\begin{aligned} x_{前} &= x_{后} + \Delta x_{后前改} \\ y_{前} &= y_{后} + \Delta y_{后前改} \end{aligned}\right\} \tag{7-17}$$

据式(7-17)推导至最后一个点的坐标后，还要再推算出起始点坐标，看是否与已知坐标相等，以此检核坐标计算是否正确。

(四)附合导线算例

附合导线的计算步骤与闭合导线基本相同，但由于导线的布设形式不同，因此它必须满足两个条件：一是方位角条件，即根据起始边的方位角和观测角，推算出终边的方位角，应与已知终边方位角相等；二是坐标条件，即由起始点的已知坐标，经过各边、各角推算出终点的坐标，应与已知终点的坐标一致。附合导线计算与闭合导线计算主要在角度闭合差和坐标增量闭合差的计算方法两个方面不同。

1. 角度闭合差的计算

在图7-14所示的附合导线中，A、B、C、D为已知点，α_{AB}和α_{CD}为起始边和终边的已知方位角。根据方位角推算公式，有

$$\alpha_{12} = \alpha_{AB} \pm 180° + \beta_1 \tag{7-18}$$

$$\alpha_{23} = \alpha_{12} \pm 180° + \beta_2 = \alpha_{AB} \pm 2 \times 180° + (\beta_1 + \beta_2) \tag{7-19}$$

$$\vdots$$

$$\alpha'_{CD} = \alpha_{(n-1)n} \pm 180° + \beta_n = \alpha_{AB} \pm n \times 180° + \sum \beta_{测} \tag{7-20}$$

式中 n——观测角的个数；

$\sum \beta_{测}$——观测角之和；

α'_{CD}——推算得到的CD边(终边)的方位角。

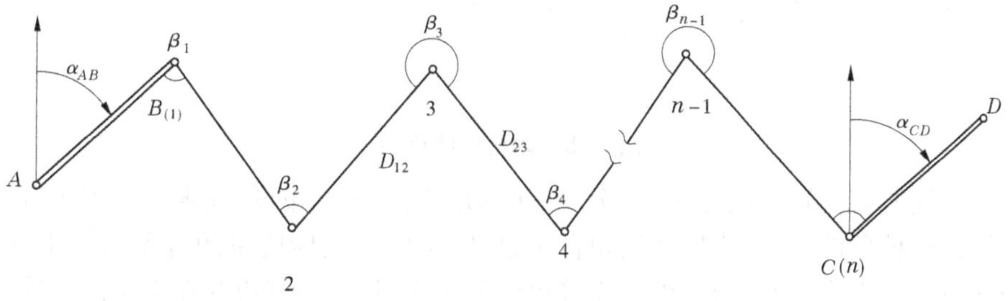

图7-14 附合导线

测量误差的存在，使得推算得的CD边的方位角α'_{CD}不一定等于其已知方位角α_{CD}，两者差值即为附合导线的角度闭合差f_β，即

$$f_\beta = \alpha'_{CD} - \alpha_{CD} \tag{7-21}$$

附合导线的角度闭合差允许值的计算及角度闭合差的调整方法和闭合导线相同，但改正后角值的检核应按式(7-22)进行：

$$\sum \beta_{改} = \sum \beta_{测} - f_\beta \tag{7-22}$$

式中 $\sum\beta_{改}$——各角改正后角值之和。

2. 坐标增量闭合差的计算

由于附合导线是从一个已知点出发，附合到另一个已知点，所以附合导线的坐标增量代数和的理论值应等于终、起两点的已知坐标值之差。

$$\sum\Delta x_{理}=x_C-x_B,\quad \sum\Delta y_{理}=y_C-y_B \tag{7-23}$$

写成一般公式为

$$\sum\Delta x_{理}=x_{终}-x_{起},\quad \sum\Delta y_{理}=y_{终}-y_{起} \tag{7-24}$$

如由于测角和量边误差的存在而导致坐标增量代数和与理论值不符，其差值即为附合导线的坐标增量闭合差，即

$$f_x=\sum\Delta x_{测}-(x_{终}-x_{起}),\quad f_y=\sum\Delta y_{测}-(y_{终}-y_{起}) \tag{7-25}$$

式中 $x_{起}$、$y_{起}$——导线起点的 x、y 坐标；

$x_{终}$、$y_{终}$——导线终点的 x、y 坐标。

附合导线坐标增量闭合差的调整方法和其他计算均与闭合导线相同，附合导线算例见图 7-15 及表 7-20。

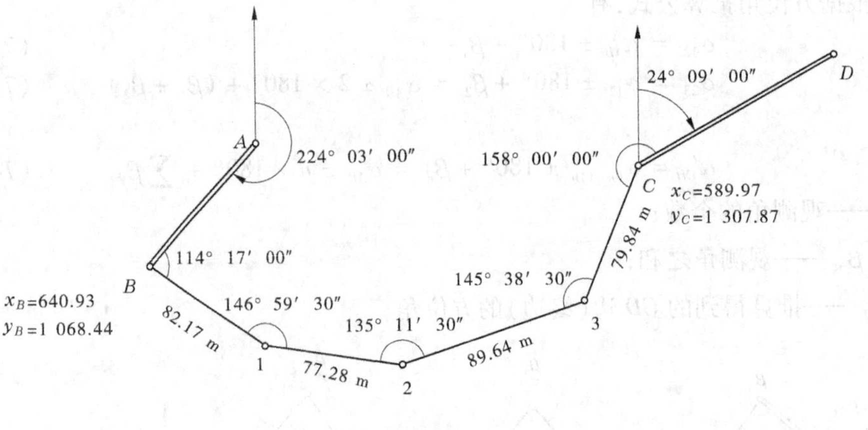

图 7-15 附合导线算例

闭合导线所需已知控制点少，甚至没有已知控制点也可布设，在水利工程测量中应用广泛。但其检核条件少，可能出现假闭合现象，即角度和坐标增量闭合差均较小，而所算得的坐标不一定正确，产生的原因是连接角误差大或粗差，或测边存在系统误差等。

附合导线所需已知控制点多，条件较难满足，但不会出现假闭合现象，所算得的坐标比较可靠。

(五)支导线算例

支导线中没有检核条件，因此没有闭合差产生，导线转折角和计算的坐标增量均不需要进行改正，所以它的计算非常简单，只需推算出各边方位角，计算出各边坐标增量，即可求得各点坐标。

支导线算例见表 7-21 及图 7-16。

表 7-20 附合导线坐标计算表

点号	观测角 (° ′ ″)	改正后角值 (° ′ ″)	坐标方位角 (° ′ ″)	边长 (m)	坐标增量(m)		改正后坐标增量(m)		坐标值(m)	
					Δx	Δy	Δx	Δy	x	y
1	2	3	4	5	6	7	8	9	10	11
A										
			224 03 00							
B	−6 114 17 00	114 16 54							640.93	1 068.44
			158 19 54	82.17	0 −76.36	+1 30.34	−76.36	30.35		
1	−6 146 59 30	146 59 24							564.57	1 098.79
			125 19 18	77.28	0 −44.68	+1 63.05	−44.68	63.06		
2	−6 135 11 30	135 11 24							519.89	1 161.85
			80 30 42	89.64	−1 14.78	+2 88.41	14.77	88.43		
3	−6 145 38 30	145 38 24							534.66	1 250.28
			46 09 06	79.84	0 55.31	+1 57.58	55.31	57.59		
C	−6 158 00 00	157 59 54							589.97	1 307.87
			24 09 00							
D										
Σ	700 06 30	700 06 00		328.93	−1 −50.95	+5 −239.38	−50.96	239.43		

计算公式：

$f_\beta = 224°03'00'' \pm 5\times180° + 700°06'30'' - 24°09'00'' = +30''$，$f_{\beta允} = \pm60''\sqrt{5}$，$|f_\beta| < |f_{\beta允}|$，说明符合要求；

$f_x = -50.95 - (589.97 - 640.93) = +0.01$，$f_y = 239.38 - (1\ 307.87 - 1\ 068.44) = -0.05$；

$K = \dfrac{\sqrt{0.01^2 + (-0.05)^2}}{328.93} = \dfrac{1}{6\ 579} < \dfrac{1}{2\ 000}$，说明符合要求

表 7-21 支导线坐标计算表

点号	转折角(右)			方位角			边长	坐标增量		坐标		点号
	°	′	″	°	′	″		Δx	Δy	x	y	
D												D
				209	45	43						
C	143	33	12							282.291	744.320	C
				246	12	31	127.747	-51.534	-116.891			
T_1	284	19	39							230.757	627.429	T_1
				141	52	521	128.096	-100.777	79.073			
T_2	210	40	15							129.980	706.502	T_2
				111	12	37	126.614	-45.808	118.037			
T_3										84.172	824.539	T_3

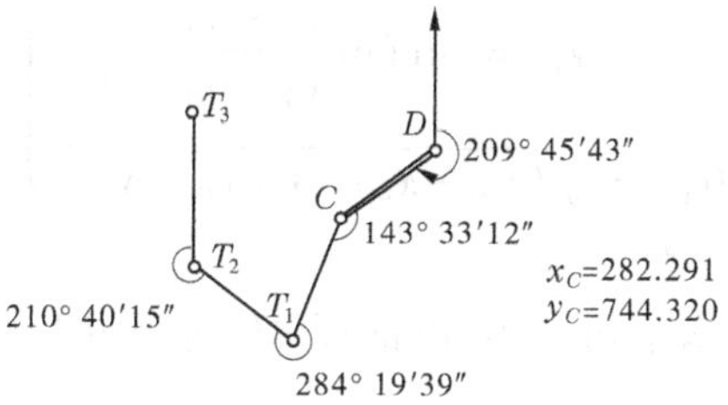

图 7-16　支导线算例

任务三　交会法测量

交会法测量是加密图根点的常用方法,尤其适合于测区内已知点较多而需要加密图根点较少的局部地区。交会法一般有前方交会、后方交会和距离交会等几种方法。例如,当导线点和小三角点的密度不能满足工程施工或大比例尺测图要求,而需要加密的点不多时,可用前方交会法加密控制点。

一、前方交会

(一)前方交会原理

如图 7-17(a)所示,在已知点 A、B 处分别对 P 点观测了水平角 α 和 β,求 P 点坐标,称为前方交会。为了检核和提高 P 点精度,通常需从三个已知点 A、B、C 分别向 P 点观测水平角,如图 7-17(b)所示,分别由两个三角形计算 P 点坐标。

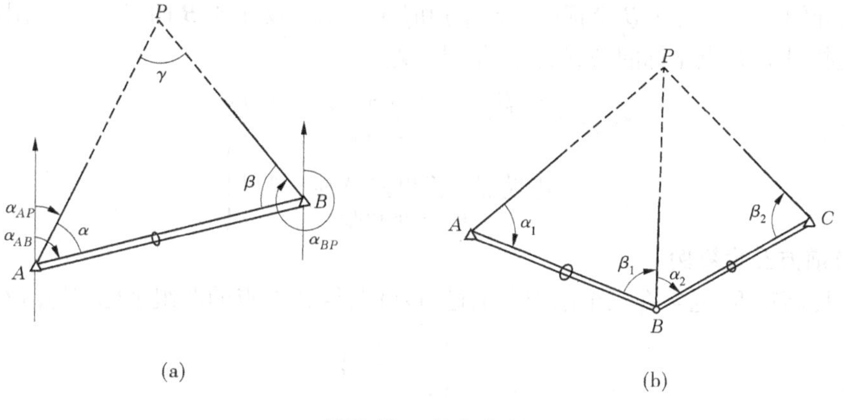

图 7-17　前方交会

现以一个三角形为例说明前方交会的定点方法。

1. 已知方位角与边长计算

根据已知点 A、B 坐标分别为(x_A , x_B)和(y_A , y_B),计算已知边 AB 的方位角和边长为

$$\left.\begin{aligned}\alpha_{AB} &= \arctan\frac{y_B - y_A}{x_B - x_A}\\ D_{AB} &= \sqrt{(x_B - x_A)^2 + (y_B - y_A)^2}\end{aligned}\right\} \tag{7-26}$$

2. 未知方位角与边长计算

在 A、B 两点设站,测出水平角 α、β,再推算 AP 边和 BP 边的坐标方位角和边长,由图 7-16(a)得

$$\left.\begin{aligned}\alpha_{AP} &= \alpha_{AB} - \alpha\\ \alpha_{BP} &= \alpha_{BA} + \beta\end{aligned}\right\} \tag{7-27}$$

$$\left.\begin{aligned}D_{AP} &= \frac{D_{AB}\sin\beta}{\sin\gamma}\\ D_{BP} &= \frac{D_{AB}\sin\alpha}{\sin\gamma}\end{aligned}\right\} \tag{7-28}$$

式中

$$\gamma = 180° - (\alpha + \beta) \tag{7-29}$$

3. 待测点 P 点坐标计算

分别由 A 点和 B 点按下式推算 P 点坐标,并校核。

$$\left.\begin{aligned}x_P &= x_A + D_{AP}\cos\alpha_{AP}\\ y_P &= y_A + D_{AP}\sin\alpha_{AP}\end{aligned}\right\} \tag{7-30a}$$

$$\left.\begin{aligned}x_P &= x_B + D_{BP}\cos\alpha_{BP}\\ y_P &= y_B + D_{BP}\sin\alpha_{BP}\end{aligned}\right\} \tag{7-30b}$$

下面介绍一种应用 A、B 坐标(x_A , y_A)和(x_B , y_B)及在 A、B 两点设站,测出的水平角 α、β 直接计算 P 点坐标的公式,公式推导从略。

$$\left.\begin{aligned}x_P &= \frac{x_A\cot\beta + x_B\cot\alpha + (y_B - y_A)}{\cot\alpha + \cot\beta}\\ y_P &= \frac{y_A\cot\beta + y_B\cot\alpha - (x_B - x_A)}{\cot\alpha + \cot\beta}\end{aligned}\right\} \tag{7-31}$$

(二)前方交会算例

为了提高精度,通常在三个已知点上进行观测,得到 P 点的两组坐标,其点位较差为

$$\left.\begin{aligned}\delta_x &= x_{P1} - x_{P2}\\ \delta_y &= y_{P1} - y_{P2}\end{aligned}\right\} \tag{7-32}$$

根据点位较差计算 e 和 $e_{容}$,判别精度。

$$e = \sqrt{\delta_x^2 + \delta_y^2} \tag{7-33}$$

$$e \leqslant e_{容} = 2 \times 0.1M \tag{7-34}$$

通过计算,若满足 $e \leqslant e_{容}$,则精度合格。

前方交会算例见表 7-22。

表 7-22　前方交会计算表

点名	x		观测角		y	
A	x_A	100.000	α_1	61°48′48″	y_A	100.000
B	x_B	104.848	β_1	71°03′11″	y_B	100.000
P	x'_P	102.955			y'_P	94.486
B	x_B	104.848	α_2	55°34′28″	y_B	100.000
C	x_C	107.411	β_2	78°45′08″	y_C	96.601
P	x''_P	102.991			y''_P	94.467
中数	x_P	102.973			y_P	94.477
略图	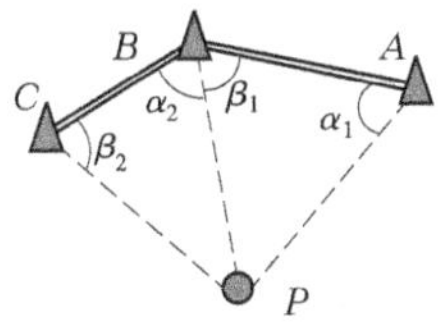		辅助计算	$\delta_x = -0.035\,8$ $\delta_y = -0.018\,8$ $e = 0.04$ 取 M 为 1 000，则有 $e_{容} = 2 \times 0.1M = 200\ \text{mm} = 0.2\ \text{m}$ $e \leqslant e_{容}$，合格。		

二、后方交会

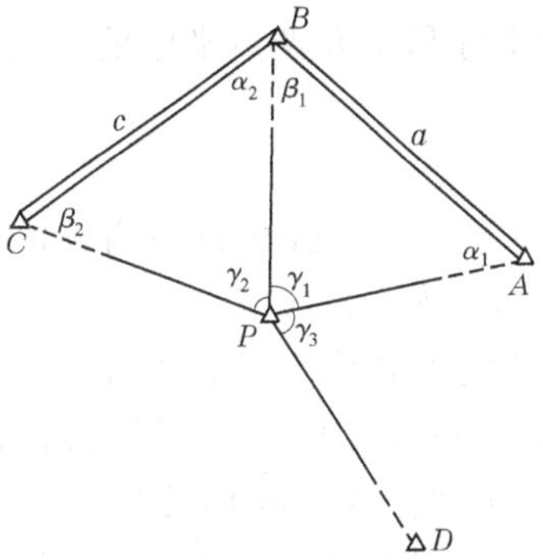

图 7-18　后方交会

（一）后方交会原理

图 7-18 中 A、B、C 为已知点，将经纬仪安置在 P 点，观测 P 点至 A、B、C 各方向的夹角 γ_1、γ_2。根据已知点坐标，即可推算 P 点坐标，这种方法称为后方交会。后方交会的优点是不必在多个点上设站观测，野外工作量少，因此当已知点不易到达时，可采用后方交会法确定待定点。后方交会法计算工作量大，计算公式很多，这里仅介绍其中一种计算方法——全切公式法。

下面介绍具体定点方法。

1. 反算方位角与边长

根据已知点 A、B、C 的坐标（x_A，y_A）、（x_B，y_B）和（x_C，y_C），利用坐标反算公式计算 AB、BC 坐标方位角 α_{AB}、α_{BC} 和边长 a、c。

2. 计算 α_1、β_2

从图 7-17 可见：

$$\alpha_{BC} - \alpha_{BA} = \alpha_2 + \beta_1 \tag{7-35}$$

又因

$$\left.\begin{aligned} \alpha_1 + \beta_1 + \alpha_2 + \beta_2 + \gamma_2 + \gamma_1 &= 360° \\ \alpha_1 + \beta_2 = 360° - (\alpha_2 + \beta_1 + \gamma_1 + \gamma_2) &= \theta \end{aligned}\right\} \tag{7-36}$$

所以

$$\beta_2 = \theta - \alpha_1 \tag{7-37}$$

在 $\triangle APB$ 和 $\triangle BPC$ 中，根据正弦定理可得

$$\frac{a\sin\alpha_1}{\sin\gamma_1}=\frac{c\sin\beta_2}{\sin\gamma_2}=\frac{c\sin(\theta-\alpha_2)}{\sin\gamma_2}$$

$$\sin(\theta-\alpha_1)=\frac{a\sin\alpha_1\sin\gamma_2}{c\sin\gamma_1} \tag{7-38}$$

经过整理可得

$$\tan\alpha_1=\frac{a\sin\gamma_2}{c\sin\gamma_1\sin\theta}+\cot\theta \tag{7-39}$$

根据式(7-39)和式(7-37)可解出 α_1、β_2。

3. 计算 β_1、α_2

$$\beta_1=180°-(\alpha_1+\gamma_1) \tag{7-40}$$

$$\alpha_2=180°-(\beta_2+\gamma_2) \tag{7-41}$$

利用 β_1 和 α_2 之和应等于 $\alpha_{BC}-\alpha_{BA}$ 作检核。

4. 计算 P 点坐标

再用前方交会公式计算 P 点坐标。

为判断 P 点精度，必须在 P 点对第四个已知点 D 进行观测，测出 γ_3。利用已计算出的 P 点坐标和 A、D 两点坐标反算 α_{PA}、α_{PD}，求出 γ_3 为

$$\gamma_3=\alpha_{PD}-\alpha_{PA}$$

$$\Delta\gamma=\gamma_3-\gamma_3' \tag{7-42}$$

对于图根点，$\Delta\gamma$ 容许值为 ±40″。

5. 后方交会危险圆

当待定点 P 位于三个已知点 A、B、C 的外接圆时，无论 P 点位于该圆任何位置，其 γ_1、γ_2 均不变，因此 P 点无解，故称此外接圆为危险圆，见图 7-19。当 P 点在危险圆上时，则有

$$\theta=\alpha_1+\beta_2=180° \tag{7-43}$$

将 θ 值代入式(7-39)，该式无解。实际工作中，P 点位于危险圆上的情况是极偶然的，但是在危险圆附近时，计算出的坐标误差会很大。为了避免 P 点落在危险圆附近，规定后方交会角 γ_1、γ_2 与固定角 B 不应在 160°~180°，否则应重新选择点位。

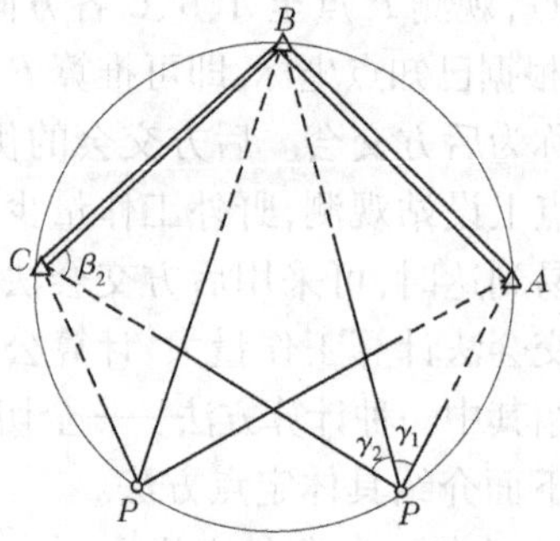

图 7-19 后方交会的危险圆

(二)后方交会算例

1. 基本公式

如图 7-20 所示，A、B、C 为三个已知点，观测点 P 点至 A、B、C 各方向的夹角为 γ、α、β，根据已知点坐标，可推算 P 点坐标，基本公式如下：

$$\left.\begin{aligned} x_P&=\frac{P_Ax_A+P_Bx_B+P_Cx_C}{P_A+P_B+P_C}\\ y_P&=\frac{P_Ay_A+P_By_B+P_Cy_C}{P_A+P_B+P_C}\end{aligned}\right\} \tag{7-44}$$

$$
\left.\begin{aligned}
P_A &= \frac{1}{\cot\angle A - \cot\alpha} \\
P_B &= \frac{1}{\cot\angle B - \cot\beta} \\
P_C &= \frac{1}{\cot\angle C - \cot\gamma}
\end{aligned}\right\} \tag{7-45}
$$

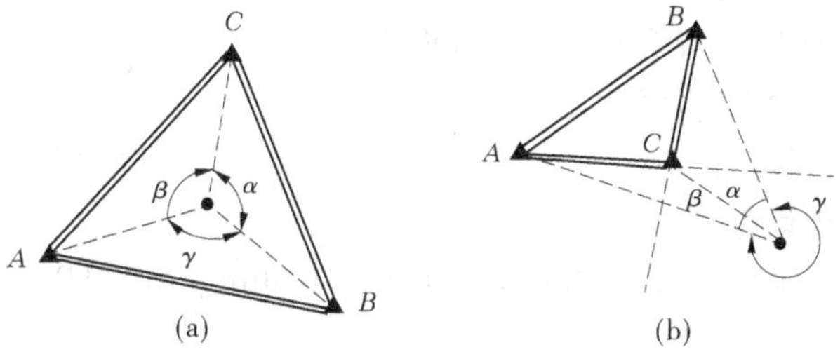

图 7-20 点位逆时针与顺时针排序

2. 后方交会算例

后方交会算例见表 7-23。

表 7-23 后方交会计算表

示意图			野外图		
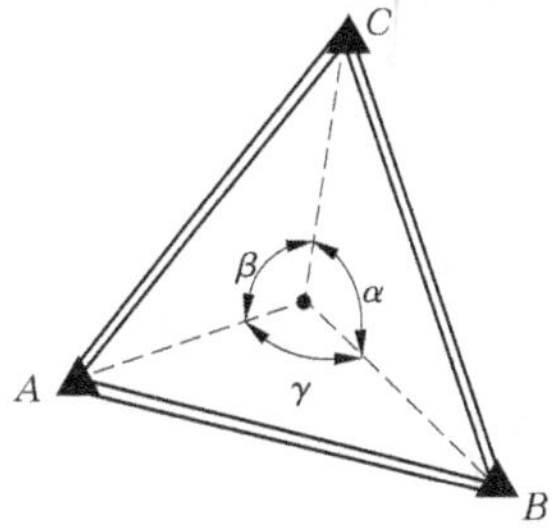			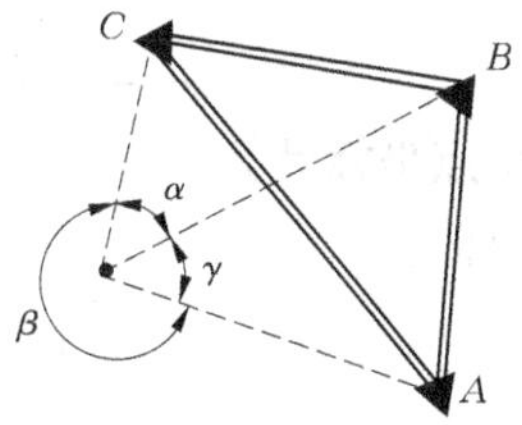		
x_A	1 432. 566	y_A	4 488. 266	α	79°25′24″
x_B	1 946. 723	y_B	4 463. 519	β	216°52′04″
x_C	1 923. 566	y_C	3 925. 008	γ	63°42′32″
$x_A - x_B$	−514. 157	$y_A - y_B$	24. 747	α_{BA}	177°41′55. 8″
$x_B - x_C$	23. 157	$y_B - y_C$	583. 511	α_{CB}	87°32′11. 9″
$x_A - x_C$	−491. 000	$y_A - y_C$	963. 258	α_{CA}	131°04′50″
$\angle A$	46°10′5. 8″	P_A	1. 293 15		
$\angle B$	90°17′6. 1″	P_B	−0. 747 128	x_P	1 644. 555
$\angle C$	43°32′8. 1″	P_C	1. 791 71	y_P	4 064. 458
Σ	180°00′00. 0″	Σ	2. 337 732		

3. 注意事项

(1) α、β、γ 必须分别与 A、B、C 按图 7-20(a)所示关系对应，这三个角可按方向观测法获得，其总和应等于 360°。

(2) $\angle A$、$\angle B$、$\angle C$ 为三个已知点构成的三角形内角，其值根据三条已知边的方位角计算。

(3)如出现图7-20(b)的情况，计算时 α、β、γ 均以负值代入。

(4)P 点不能位于或接近三个已知点的外接圆上，否则 P 点坐标为不定解或计算精度低。

三、距离交会

随着电磁波测距仪的应用，距离交会也成为加密控制点的一种常用方法，如图7-21所示，在两个已知点 A、B 上分别量至待定点 P_1 的边长 D_a，D_b，求解 P_1 点坐标，称为距离交会。

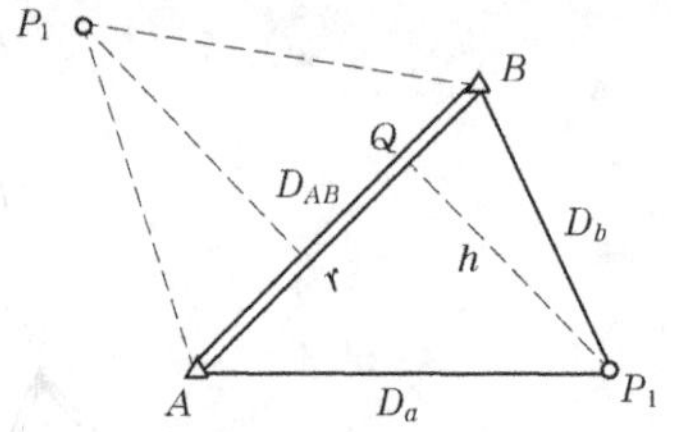

图7-21　距离交会

下面介绍具体定点方法。

(一)方位角边长计算

根据已知点 A、B 坐标(x_A，x_B)和(y_A，y_B)，求方位角 α_{AB} 和边长 D_{AB}。

(二)计算 A 角

过 P_1 点做 AB 垂线交于 Q 点，垂距 P_1Q 为 h，AQ 为 r，利用余弦定理求 A 角。

$$D_b^2 = D_{AB}^2 + D_a^2 - 2D_{AB}D_a\cos A$$

$$\cos A = \frac{D_{AB}^2 + D_a^2 - D_b^2}{2D_{AB}D_a} \tag{7-46}$$

$$\left.\begin{aligned} r &= D_a\cos A - \frac{1}{2D_{AB}}(D_{AB}^2 + D_a^2 - D_b^2) \\ h &= \sqrt{D_a^2 - r^2} \end{aligned}\right\} \tag{7-47}$$

(三) P_1 点坐标计算

P_1 点坐标为

$$\left.\begin{aligned} x_{P1} &= x_A + r\cos\alpha_{AB} - h\sin\alpha_{AB} \\ y_{P1} &= y_A + r\sin\alpha_{AB} + h\cos\alpha_{AB} \end{aligned}\right\} \tag{7-48}$$

式(7-48)中 P_1 点在 AB 线段右侧(A、B、P_1顺时针构成三角形)。

若待定点 P_2 在 AB 线段左侧(A、B、P_2逆时针构成三角形)，公式为

$$\left.\begin{aligned} x_{P2} &= x_A + r\cos\alpha_{AB} - h\sin\alpha_{AB} \\ y_{P2} &= y_A + r\sin\alpha_{AB} + h\cos\alpha_{AB} \end{aligned}\right\} \tag{7-49}$$

任务四　高程控制测量

为了满足地形测绘和工程建设需要，除进行平面控制测量外，还要进行高程控制测量。小区域高程控制测量分成五个等级，二、三等水准测量多用精密水准仪施测，四等以下高程可用水准测量也可用光电测距三角高程法。首级高程控制主要用三、四等水准测量完成，再以三、四等水准点为起始点，进行图根水准测量，测出各图根控制点的高程。当测区地形起伏较大时，水准测量的工作量太大，不便操作，此时可用三角高程测量方法测定控制点的高程。

一、水准测量

（一）一、二等水准测量

1. 布设原则

一等水准路线应沿路面坡度平缓、交通不太繁忙的交通路线布设，水准路线一般应闭合成环，并构成网状。一等水准环线的周长，在平原和丘陵地区应为 1 000 ~ 1 500 km；山区应在 2 000 km 左右，困难地区可按具体情况适当变通。

一等水准网每隔 15 ~ 20 年复测一次。

二等水准网在一等水准环内布设。二等水准路线尽量沿公路、大路及河流布设。二等水准环线的周长，在平原和丘陵地区应为 500 ~ 750 km；山区和施测困难地区可酌情放宽。

水准路线附近的验潮站基准点、城市及工业区的沉降观测基准点、地壳形变观测基准点，应列入水准路线予以联测，若联测确有困难，可以支测。施测等级与布设路线的等级相同。路线附近的大地控制点、水文点、气象站等（统称为其他固定点），可根据需要列入路线予以联测或支测。支线的施测等级可按使用单位的要求确定，若没有特殊的精度要求，则当支线长度在 20 km 以内时，按四等水准测量精度施测；支线长度在 20 ~ 50 km 时，按三等水准测量精度施测；支线长度在 50 km 以上时，按二等水准测量精度施测。

2. 布设密度

水准路线上，每隔一定距离应埋设稳固的水准点。水准点分为基岩水准点、基本水准点、普通水准点三种类型。各种水准点的间距及布设要求应按表 7-24 规定执行。

表 7-24 各种水准点的间距及布设要求

水准点类型	间距	布设要求
基岩水准点	500 km 左右	只设于一等水准路线，在大城市和地震带附近应予增设，基岩较深地区可适当放宽。每省（自治区、直辖市）至少两座
基本水准点	40 km 左右；经济发达地区 20 ~ 30 km；荒漠地区 60 km 左右	一、二等水准路线上及其交叉处；大、中城市两侧及县城附近。尽量设置在坚固岩层中
普通水准点	4 ~ 8 km；经济发达地区 2 ~ 4 km；荒漠地区 10 km 左右	地面稳定，利于观测和长期保存的地点；山区水准路线高程变换点附近；长度超过 300 m 的隧道两端；跨河水准测量的两岸标尺点附近

3. 观测方式

一、二等水准测量采用单路线往返观测。一条路线的往返测，须使用同一类型的仪器和转点尺承，沿同一道路进行。

在每一区段内，先连续进行所有测段的往测（或返测），随后连续进行该区段的返测（或往测）。若区段较长，也可将区段分成 20 ~ 30 km 的几个分段，在分段内连续进行所有测段的往返观测。

同一测段的往测（或返测）与返测（或往测）应分别在上午与下午进行。在日间气温变化不大的阴天和观测条件较好时,若干里程的往返测可同在上午或下午进行。但这种里程的总站数,一等水准测量不应超过该区段总站数的20%,二等水准测量不应超过该区段总站数的30%。

测站视线长度(仪器至标尺距离)、前后视距差、视线高度等按表7-25执行,测站观测限差按表7-26执行,环线限差按表7-27执行。

表7-25 一、二等水准测量技术要求 (单位:m)

等级	仪器类型	视线长度	前后视距差	任一测站上前后视距差累积	视线高度(下丝读数)
一等	DSZ_{05},DS_{05}	≤30	≤0.5	≤1.5	≥0.5
二等	DS_1,DS_{05}	≤50	≤1.0	≤3.0	≥0.3

表7-26 一、二等水准测量测站观测限差 (单位:mm)

等级	上下丝读数平均值与中丝读数的差		基辅分划读数的差	基辅分划所测高差的差	检测间歇点高差的差
	0.5 cm刻划标尺	1 cm刻划标尺			
一等	1.5	3.0	0.3	0.4	0.7
二等	1.5	3.0	0.4	0.6	1.0

表7-27 一、二等水准测量环线限差 (单位:mm)

等级	测段、区段、路线往返测高差不符值	附合路线闭合差	环闭合差	检测已测测段高差之差
一等	$1.8\sqrt{K}$		$2\sqrt{F}$	$3\sqrt{R}$
二等	$4\sqrt{K}$	$4\sqrt{L}$	$4\sqrt{F}$	$6\sqrt{R}$

注:K为测段、区段或路线长度,km;L为附合路线长度,km;F为环线长度,km;R为检测测段长度,km。

4. 测站观测顺序和方法

(1)往测时,奇数测站照准标尺分划的顺序为:

后视标尺的基本分划;

前视标尺的基本分划;

前视标尺的辅助分划;

后视标尺的辅助分划。

(2)往测时,偶数测站照准标尺分划的顺序为:

前视标尺的基本分划;

后视标尺的基本分划;

后视标尺的辅助分划;

前视标尺的辅助分划。

(3)返测时,奇、偶测站照准标尺的顺序分别与往测偶、奇测站相同。

(4)测站观测采用光学测微法,一测站的操作程序如下(以往测奇数测站为例):

首先将仪器整平(气泡式水准仪望远镜绕竖直轴旋转时,水准气泡两端影像的分离不得超过1 cm,自动安平水准仪的圆气泡位于指标环中央)。

将望远镜对准后视标尺（此时利用标尺上圆水准器整置标尺垂直），使符合水准器两端的影像近于符合（双摆位自动安平水准仪应置于第Ⅰ摆位）。随后用上下丝照准标尺基本分划进行视距读数。视距第四位数由测微鼓直接读得。然后，使符合水准器气泡准确符合，转动测微鼓用楔形平分丝精确照准标尺基本分划，并读定标尺基本分划与测微鼓读数（读至测微鼓的最小刻划）。

旋转望远镜照准前视标尺，并使符合水准气泡两端影像准确符合（双摆位自动安平水准仪仍在第Ⅰ摆位），用楔形平分丝精确照准标尺基本分划，并读定标尺基本分划与测微鼓读数，然后用上、下丝照准标尺基本分划进行视距读数。

用微动螺旋转动望远镜，照准前视标尺的辅助分划，并使符合气泡两端影像准确符合（双摆位自动安平水准仪置于第Ⅱ摆位）用楔形平分丝精确照准并进行标尺辅助分划与测微鼓读数。

旋转望远镜，照准后视标尺的辅助分划，并使符合水准气泡的影像准确符合（双摆位自动安平水准仪仍在第Ⅱ摆位），用楔形平分丝精确照准并进行辅助分划与测微鼓的读数。

（二）三、四等水准测量

1. 布设原则

三、四等水准网是在一、二等水准网的基础上进一步加密，根据需要在高等级水准网内布设附合路线、环线或结点网，直接提供地形图和各种工程建设所必须的高程控制点。

单独的三等水准附合路线，长度应不超过 150 km；环线周长应不超过 200 km；同级网中结点距离应不超过 70 km；山地等特殊困难地区可适当放宽，但不宜大于上述各项指标的 1.5 倍。

单独的四等水准附合路线，长度应不超过 80 km；环线周长应不超过 100 km；同级网中结点距离应不超过 30 km；山地等特殊困难地区可适当放宽，但不宜大于上述各项指标的 1.5 倍。

水准路线 50 km 内的其他固定点等，应根据需要列入水准路线予以联测。若联测确有困难，可进行支测。支测的等级可根据其他固定点所需的高程精度和支线长度决定。若使用单位没有特殊的精度要求，则当支线长度在 20 km 以内时，按四等水准测量精度施测；支线长度在 20 km 以上时，按三等水准测量精度施测。

2. 布设密度

三、四等水准路线上，每隔 4 ~ 8 km 应埋设普通水准标石一座；在人口稠密、经济发达地区可缩短 2 ~ 4 km；荒漠地区及水准支线可增长至 10 km 左右。支线长度在 15 km 以内可不埋石。

水准路线以起止地名的简称定为线名，起止地名的顺序为起西止东，起北止南。环线名称，取环线内最大的地名后加“环”字命名。三、四等水准路线的等级，各以Ⅲ、Ⅳ书写于线名之前表示。

路线上的水准点，应自该线的起始水准点起，以数字 1，2，3…顺序编定点号，环线上点号顺序取顺时针方向，点号列于线名之后。水准支线以其所测高程点名称后加“支”字命名。支线上的水准标石，按起始水准点到所测高程点方向，以数字 1，2，3…顺序编号。利用旧水准点时，应使用旧水准点名号。若确需要重新编号，应在新名号后以括号注明该点埋设时的旧名号。

新设的水准路线的起点与终点，应是已测的高等或同等水准路线的水准点。新设的三、四等水准路线距已测的各等水准点在 4 km 以内时，应予以联测或接测。接测时，应按照新旧路线联测或接测时的检测规定对已测水准点进行检测。对已测路线上水准点的接测，按新测路线和已测水准路线中较低等级的精度要求施测。新设路线和已测路线重合时，若旧标石符合要求，应尽量利用旧水准点。若旧水准点不符合要求，应另行选埋，新埋水准标石的编号为原来号后加注埋设时的二位数年代号，但应对标志完好的旧水准点进行连测。

三、四等水准网布设前，应进行踏勘，收集地质、水文、气象及道路等资料。在已有的各等级水准路线基础上进行技术设计，根据大地构造、工程地质、水文地质条件，优选最佳路线构成均匀网形。水准网布设前，应进行技术设计，获得水准网和水准路线的最佳布设方案。技术设计的要求、内容和审批程序按照 CH/T 1004 执行。

3. 观测方式

三等水准测量采用中丝读数法进行往返观测。当使用有光学测微器的水准仪和线条式因瓦水准标尺观测时，也可进行单程双转点观测。

四等水准测量采用中丝读数法进行单程观测。支线应往返测或单程双转点观测。

三、四等水准测量采用单程双转点法观测时，在每一转点处安置左右相距 0.5 m 的两个尺台，相应于左右两条水准路线。每一测站按规定的观测方法和操作程序，首先完成右路线的观测，而后进行左路线的观测。

三、四等水准测量采用尺台转点尺承，尺台质量不小于 1 kg。观测应在标尺分划线成像清晰稳定时进行，若成像欠佳，应酌情缩短视线长度，直至成像清晰稳定。

测站的视线长度（仪器至标尺距离）、前后视距差、视线高度、数字水准仪重复测量次数按表 7-28 规定执行。使用 DS_3 级以上的数字水准仪进行三、四等水准测量观测，其上述技术指标不低于表中 DS_1、DS_{05} 级光学水准仪的要求。

表 7-28 三、四等水准测量技术要求 （单位：m）

等级	仪器类别	视线长度	前后视距差	任一测站上前后视距差累积	视线高度	数字水准仪重复测量次数
三等	DS_3	≤75	≤2.0	≤5.0	三丝能读数	≥3 次
	DS_1，DS_{05}	≤100				
四等	DS_3	≤100	≤3.0	≤10.0	三丝能读数	≥2 次
	DS_1，DS_{05}	≤150				

注：相位法数字水准仪重复测量次数可以为上表中数值减少一次，所有数字水准仪，在地面震动较大时，应暂时停止测量，直至震动消失，无法回避时应随时增加重复测量次数。

4. 测站观测顺序和方法

1）光学水准仪观测

三等水准测量每测站照准标尺分划顺序为：

后视标尺黑面（基本分划）；

前视标尺黑面（基本分划）；

前视标尺红面（辅助分划）；

后视标尺红面(辅助分划)。

四等水准测量每测站照准标尺分划顺序为:

后视标尺黑面(基本分划);

后视标尺红面(辅助分划);

前视标尺黑面(基本分划);

前视标尺红面(辅助分划)。

测站观测采用光学测微法,一测站的操作步骤如下(以三等水准测量为例):

(1)将仪器整平,不得超过1 cm,自动安平水准仪圆气泡位于指标环中央。

(2)将望远镜对准后视标尺黑面,用倾斜螺旋调整水准气泡准确居中,按视距丝和中丝精确读定标尺读数。

(3)选装望远镜照准前视标尺黑面,按步骤(2)方式操作。

(4)照准前视标尺红面,按步骤(2)方式操作,此时只读中丝读数。

(5)旋转望远镜照准后视标尺红面,按步骤(4)方式操作。

使用单排分划的因瓦标尺观测时,对单排分划进行两次照准读数,代替基辅分划读数。

2)数字水准仪观测

三等水准测量往、返测每测站照准标尺顺序为:

后视标尺;

前视标尺;

前视标尺;

后视标尺。

四等水准测量往、返测每测站照准标尺顺序为:

后视标尺;

后视标尺;

前视标尺;

前视标尺。

一测站操作程序如下(以三等水准测量为例):

(1)将仪器整平,望远镜绕竖直轴旋转,圆气泡始终位于指标环中央。

(2)将望远镜对准后视标尺,用竖直丝照准条码中央,精确调焦至条码影像清晰,按测量键。

(3)显示读数后,旋转望远镜,照准前视标尺条码中央,精确调焦至条码影像清晰,按测量键。

(4)显示读数后,重新照准前视标尺,按测量键。

(5)显示读数后,旋转望远镜照准后视标尺条码中央,精确调焦至条码影像清晰,按测量键。显示测站成果。测站检核合格后迁站。

二、三角高程测量原理

在丘陵地区或山区,由于地面高低起伏较大,或当水准点位于较高建筑物上,用水准测量作高程控制时困难大且速度也慢,甚至无法实施,这时可考虑采用三角高程测量。根据所采用的仪器不同，三角高程测量分为光电测距三角高程测量和经纬仪三角高程测量。前者在一定条件下，可以达到四等水准测量的精度，因而有时可代替四等水准测量，后者用于山区的图根高程控制和山区以及位于高建筑物上平面控制点高程的测定。

（一）三角高程测量基本计算公式

如图 7-22 所示，已知 A 点的高程 H_A，要测定 B 点的高程 H_B，可安置全站仪（或经纬仪配合测距仪）于 A 点，量取仪器高 i_A；在 B 点安置棱镜，量取其高度称为棱镜高 v_B；用全站仪中丝瞄准棱镜中心，测定竖直角 α；再测定 AB 两点间的水平距离 D（注：全站仪可直接测量平距），则 AB 两点间的高差计算式为

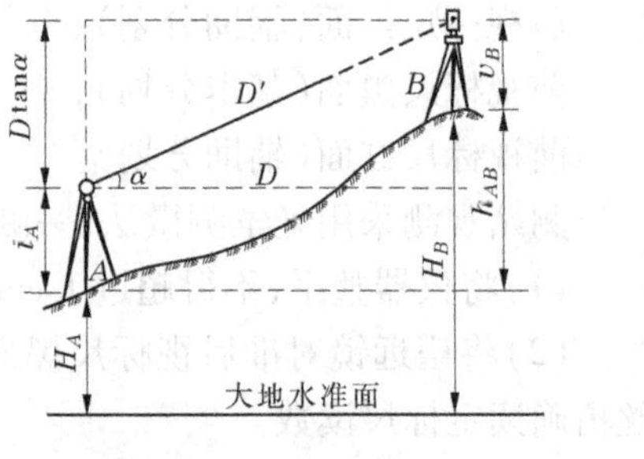

图 7-22 三角高程测量原理

$$h_{AB} = D\tan\alpha + i_A - v_B \tag{7-50}$$

如果用经纬仪配合测距仪测定两点间的斜距 D' 及竖直角 α，则 AB 两点间的高差计算式为

$$h_{AB} = D'\sin\alpha + i_A - v_B \tag{7-51}$$

以上两式中，为仰角时 $\tan\alpha$ 或 $\sin\alpha$ 为正，俯角时为负。求得高差 h_{AB} 以后，按下式计算 B 点的高程：

$$H_{AB} = H_A + h_{AB} \tag{7-52}$$

在三角高程测量公式式(7-50)、式(7-51)的推导中，假设大地水准面是平面（见图 7-22），但事实上大地水准面是一曲面，顾及水准面曲率对高差测量的影响，由三角高程测量公式式(7-50)、式(7-51)计算的高差应进行地球曲率影响的改正，称为球差改正 f_1，如图 7-23 所示。

$$f_1 = \Delta h = D^2/2R \tag{7-53}$$

式中　R——地球平均曲率半径，一般取 R =6 371 km。

另外，由于视线受大气垂直折光影响而成为一条向上凸的曲线，视线的切线方向向上抬高，测得竖直角偏大，如图 7-23 所示。因此，还应进行大气折光影响的改正，称为气差改正 f_2，f_2 恒为负值。

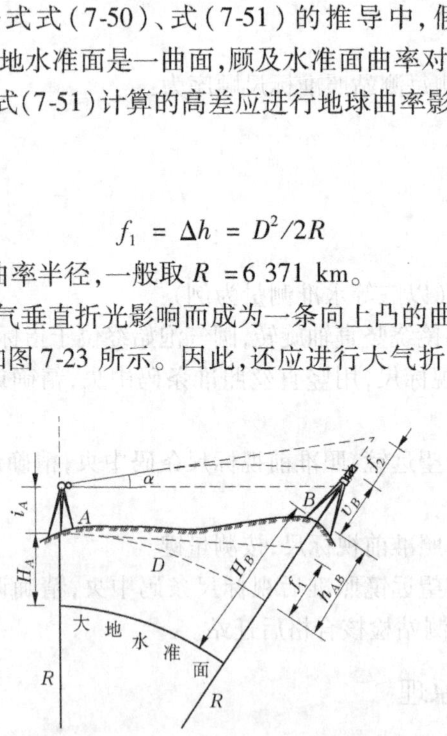

图 7-23 地球曲率及大气折光影响

气差改正f_2的计算公式为

$$f_2 = kD^2/2R \tag{7-54}$$

式中 k——大气垂直折光系数。

球差改正和气差改正合称为球气差改正f，则f应为

$$f = f_1 + f_2 = (1-k)D^2/2R \tag{7-55}$$

大气垂直折光系数k随气温、气压、日照、时间、地面情况和视线高度等因素而改变，一般取其平均值。

令$k=0.14$，在表7-29中列出水平距离$D=100\sim1\ 000$ m的球气差改正值f。由于$f_1>f_2$，故f恒为正值。

表7-29 三角高程测量地球曲率和大气折光改正($k=0.14$)

D(m)	f(mm)	D(m)	f(mm)	D(m)	f(mm)	D(m)	f(mm)
100	1	350	8	600	24	850	49
170	2	400	11	650	29	900	55
200	3	450	14	700	33	950	61
250	4	500	17	750	38	975	64
300	6	550	20	800	43	1 000	67

考虑球气差改正时，三角高程测量的高差计算公式可分别为

$$h_{AB} = D\tan\alpha + i_A - v_B + f \tag{7-56}$$

$$h_{AB} = D'\sin\alpha + i_A - v_B + f \tag{7-57}$$

由于折光系数的不定性，球气差改正中的气差改正具有较大的误差。但是如果在两点间进行对向观测，即测定h_{AB}及h_{BA}而取其平均值，则由于f在短时间内不会改变，而高差h_{BA}必须反其符号与h_{AB}取平均，因此f可以抵消，所以作为高程控制点进行三角高程测量时必须进行对向观测。竖直角观测测回数与限差参考表7-30。

表7-30 竖直角观测测回数与限差

项目	一、二、三级导线		图根导线
	DJ_2	DJ_6	DJ_6
测回数	1	2	1
各测回竖角互差	15″	25″	25″
各测回指标差互差	15″	25″	25″

（二）三角高程测量的观测与计算

1. 三角高程测量的观测

为了消除地球曲率和大气折光对高差的影响，当两点间距离大于规范要求时，三角高程测量应进行对向观测。由A点到B点观测，称为直觇；而由B点向A点观测，称为反觇。当进行直反觇观测时，称为双向观测或对向观测。三角高程测量对向观测，所求得的高差较差若符合要求，取两次高差的平均值作为最后的高差。

在测站上安置经纬仪（或全站仪），量取仪器高i，在目标点上安置棱镜，量取棱镜高

v。i 和 v 用小钢卷尺量两次取平均,读数至 1 mm。

用经纬仪望远镜中丝瞄准目标,将竖盘水准管气泡居中,读取竖盘读数,竖直角观测的测回数及限差规定见表 7-27。然后用测距仪(或全站仪)测定两点间斜距 D'(或平距 D)。

2. 三角高程测量的计算

三角高程测量的往测或返测高差按式(7-50)或式(7-51)计算。由对向观测所求得往、返测高差(经球气差改正)之差 $f_{\Delta h}$ 的容许值为

$$f_{\Delta h容} = \pm 0.1D \quad (\text{m}) \tag{7-58}$$

式中 D——两点间平距,km。

图 7-24 所示为三角高程测量实测数据略图。在 A、B、C 三点间进行三角高程测量,构成闭合线路,已知 A 点的高程为 56.432 m,已知数据及观测数据注明于图上,在表 7-31 中进行高差计算。

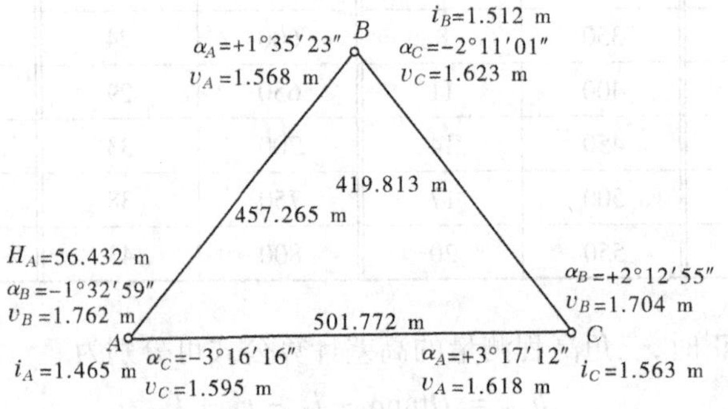

图 7-24 三角高程测量实测数据略图

表 7-31 三角高程测量高差计算 (单位:m)

测站点	A	B	B	C	C	A
目标点	B	A	C	B	A	C
水平距离 D	457.265	457.265	419.831	419.831	501.772	501.772
竖直角 α	−1°32′59″	+1°35′23″	−2°11′01″	+2°12′55″	+3°17′12″	−3°16′16″
测站仪器高 i	1.465	1.512	1.512	1.563	1.563	1.465
目标棱镜高 v	1.762	1.568	1.623	1.704	1.618	1.595
球气差改正 f	0.014	0.014	0.012	0.012	0.017	0.017
单向高差 h	−12.654	+12.648	−16.107	+16.111	+28.777	−28.791
平均高差	−12.651		−16.109		+28.784	

由对向观测求得高差平均值,计算闭合环线或附合线路的高差闭合差的容许值为

$$f_{h容} = \pm 0.05\sqrt{[D^2]} \quad (\text{m}) \tag{7-59}$$

式中,D 以 km 为单位。

本例的三角高程测量闭合线路的高差闭合差计算、高差调整及高程计算在表 7-32 中进行。高差闭合差按两点间的距离成正比例反符号分配。

表 7-32　三角高程测量成果整理　（单位:m）

点号	水平距离	观测高差	改正值	改正后高差	高程
A					56.432
	457.265	−12.651	−0.008	−12.659	
B					43.773
	419.831	−16.109	−0.007	−16.116	
C					27.657
	501.772	+28.784	−0.009	+28.775	
A					56.432
	1 378.868	+0.024	−0.024	0.000	
Σ					
备注	$f_h = +0.024$ m, $\sum D^2 = 0.637$; $f_{h容} = +0.05\sqrt{[D^2]} = \pm 0.040$ m, $f_h \leq f_{h容}$（合格）				

（三）三角高程测量等级及技术要求

光电测距三角高程测量可替代四等水准测量，作为测区的首级控制。代替四等水准的光电测距高程导线应起闭于不低于三等的水准点上，其边长不应大于 1 km，高程导线的最大长度不应超过四等水准路线的最大长度。经纬仪三角高程导线应起闭于不低于四等水准联测的高程点上，三角高程网中应有一定数量的高程控制点作为高程起算数据。在地形测量中，当基本等高距为 0.5 m 时，图根点的高程也可应用图根光电测距三角高程方法测定，图根三角高程导线的边数不应超过 12 条，边数超过规定时应布设成结点网，相关技术要求参照表 7-33 执行。

表 7-33　光电测距三角高程测量的技术要求

等级	测距边测回数	竖直角测回数	指标差较差（″）	竖直角较差（″）	对向观测高差较差（mm）	附合或环线闭合差（mm）
		中丝法				
四等	往返各 1 测回	DJ_2 3 测回	7	7	$\leq \pm 40\sqrt{D}$	$\leq \pm 20\sqrt{\sum D}$

注：D 为测距边水平距离，单位为 km。

三、三角高程测量的应用

目前，光电测距三角高程测量已经相当普遍，即采用电磁波测距仪或电子全站仪测定各导线边长度，同时用仪器直、反觇测定竖直角。用电磁波测距方法测定高差的主要特点是距离测量的精度较高。为了提高电磁波测高的精度，必须采取措施提高竖直角观测精度。大量的观测资料表明，当边长在 2 km 范围内时，对向电磁波测距三角高程测量成果完全能满足四等水准测量的精度要求。因此，在高山、丘陵等施测困难地区，可用电磁波测高代替四等水准测量。当用三角高程测量方法测定平面控制点的高程时，为了检核并提高精度，三角高程测量宜在平面控制网的基础上布设成闭合或附合的三角高程路线。

四、三角高程测量的误差分析

观测边长 D、竖直角 α、仪器高 i 和觇标高 s 的测量误差及大气竖直折光系数 K 的测定误差均会给三角高程测量成果带来影响。

(1)边长误差。决定于距离丈量方法。用普通视距法测定距离,精度只有1/300;用电磁波测距仪测距,精度很高,边长误差一般为几万分之一到几十万分之一。边长误差对三角高程的影响与竖直角大小有关,竖直角愈大,其影响也愈大。

(2)竖直角误差。包括仪器误差、观测误差和外界环境的影响。竖直角误差对三角高程的影响与边长及推算高程路线总长有关,边长或总长愈长,对高程的影响也愈大。因此,竖直角的观测应选择大气折光影响较小的阴天和每天的中午观测较好,推算三角高程路线还应选择短边传递,对路线上边数也要有限制。

(3)大气竖直折光系数误差。主要表现为折光系数 k 值测定误差,为减少竖直折光变化的影响,竖直角观测宜在9时至15时内目标成像清晰稳定时进行,应避免在大风或雨后初晴时观测,也不宜在日出后和日落前2 h内观测,在每条边上均应做对向观测。

(4)丈量仪器高和觇标高的误差。仪器高和觇标高的量测误差有多大,对高差的影响也会有多大。因此,应仔细量测仪器高和觇标高。对于四等三角高程测量,应在观测前后用经过检验的量杆各量测一次精确读至mm,当较差不大于2 mm时取用中数。

项目小结

1. 控制测量

在进行测图或进行建筑物施工放样前,先在测区内选定少数控制点,构成一定的几何图形或一系列的折线,然后精确测定控制点的平面位置和高程,这种测量工作称为控制测量,建立控制测量的方法有导线测量、三角测量和GPS测量。

2. 国家平面控制网

根据国家经济建设和国防建设的需要,国家测绘部门在全国范围内采用“分级布网、逐级控制”的原则,建立国家级平面控制网,作为科学研究、地形测量和施工测量的依据,称为国家平面控制网。国家平面控制网分为一、二、三、四等,一、二等作为国家控制网的基础,三、四等作为一、二等网的进一步加密或作为工程测量的基本控制。

3. 图根控制网

为了满足测图需要(直接用于测图)而建立的控制网称为图根控制网。

4. 导线测量

所谓导线,就是将测区内的相邻控制点连成的一系列的折线。构成导线的控制点称为导线点,折线称为导线边。导线测量就是用测量仪器测定各转折角和各导线边长及起始边的方位角,根据已知数据和观测数据计算导线点(控制点)坐标。

(1)导线测量布设的形式有附合导线、闭合导线和支导线。

(2)外业工作有踏勘选点、埋设点标志、测转折角、测量各边长,布设的是独立导线时要测定起始边方位角,不是独立导线时要测连接角。

(3)导线内业计算包括角度闭合差的计算和调整、各边方位角的推算、坐标增量的计算、坐标增量闭合差的计算和调整及未知点坐标计算等五个步骤。

(4)闭合导线和附合导线的计算步骤相同,只有两个不同点:一是角度闭合差的计算，二是坐标增量闭合差的计算。

在导线计算中要注意角度闭合差或导线全长相对闭合差是否超限，若超限，要认真检查和核对是否计算有错，否则导线应予重测。

5. 测角交会定点

测角交会定点的形式有前方交会、后方交会和侧方交会三种。

(1)前方交会是从相邻的两个已知点向待求点观测水平角，根据两已知点的坐标和两个观测角计算待求点坐标的方法，前方交会的计算一般采用余切公式。为了进行检核和提高测量 P 点的精度，在实际工作中，采用三个已知点进行交会，由两个三角形分别计算待求点(P)的坐标，若符合要求，取两组坐标的平均值作为 P 点的坐标。

(2)后方交会是从一个待求点向三个已知点观测水平角，根据已知三点的坐标和三个观测角计算待求点坐标的方法，后方交会采用重心公式进行计算。

(3)侧方交会布设的形式和前方交会相同，但侧方交会是从一个已知点和一个待求点设站向另外一个已知点观测水平角，它的计算和前方交会法基本相同。

6. 高程控制测量

(1)三、四等水准测量的一般技术要求及测量步骤。

(2)三角高程测量的测量原理、外业工作和内业计算的方法。

项目考核

一、选择题

1. 地形等高线经过河流时，应是(　　)。

A. 直接横穿相交　　B. 近河岸时折向下游

C. 近河岸时折向上游与河正交　　D. 无规律

2. 导线的布置形式一般主要有(　　)。

A. 一级导线、二级导线、图根导线

B. 单向导线、往返导线、多边形导线

C. 闭合导线、附合导线、支导线

D. 闭合导线、附合导线和支水准路线

3. 在图根导线中，评定导线精度好坏的主要指标是(　　)。

A. 导线角度闭合差 f_β　　B. 导线全长闭合差 f_s

C. 导线全长相对闭合差 $f_s/\sum S$　　D. 高差闭合差

4. 四等水准测量一测站观测(　　)个数据，计算(　　)个数据。

A. 8，10　　B. 4，8　　C. 6，8　　D. 6，10

5. 在进行四等高程控制测量时，对于地势比较平坦地区，一般采用几何水准，对于地势起伏较大的山区一般采用(　　)。

A. 水准测量　　B. 视距测量　　C. 三角高程测量　　D. GPS 测量

6. 导线角度闭合差的调整方法是将闭合差反符号后(　　)。

A. 按角度大小成正比例分配　　B. 按角度个数平均分配

C. 按边长成正比例分配　　　　　　　D. 不需分配

7. 导线的坐标增量闭合差调整时，应使纵、横坐标增量改正数之和等于(　　)。

A. 纵、横坐标增值量闭合差，其符号相同

B. 导线全长闭合差，其符号相同

C. 纵、横坐标增量闭合差，其符号相反

D. 零

8. WGS－84 坐标系是(　　)。

A. 参心坐标系　B. 平面坐标系　C. 空间坐标系　D. 地心坐标系

9. 某导线全长 620 m，算得 $f_x=0.123$ m，$f_y=-0.162$ m，导线全长相对闭合差 $K=$ (　　)。

A. 1/2 200　B. 1/3 100　C. 1/4 500　D. 1/3 048

10. 闭合导线若按逆时针方向测量，则水平角测量一般观测(　　)角，即(　　)角。

A. 左，外　B. 右，内　C. 左，内　D. 右，外

二、判断题

1. 控制测量分为平面控制测量和高程控制测量。(　　)

2. 高程控制测量的任务就是精确测定控制点(或水准点)的高程。(　　)

3. 在任何地方进行地形图测绘时都必须使用统一的国家坐标系的坐标。(　　)

4. 图根点的密度取决于测图比例尺的大小和地物、地貌的复杂程度。(　　)

5. 相邻导线点应互相通视良好，便于测量水平角和距离。(　　)

6. 光电测距导线测量不需要相邻导线点通视。(　　)

7. 根据《国家三、四等水准测量规范》(GB 12898—2009)规定，用 DS_3 型水准仪进行三等水准测量中丝法中，同一水准尺、黑红面中丝读数之差是 ±1 mm。(　　)

8. 闭合导线的内角观测值的总和与其导线内角和的理论值之差称为角度闭合差。(　　)

9. 导线全长闭合差主要是测边误差引起的，一般来说，导线愈长，全长闭合差也愈大。(　　)

三、简答与计算题

1. 何谓平面控制测量？建立平面控制测量的方法有哪几种？

2. 导线布设的形式有哪几种？各在什么情况下采用？

3. 导线测量的外业工作有哪几项？选择导线点要注意哪些问题？

4. 闭合导线 *ABCDA* 的观测数据如图 7-25 所示，其已知数据为：$x_A=500.00$ m，$y_A=1\ 000.00$ m，*DA* 边的方向角 $\alpha_{DA}=133°47'$。试用表格计算 *B*、*C*、*D* 三点的坐标。

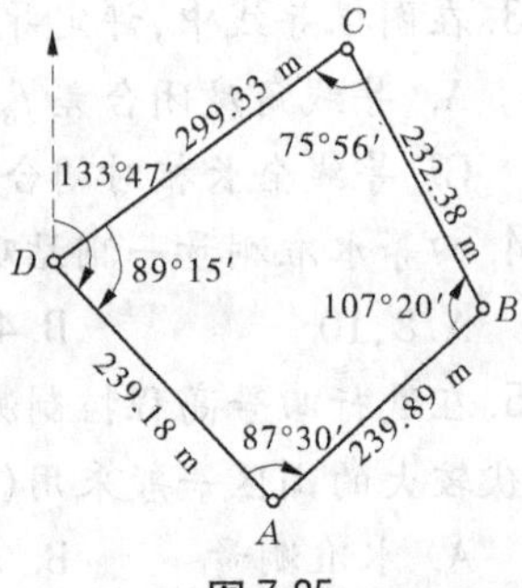

图 7-25

5. 在前方交会中，已知 *A* 点坐标为(646.36，154.68)，*B* 点坐标为(873.96，214.47)，测得 $\alpha_A=65°45'32''$，$\alpha_B=57°42'08''$，试求待定点 *P* 点的坐标。

项目八　地形图测绘

【学习目标】

了解地形图的基本知识、地形图的构成以及测图的全过程；熟悉地形图分幅和编号的方法；掌握测图比例尺、图外注记、地物及地貌图式符号、碎部测量、大比例尺地形图测绘、数字化测图和地形图的整饰等重要内容。

【重点】

地形图的比例尺、地形图的图式、地形图的图外注记、地形图的分幅与编号、地形测图的方法。

【难点】

地形图的绘制、数字化测图的作业方法。

地表的物体不计其数，测量学中，我们把它们分成两类，一类为地物，另一类为地貌。地物即地表上具有明显轮廓线的固定的自然物体和人工建筑物（如河流、房屋、路灯等）。地貌即由自然力的因素（地震、风力等）引起的，具有起伏形态的物体，如山地、丘陵地、高山地等。将地物、地貌沿铅垂线方向投影（正射投影）到水平面上，并按一定的比例和规定的符号缩绘到图纸上所成的图形，称为地形图。本项目主要讲述地图绘制的方法，首先介绍了地形图的基本知识，比如比例尺的概念、地形图的图式以及图外注记等。然后介绍了地形图绘制的基本方法，主要以大比例尺地形图的绘制及数字测图为主。最后讲述了地形图的拼接、整饰及整理。

任务一　地形图的基本知识

通过本任务的学习，熟悉地形图比例尺的表示方法及精度确定，掌握地形图的图外注记。

一、地形图比例尺

（一）比例尺的概念

由于图纸的尺寸有限以及用图时的不便，测绘地形图时，不可能把地面上的地物、地貌按其实际大小测绘在图纸上，必须按一定的倍数缩小后用规定的符号在图纸上表示出来。地形图上任一线段的长度 d 与地面上相应线段的实际水平距离 D 之比，称为地图比例尺。地形图比例尺通常用分子为 1 的分数形式 $1/M$ 来表示，其中 M 为比例尺分母，显然有：

$$\frac{d}{D}=\frac{1}{M}=\frac{1}{D/d}$$

例如，图上 AB 的长度为0.1 m，实地测得 AB 的水平距离为100 m，则该图的比例尺为1∶1 000，不能写成0.001。同理，实地测得 M、N 两点的水平距离为250 m，则在1∶1 000图上只能画0.25 m的长度。国家统一规定的比例尺有1∶100万、1∶50万、1∶25万、1∶10万、1∶5万、1∶2.5万、1∶1万、1∶5 000、1∶2 000、1∶1 000、1∶500。其中，1∶2 000、1∶1 000、1∶500的比例尺称为大比例尺，其余的比例尺为基本比例尺。

一般来说，M 越小，比例尺越大，图上所表示的地物、地貌越详尽；M 越大，比例尺越小，图上所表示的地物、地貌越粗略。

（二）比例尺的种类

按照表示的方法不同，比例尺通常分为数字比例尺和直线比例尺。

（1）如上面所写的1∶1 000、1∶500等，这种用分数形式所表示的比例尺称为数字比例尺。

（2）在地形图上绘制一条直线，并把直线分成若干等分段，每个等分段一般为1 cm（或2 cm），再将最左边的一个等分段进行10等分（或20等分），并以第10（或第20）等分处的分划线为零分划线，然后在零分划线左右分划线处，标注按数字比例尺算出的实际距离，这种比例尺称为直线比例尺，如图8-1所示。直线比例尺可随着图纸一起伸缩，在测图或用图时可以避免因图纸伸缩引起的误差。

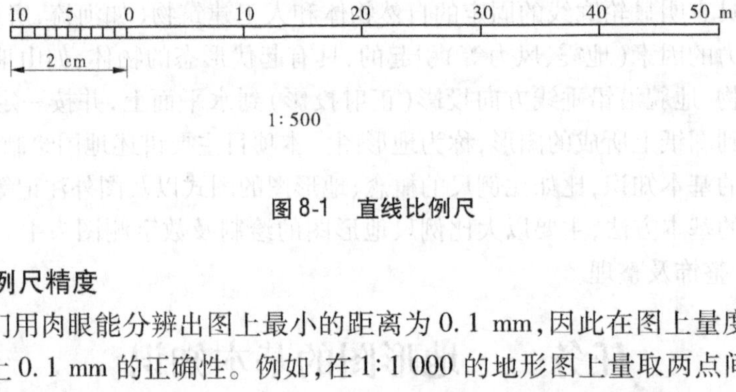

图8-1 直线比例尺

（三）比例尺精度

通常人们用肉眼能分辨出图上最小的距离为0.1 mm，因此在图上量度和描绘时，也只能达到图上0.1 mm的正确性。例如，在1∶1 000的地形图上量取两点间的距离时，用眼睛最多只能辨别出0.1 mm×1 000＝0.1 m的正确性。不可能辨别到0.01 mm×1 000＝0.01 m。同样，在测绘1∶1 000比例尺地形图时，测量水平距离或计算的数据结果的取位只需精确到0.1 m，如果要精确到0.01 m，图上也无法表示出来。同理，如果要求图上能表示出地面线段精度不小于0.2 m，则采用的测图比例尺应不小于1∶2 000。因此，我们把图上0.1 mm所代表的实地水平距离称为比例尺精度。如1∶1 000地形图，其比例尺精度为0.1 mm×1 000＝0.1 m；1∶500地形图，其比例尺精度为0.05 m。各种比例尺的比例尺精度可表达为

$$\delta = 0.1\ \text{mm} \times M$$

式中 δ——比例尺精度；

M——比例尺的分母。

二、地形图的图外注记

如图 8-2 所示为一副缩小的 1∶2 000 比例尺的地形图，地形图的四周各有两条间隔 12 mm 的直线，它们是地形图的边界线，也叫作地形图的图廓。

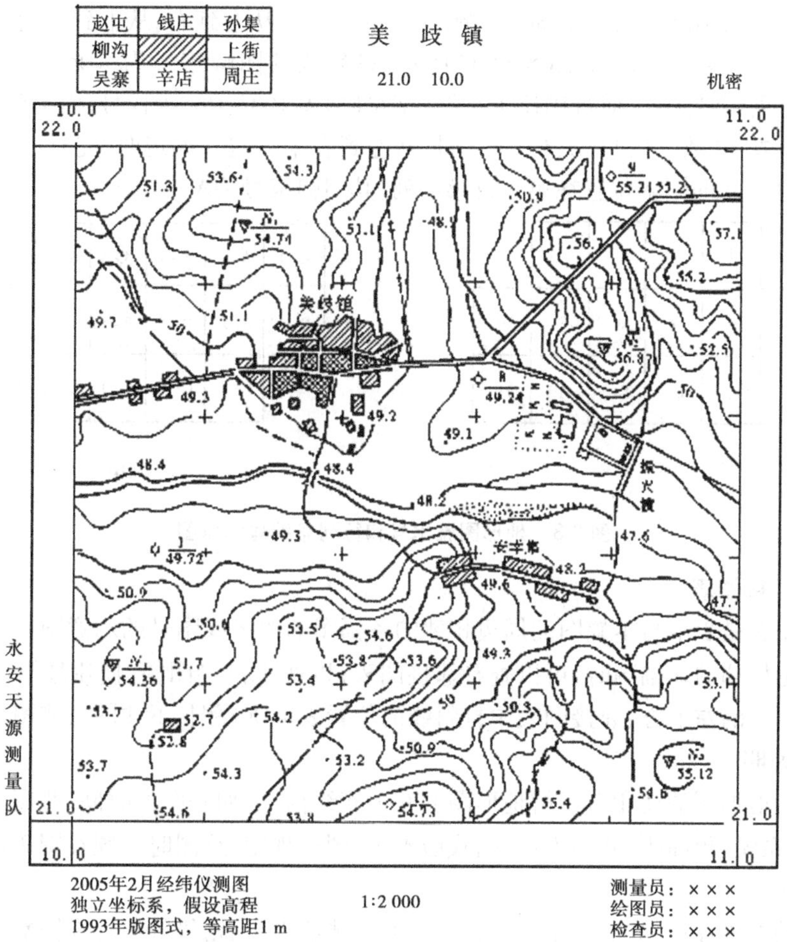

图 8-2 地形图图外注记示意图

地形图四周里面的四条直线是坐标方格网的边界线称为内图廓；四周外面的四条直线称为外图廓，它比内图廓粗，专门用来装饰和美化图幅。内外图廓间的短线处标注坐标值，以千米为单位。地形图上，靠东、西、南、北的图廓又分别称为东图廓、西图廓、南图廓、北图廓。地形图内图廓的外侧部位称为地形图的图外。为了阅读和使用地形图的方便，国家图式规定在地形图的图外必须进行一系列的注记。

（一）图名和图号

图名是本幅地形图内的著名地名或重要地名，标注于北图廓的正上方，如图 8-2 中的“美岐镇”。

图号是本图幅在测区内所处位置的编号。大比例尺地形图，其编号一般采用图廓西南角坐标千米数法，或采用流水编号法，或采用行列编号法，标注于北图廓和图名位置的中间部位。采用图廓西南角坐标千米数编号时，X 坐标写在前，Y 坐标写在后，1∶500 地形图坐标取至 0.01 km，1∶1 000 地形图取至 0.1 km，1∶2 000 地形图取至整千米。如图 8-2 所示，图廓西南角坐标千米数标注为 $X = 21.0$，$Y = 10.0$，所以该图幅的图号为 21.0—10.0；当采用流水编号法时，按测区统一的顺序，从左到右，从上到下用阿拉伯数字（数字码）1、2、3、4…编定，如图 8-3（a）所示，打斜线的图幅编号为 ××—15（××为测区）；当用行列编号法时，横行用拉丁字母（字符码）A、B、C、D…为代号，由上到下排列，纵列用阿拉伯数字（数字码）1、2、3…为代号，从左到右来编定。编定时，先行后列，如图 8-3（b）所示，打斜线的图幅位置在第一行第四列，其图幅编号为A—4。

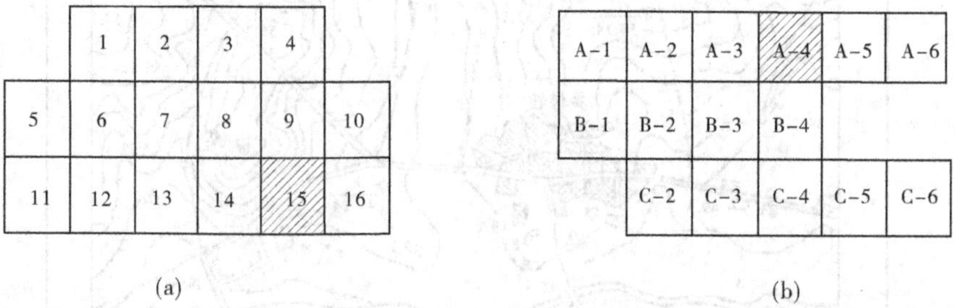

图 8-3 地形图流水号和行列号编号示意图

（二）邻接图表

邻接图表是表示与本幅图的周边相邻的各幅图的图名或图号的示意图。当某一工程的地形跨越相邻的几幅图时，可以查看邻接图表，以便于拼接图幅，使用地形图。邻接图表标注在图幅的左上方，邻接图表中打斜线的位置表示本幅图，不注图名或图号。

（三）说明

为了让地形图的使用者了解地形图的有关测绘信息，如测图的时间、测图采用的坐标系统、高程系统、等高距、测图方法、图式版本等，图式规定，绘图时必须在图幅左下方说明中加以说明。

其余的图外注记，如测绘单位全称、比例尺、测绘人员、密级等级均在图廓周边相应位置标注，可参见图 8-2。

任务二　地形图图式

地形图的图式是根据国民经济建设各部门的共性要求制定的国家标准，是测制、出版地形图的基本依据之一，是识别和使用地形图的重要工具，也是地形图上表示各种地物、地貌要素的符号。地形图符号包括地物符号、地貌符号和注记符号。

一、地物符号

地物符号根据其表示地物的大小和特性分为比例符号、非比例符号和线状符号。

(一)比例符号

在地形图上表示地物的形状、大小、位置,与地物的外轮廓线成相似图形的符号,如房屋、河流、池塘等符号。

(二)非比例符号

在地形图上只表示地物的中心位置,不表示地物的形状、大小的象形符号,如三角点、水准点、路灯、独立树等符号。

(三)线状符号

在地形图上只表示地物的中心位置和长度,不表示地物宽度的线形符号,如通信线、电力线、篱笆、栏杆等。

地物符号随着地形图采用的比例尺不同而有所变化,比例符号可能变成非比例符号,线状符号可能变成比例符号。例如,蒙古包、水塔、烟囱等在1:500的地形图中为比例符号,在1:2 000的地形图中为非比例符号;铁路、传输带、小路等在1:2 000地形图中为线状符号,在1:500的地形图中为比例符号。

常见的1:500~1:2 000的地形图图式如表8-1所示。

二、地貌符号

地貌在地形图中是用地貌符号来表示的,常见的地貌符号是等高线。

(一)等高线

等高线是地面上高程相同的相邻各点所连接而成的闭合曲线,也是最常见的地貌符号。如图8-4所示,设想平静的湖水中有一座山头,当水面的高程为90 m时,水面与山头相交得一条高程为90 m的等高线;当水面上涨到95 m时,水面与山头相交又得一条高程为95 m的等高线;当水面继续上涨到100 m时,水面与山头相交又得一条高程为100 m的等高线。将这三条等高线竖直投影到水平面上,并注上高程,则这三条等高线的形状就显示出该山头的形状。因此,根据等高线表示地貌的原理,各种不同形状的等高线表示各种不同形状的地貌。

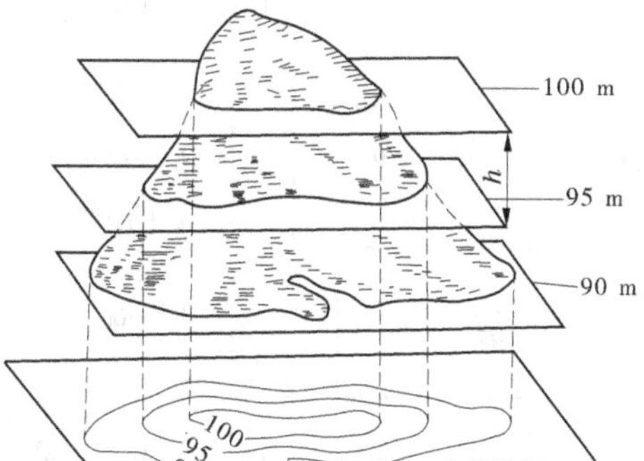

图8-4 等高线表示地貌原理

表 8-1　地物符号

编号	符号名称	图例
1	坚固房屋 4—房屋层数	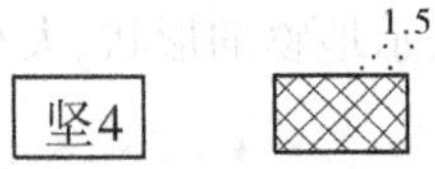
2	普通房屋 2—房屋层数	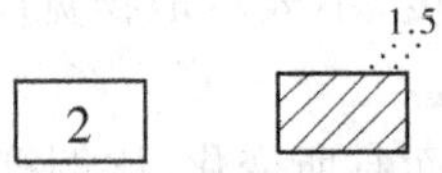
3	窑洞 1.住人的; 2.不住人的; 3.地面下的	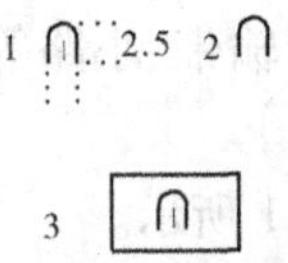
4	台阶	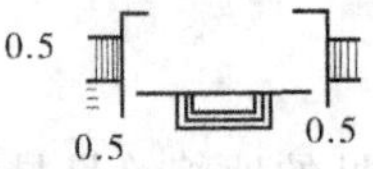
5	花圃	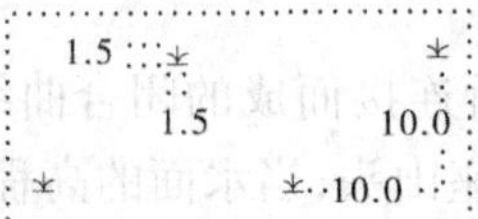
6	草地	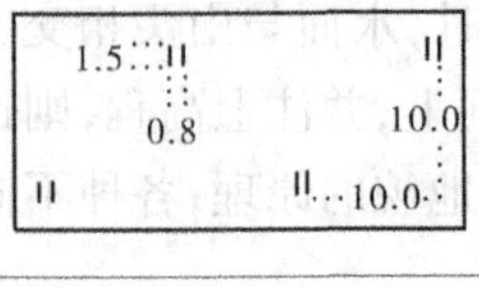
7	经济作物地	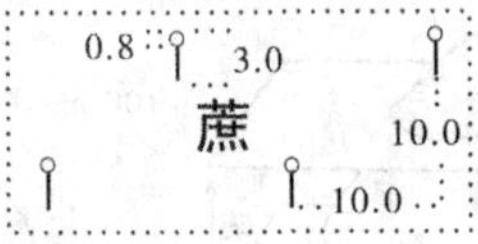
8	水生经济作物地	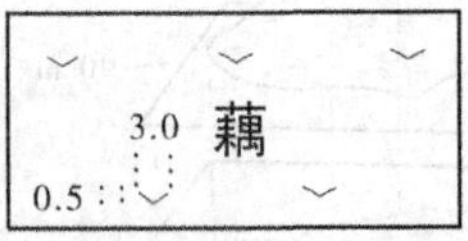
9	水稻田	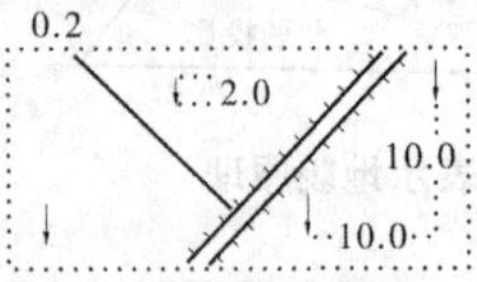
10	旱地	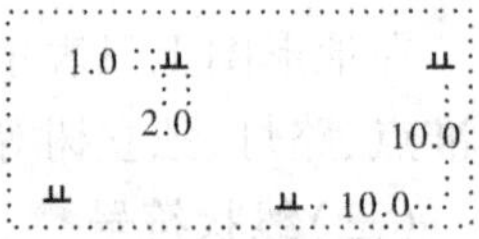
11	灌木林	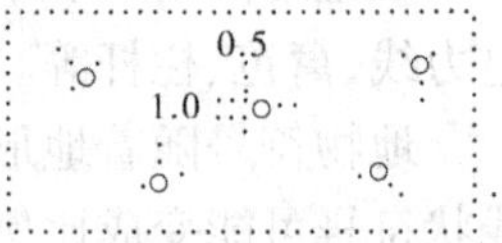
12	菜地	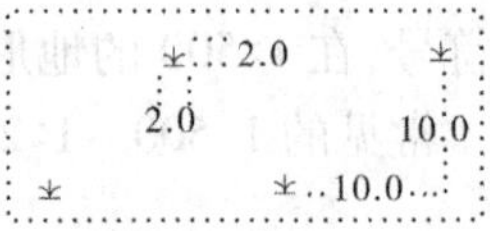
13	高压线	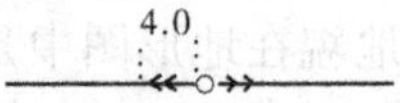
14	低压线	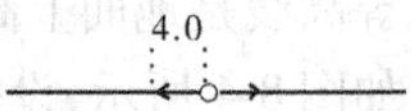
15	电杆	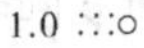
16	电线架	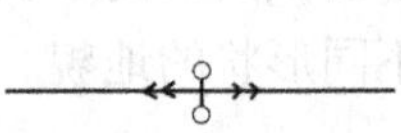
17	砖、石及混凝土围墙	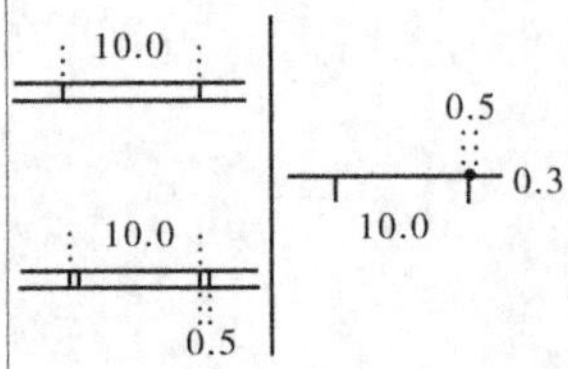
18	土围墙	
19	栅栏、栏杆	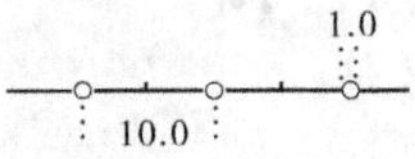
20	篱笆	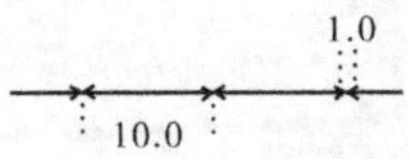

续表 8-1

编号	符号名称	图例
21	活树篱笆	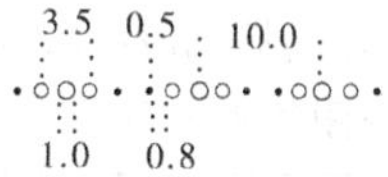
22	沟渠 1.有堤岸的; 2.一般的; 3.有沟堑的	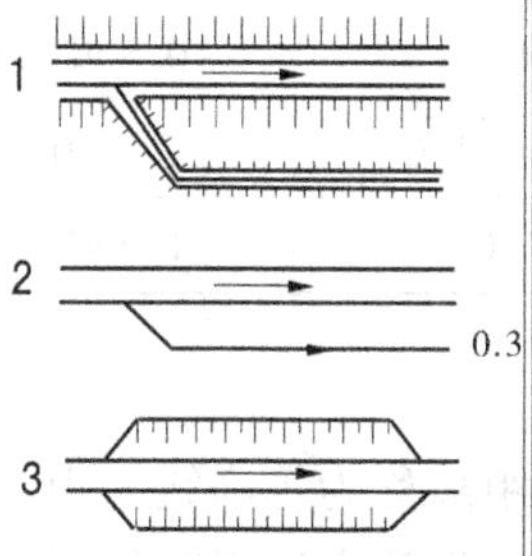
23	公路	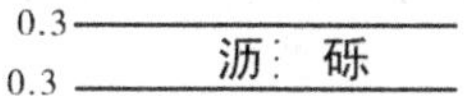
24	简易公路	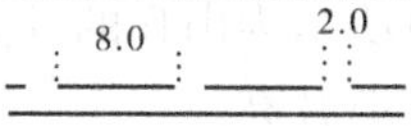
25	大车路	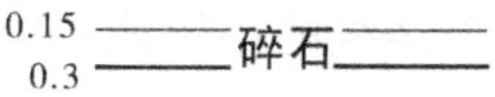
26	小路	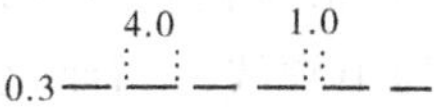
27	三角点 凤凰山—点名 394.468—高程	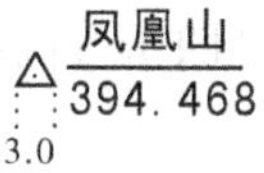
28	图根点 1.埋石的; 2.不埋石的	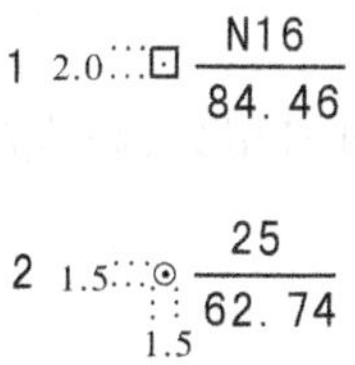
29	水准点	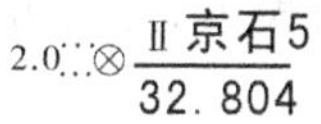
30	旗杆	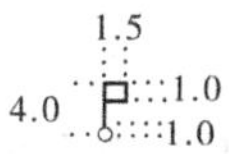
31	水塔	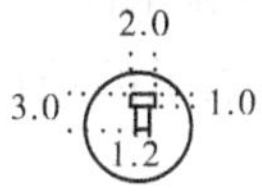
32	烟囱	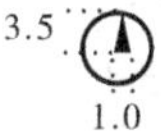
33	气象站(台)	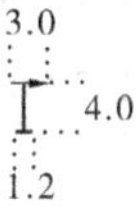
34	消火栓	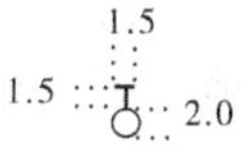
35	阀门	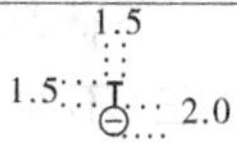
36	水龙头	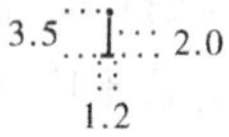
37	钻孔	
38	路灯	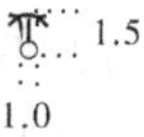
39	独立树 1.阔叶 2.针叶	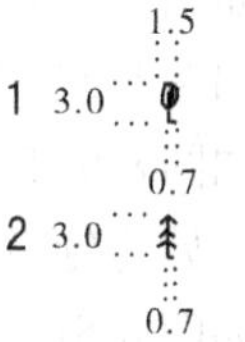
40	岗亭、岗楼	
41	等高线 1.首曲线; 2.计曲线; 3.间曲线	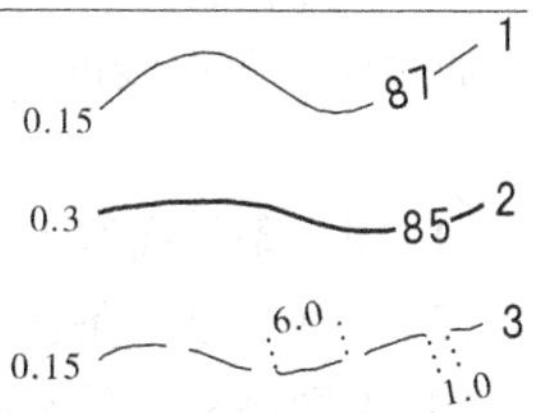

（二）等高距与等高线平距

1. 等高距

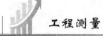

地形图上相邻两条等高线的高程之差称为等高距。常用的等高距有 1 m、2 m、5 m、10 m 等几种。图 8-4 中的等高距为 5 m。从等高线表示地貌的原理来看，等高距越小，等高线表示的地貌越详细。大比例尺地形图基本等高距如表 8-2 所示。

表 8-2　大比例尺地形图基本等高距

比例尺	平地(m)	丘陵地(m)	山地(m)	高山地(m)
1∶500	0.5	0.5	0.5 或 1.0	1.0
1∶1 000	0.5	0.5 或 1.0	1.0	1.0
1∶2 000	0.5 或 1.0	1.0	1.0 或 2.0	2.0

2. 等高线平距

地形图上相邻两条等高线之间的水平距离称为等高线平距。从等高线表示地貌的原理来看，等高线平距越小，地面坡度越陡。如果等高线平距等于零，则地面坡度等于 90°。

（三）不同等高线表示方法

根据等高线表示地貌的原理，如图 8-5 (a)所示为山丘的等高线。山丘的顶部称为山顶，由若干圈闭合的曲线组成，高程自外向里逐渐升高。

如图 8-5 (b)所示为盆地的等高线，也是由若干圈闭合的曲线组成，高程自外向里逐渐降低。为了明显区别山顶和盆地，用竖直于等高线的小短线——示坡线标明地面降低的方向，示坡线未跟等高线连接的一端朝向低处。

如图 8-5(c)所示为山脊和山谷的等高线，都近似于抛物线，山脊的等高线凸向低处，山谷的等高线凸向高处。山脊最高点的连线称为山脊线，山脊线也叫作分水线。山谷最低点的连线称为山谷线，山谷线也叫作集水线。

如图 8-5(d)所示为鞍部的等高线，其特征是四组等高线共同凸向一处。

如图 8-5(e)所示为梯田的等高线。

如图 8-5(f)所示为峭壁的等高线，几条等高线几乎重叠。如果几条等高线完全重叠，那么该处为绝壁。

如图 8-5(g)所示为悬崖的等高线，等高线两两相交，高程高的等高线覆盖高程低的等高线，覆盖的部分用虚线表示。

如图 8-5(h)所示为冲沟的等高线。

（四）等高线特性

通过研究等高线的原理和典型地貌等高线的表示方法，可以归纳出等高线的特性如下：

(1)同一条等高线上各点的高程相等。

(2)等高线是一条连续的闭合曲线。

(3)不同高程的等高线除悬崖、陡崖外均不得相交或重合。

(4)同一幅地形图中，基本等高距是相同的。

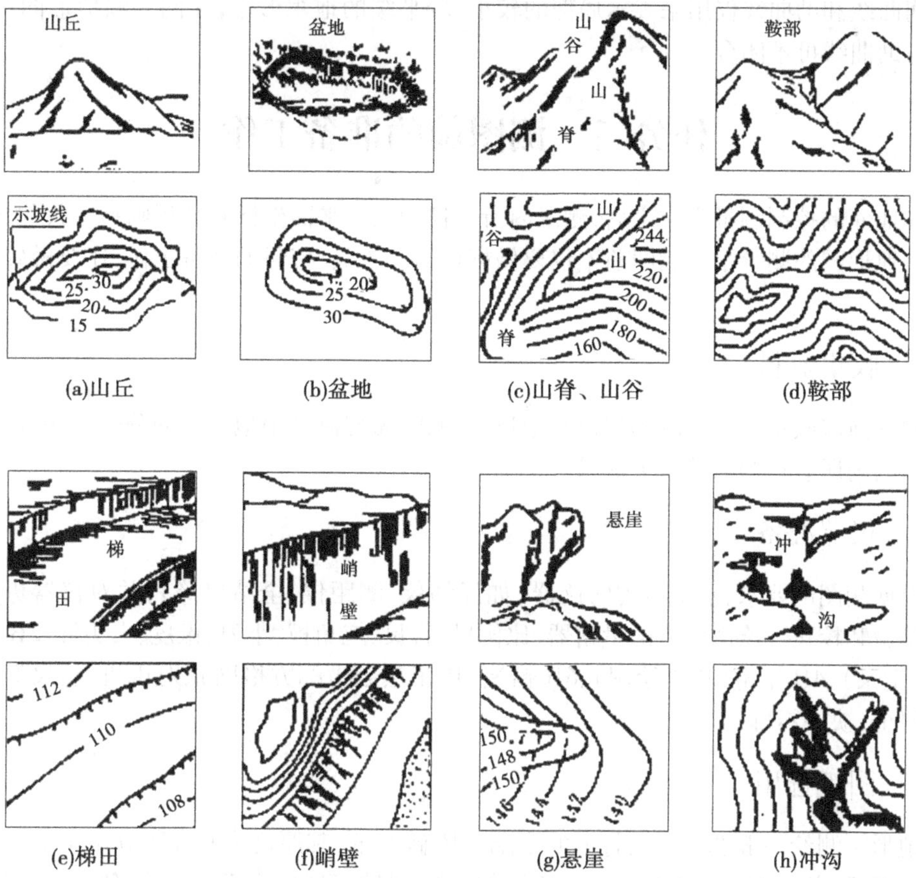

图 8-5　几种典型地貌的等高线

(5)山脊线和山谷线处处与等高线正交。

(五)不同种类的等高线

地球表面形态复杂多样,有时按基本等高距绘制等高线不能充分地将地貌特征表示出来,为了更好地显示局部地貌和用图方便,地形图上可采用以下四种等高线。

1. 首曲线

按测图规定的基本等高距测绘的基本等高线(线宽为 0.15 mm)称为首曲线。

2. 计曲线

为读图方便,从 0 开始,每隔四条首曲线加粗一条等高线,称为计曲线,也称为加粗等高线,在计曲线上注有高程。

3. 间曲线

对于个别坡度较平缓的地方,用基本等高线不足以显示局部地貌特征时,可按 1/2 基本等高距用虚线加绘半距等高线,称为间曲线。

4. 助曲线

当采用间曲线还是无法显示局部地貌特征点时,可按 1/4 基本等高距描绘等高线,称为辅助曲线,简称助曲线,用短虚线表示,实际测绘中使用较少。

间曲线和助曲线仅用来表示局部的较小、较平缓的地貌形态，在同一幅地形图中，间曲线与助曲线可不闭合。

任务三　测图前的准备工作

在地面的控制测量完成之后，测区内所有控制点的平面坐标和高程则是一致的，就可以进行地形图的测绘了。测图前不仅要做好仪器和工具、资料的准备工作，还要做好以下工作。

一、收集资料

测图前应收集有关的测图规范和地形图图式，做好测区中地形图的分幅及编号，整理抄录测区内所有控制点的有关成果。

二、仪器准备

根据测图的要求，准备所需的仪器（如经纬仪、测距仪、全站仪等），并对仪器进行必要的检验和校正。绘图所需的量角器、比例尺、直尺、三角板、小刀、橡皮、大头针、2H 铅笔（用于记录）、4H 铅笔（用于绘图）、6H 铅笔（用于绘制坐标方格网）、对讲机、卷尺等都要一一俱全，缺一不可。

三、图纸选用

地形图测绘一般选用一面打毛的聚酯薄膜做图纸，其厚度为 0.07 ~ 0.1 mm，经过热定型处理后，其伸缩率小于 0.3%。聚酯薄膜图纸坚韧耐湿，沾污后可洗，便于野外作业，在图纸上着墨后，可直接复晒蓝图，但易燃，有折痕后不能消失，在测图、使用、保存过程中要注意。

四、绘制坐标网格

控制点在图上的位置是以坐标的形式确定的，为了把控制点展绘在图纸上，必须先精确地绘制坐标方格网。坐标方格网每小格的大小为 10 cm × 10 cm。大比例尺地形图若采用正方形分幅，坐标方格网的边界长为 50 cm × 50 cm。我们可以到测绘仪器用品商店购买印刷好坐标方格网的图纸，也可以用坐标仪法、坐标格网尺法、对角线法等绘制坐标方格网。现介绍对角线法绘制坐标方格网的方法如下：

现以正方形图幅 50 cm × 50 cm 为例，考虑图外注记的用处，取一张 60 cm × 60 cm 的图纸，如图 8-6 所示，画两条对角线相交于 O 点。以 O 点为圆心，以略大于对角线长度的一半（可取 35.357 cm）为半径画弧分别与对角线相交于 A、D、B、C 点，依次连接这四点形成一矩形。以直尺的同一尺段 10 cm 的长度分别自 A、C 点沿 AD、CB 方向依次截取，得 $1'$、$2'$、$3'$、$4'$、$5'$各点，分别自 A、D 点沿 AC、DB 方向依次截取，得 1、2、3、4、5 各点，连接编码相同的点即得 50 cm × 50 cm 的坐标方格网。方格网画好之后，用直尺检查各相应格网交点是否落在各相应的直线上（如图 8-6 中 $44'$虚直线），其偏离值不应超过 0.2 mm；检查各小方格的边长与 10 cm 的差值不应超过 0.2 mm；图廓边及图廓对角线长度与其理论值之差不应超过 0.3 mm；网格线粗应小于 0.1 mm。如果某项超限，应重新绘制。

五、展绘控制点

坐标方格网画好之后，在图廓的西、南边，内、外图廓间标注坐标值，标定的坐标值大小应根据比例尺的大小、控制点的坐标以及控制点至测区边界的距离，使控制点和以后测定的测区边界的地物、地貌都能落在图幅内。展点时，先根据控制点的坐标，确定控制点所在的方格，然后计算出控制点与该方格西南角点坐标的差值进行展绘。如图 8-7 所示，控制点 A 的坐标 $x_A = 647.43$ m，$y_A = 634.52$ m，可确定 A 点位于 $plmn$ 方格内，且方格 $plmn$ 的西南角 p 点的坐标为 $x_p = 600$ m，$y_p = 600$ m，从而计算出 A 点与 p 点的坐标差值 $\Delta x_{pA} = 47.43$ m，$\Delta y_{pA} = 34.52$ m。然后，用测图比例尺分别自 p、n 点，沿 pl、nm 方向量出 47.43 m 得 c、d 两点。同法，分别自 p、l 点，沿 pn、lm 方向量出 34.52 m 得 b、a 两点。连 ab、cd，其交点即为控制点 A 的图上位置。同法，可将图幅内其他的控制点展绘在图纸上，并在所有的控制点右侧以分数的形式注记控制点的点号和高程（分子注记点号、分母注记高程），所有的控制点均应根据其类型用相应的控制点符号标出，如图 8-7 所示的 2、3、4、5 点为导线点。最后用测图比例尺量取图上各相邻控制点之间的水平距离，与控制测量所测的水平距离进行比较，其差值应小于图上 0.3 mm。如果超限，应重新展绘。

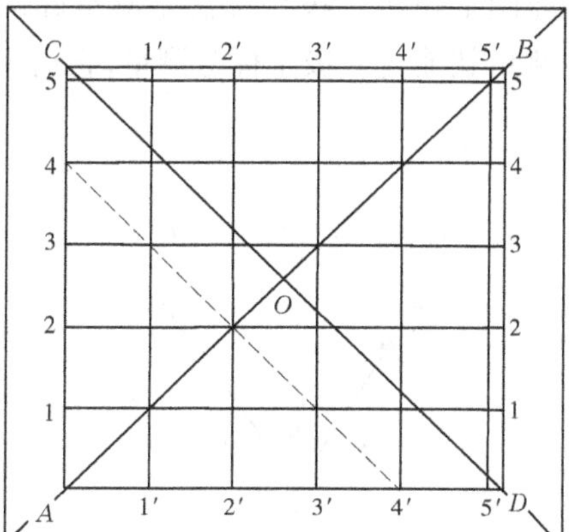

图 8-6　对角线绘制坐标方格网

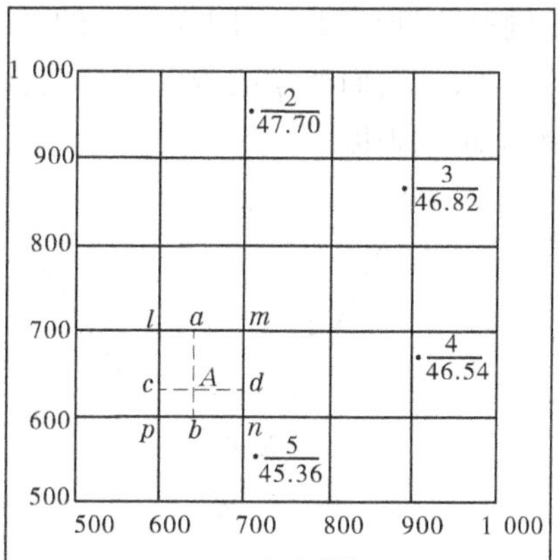

图 8-7　展绘控制点示意图

任务四　经纬仪测图

由于地形图测绘的主要工作是根据已知的控制点确定地物、地貌的特征点在图上的位置，所以地物、地貌的特征点就是测量地形测图的观测点，我们把测绘地形图时的观测点称为碎部点，地形图测绘的第一步就是确定碎部点。

一、碎部点选择

地形图测绘的主要工作就是根据控制点测定地物、地貌特征点在图上位置，再用地物符号对地物特征点进行描绘，用等高线对地貌特征点进行勾绘，并对描绘和勾绘的对象进行检查、整饰、注记，使之符合地形图图式标准。因此，测绘地形图时，碎部点应选择地物、地貌的特征点，如房屋的四个角点、围墙的转折点、道路的转弯点或交叉点等都是地物的特征点；山顶、鞍部、山脊、山谷等都是地貌特征点。

为了保证测图的质量，图上碎部点应有一定的密度，地貌在坡度变化很小的地方，也应每隔图上 2 ~3 cm 有一个点。

二、碎部点测量方法

碎部点确定以后，需要确定碎部点的平面位置，确定碎部点平面位置的方法主要有以下三种。

（一）极坐标法

用极坐标法确定碎部点的平面位置，需要测量碎部点到一个已知控制点的水平距离，以及碎部点和该控制点的连线与该控制点和另一个已知控制点连线之间所夹的水平角，从而利用极坐标的原理，作图确定碎部点的图上位置，如图 8-8 所示。

实地 A、B 两控制点在图上的位置分别为 a、b，仪器在实地测得碎部点 E 到 A 的水平距离为 D，连线 AE 和 AB 的水平夹角为 β。作图时，以 a 点为角顶，以 ab 边为固定边，用量角器量出角值 β，得方向线 aK，再用测图比例尺自 a 沿 aK 方向量出距离 d（$d = D/M$，M 为比例尺分母），得 e 点即为所求的碎部点 E 在图上位置。极坐标法是测量碎部点最常用的方法，用前面所学的视距测量结合水平角测量就能完成极坐标法测量，它适用于视野开阔、平坦的地区。

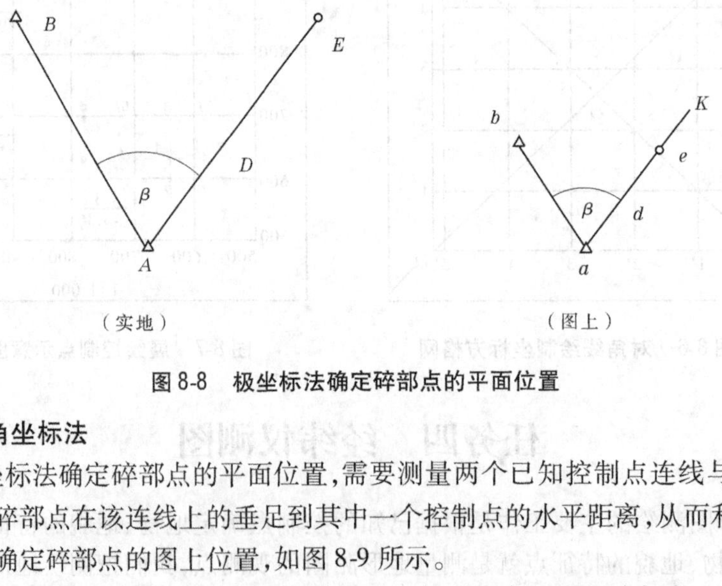

图 8-8　极坐标法确定碎部点的平面位置

（二）直角坐标法

用直角坐标法确定碎部点的平面位置，需要测量两个已知控制点连线与碎部点的水平距离，以及碎部点在该连线上的垂足到其中一个控制点的水平距离，从而利用直角坐标的原理，作图确定碎部点的图上位置，如图 8-9 所示。

实地 A、B 两控制点在图上的位置分别为 a、b，仪器在实地测得碎部点 E 到 AB 连线的水平距离为 D，垂足为 N，N 至 A 的水平距离为 Q。作图时，自 a 点沿 ab 方向，用测图比例尺量出距离 q（$q = Q/M$，M 为比例尺分母），得图上垂足 n，过 n 点作 ab 的垂线 nF，再自 n 沿 nF 方向用测图比例尺量出距离 d（$d = D/M$，M 为比例尺分母），得 e 点即为所求的碎

部点 E 在图上位置。直角坐标法适用于距离较易丈量的平坦地区。

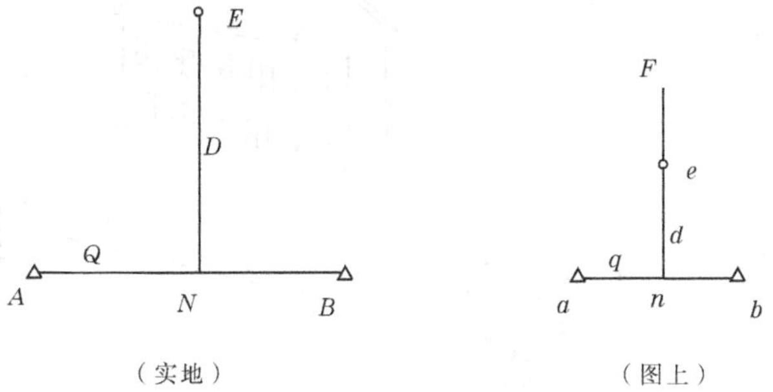

图 8-9　直角坐标法确定碎部点的平面位置

（三）方向交会法

用方向交会法确定碎部点的平面位置，需要测量碎部点和两个已知控制点连线分别与两控制点的连线之间所夹的水平角，从而利用方向交会的原理，作图确定碎部点的图上位置，如图 8-10 所示。

实地 A、B 两控制点在图上位置分别为 a、b，E 为实地碎部点位置，仪器在实地测得 A、B 两角分别为 α、β。作图时，分别以 a、b 点为角顶，以 ab 边为固定边，用量角器分别量出角值 α、β，得方向线 aM、bN，aM、bN 的交点 e 即为所求的碎部点 E 在图上的位置。方向交会法适用于距离不易丈量的山区。为了减少交会点误差，交会角应控制在 30°～120°。

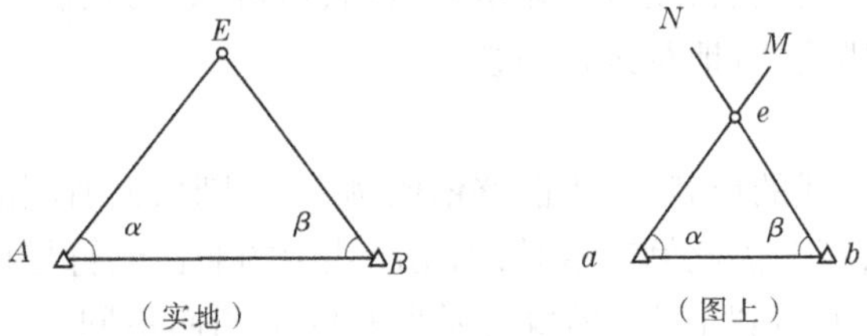

图 8-10　方向交会法确定碎部点的平面位置

三、经纬仪测绘地形图

地形图测绘的方法有大平板仪测图法、经纬仪测图法、全站仪测图法等多种，这里主要介绍经纬仪测图法。

经纬仪测图法是按极坐标法定位的解析测图法。利用经纬仪的水平度盘、竖盘和安装在经纬仪上的测距仪器量取测定点位的必要数据，然后通过计算，得到地物点的点位，最后用各种作图方法进行绘图。

如图 8-11 所示，在图根控制点 A 上安置经纬仪，量取仪器高，将另一图根控制点 B 作为定向点。转动照准部依次瞄准地物点 1、2、3 上竖立的标尺或棱镜（高度已知），测定定向点与地物点之间的水平角 β，同时用测距仪测定测站至地物点之间的水平距离 D_i 及高差 h_i。据此计算测站至地物点的方位角、地物点的坐标（x_i，y_i）和高程 H_i。有了这些数据后，就可以得到所需测的碎部点的坐标数据。

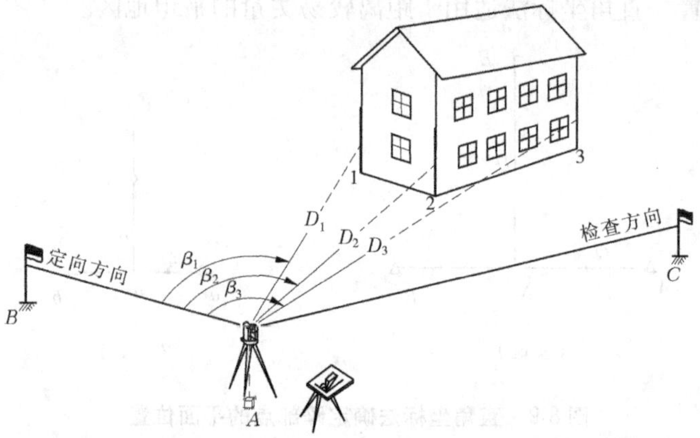

图 8-11 经纬仪测绘地形图

具体测量步骤：

(1)经纬仪安置于测站点 A,小平板立于旁。

(2)用经纬仪分别测出水平角 β_1、β_2、β_3,视距法测出 D_1、D_2、D_3 及 h_{A1}、h_{A2}、h_{A3}。

(3)用量角器在图上分别量出 α_1、α_2、α_3 方向线及缩绘 1、2、3 细部点。

四、地形图绘制

地形测图的外业完成之后,图纸上显示的地物、地貌只是按比例缩小的草图,还需要对图纸上的地物进行描绘,对地貌进行勾绘。

(一)地物描绘

如果地物的外轮廓线的形状、大小能够依比例表示,则根据所测的外轮廓点用线粗为 0.15 mm 的直线相连;不能依比例表示时,则用图式中的非比例符号描绘。非比例的地物符号的定位点(表示中心位置的点)随着符号形状的不同而不同。如果是几何图形符号(如矩形、圆形、三角形等),则其几何图形的中心表示实地地物的中心位置;如果是宽底符号(如烟囱、水塔、庙宇),则其底线中心表示实地地物的中心位置;如果底部为直角形的符号(如独立树、路标等),则直角顶点表示实地地物的中心位置;如果由几种几何图形组成的符号(如气象站、旗杆等),则其下方图形中心点或交叉点表示实地地物的中心位置;如果下方没有底线的符号(如窑、亭等),则其下方两端点间的中心点表示实地地物的中心位置。描绘非比例的地物符号时,应使非比例的地物符号的定位点与图上的碎部点重合,且符号均朝正北方向描绘。非比例的地物符号的形状、大小、尺寸,地形图图式中都有明确的规定;描绘时,参照相应比例尺的地形图图式执行;当线状物体长度能依比例,宽度不能依比例表示时,则用相应的线状符号依次连接图上线状物体的特征点。

(二)地貌勾绘

表示地貌的符号是等高线,而外业测图时,图上显示的只是地貌的特征点,地貌勾绘的工作就是根据图上地貌特征点的高程,找出高程为规定等高距的整数倍的点,再把其中高程相等的各相邻点,用光滑的曲线依次相连,形成一条条的等高线。因而,地貌勾绘的工作就是等高线的勾绘。等高线勾绘的方法有两种,一种是解析法,另一种是目估法。

任务五　数字化测图

随着计算机制图技术的发展,各种高科技测绘仪器的应用,以及数字成图软件的开发完善,一种采用以数字坐标表示地物、地貌的空间位置,以数字代码表示地形图符号(地物符号、地貌符号、注记符号)的测图方法称为数字化测图。以数字的形式表示的地形图称为数字地形图。数字地形图的精度,根据坐标数据采集所采用的仪器的精度不同而不同。在同等的仪器设备下,数字化测图比手工绘图具有精度高、速度快、图形美观、易于更新、便于保存的特点。数字化测图是地形测图的发展方向。

一、数字化测图方法

根据采集碎部点坐标数据的方法的不同,大比例尺数字化测图的作业方法有如下几种。

(一)经纬仪视距测量数据采集

该方法与地形图测绘中所采用的经纬仪测绘法相同,只是要把观测的数据用手工一个一个地输入到某种便携式或掌上式电脑(如 RD－EB1 电子手簿、MG 2001 测图精灵),或台式计算机,或某种记录器中,由电脑或记录器的内部程序处理,生成数字成图软件能够识别的三维坐标数据文件。这种方法人工输入工作量大,较烦琐,容易发生错误。

(二)电子经纬仪＋红外测距仪＋便携式电脑联合数据采集

该方法与经纬仪视距测量数据采集的方法基本相同,只是测站点到碎部点棱镜的斜距由红外测距仪测定,也是通过人工输入,由电脑内部程序生成三维坐标数据文件。这种方法比经纬仪视距测量数据采集在测距方面精度更高一些。

(三)航测数据采集

该方法根据航空摄影的像片,利用解析测图仪或自动记数的立体坐标量测仪记录像片上地物、地貌的像点坐标,经计算机处理,获取地面三维坐标数据文件。该方法自动化水平高,但价格昂贵。

(四)全站仪数据采集

该方法可利用各种系列的全站仪,采用与经纬仪测绘法基本相同的方法,在一图根控制点上安置全站仪,输入有关数据,照准后视点定向后,瞄准碎部点上的棱镜,启用坐标测量功能,获取碎部点三维坐标,并按一定的通信参数设置,输出数字成图软件能够识别的三维坐标数据文件。这种方法是目前最常用的数字化测图作业方法。

(五)GPS-RTK 数据采集

GPS-RTK 是英文缩写词 NAVSTAR/GPS RTK 的简称,全名为 Navigation System Timingand Ranging/Global Positioning System-Real Time Kinematic Survey,它的含义是授时与测距导航系统/全球定位系统－实时动态测量,简称全球定位系统－实时动态测量。它的作业方法是:选择一已知控制点作为基准站,在其上安置 GPS 接收机,流动站在欲测的碎部点上与基准站同时跟踪 5 颗以上的卫星,基准站借助电台将其观测所得数据不断地发送给流动站接收机,流动站接收机将自己采集的 GPS 数据和来自基准站的数据,组成差分观测值,进行实时处理,求得碎部点的三维坐标。经处理,成为三维坐标数据文件。这种数据采集方法速度快,采集一个碎部点仅需 1~2 s,但设备昂贵。

(六)数字化仪数据采集和扫描矢量化数据采集

这两种方法都是在已有的地形图上,利用数字化仪获取碎部点的三维坐标,或扫描仪配合矢量化软件操作,将老图化为数字地形图。

按照采集碎部点三维坐标数据时是否输入操作码,大比例尺数字化测图的作业方法又可分为草图法作业和简码法作业。所谓的操作码,是采集坐标数据时,成图软件默认的地物的简单代码,以及自动绘图时,地物点之间连接的点号和线型的代码。操作码均由字母和数字等简易符号组成,如 CASS 5.0 成图软件中的 22(U0)表示曲线型未加固陡坎第 22 点,23(+)表示 22 点连接 23 点,29(5+)表示 23 点连接 29 点。而在 RDMS 成图软件中,未加固陡坎代码是 810。

草图法作业:该方法要求采集数据时,专门安排一名绘图员,将测区的地物、地貌画成一张草图。当仪器测量每一个碎部点时,绘图员在草图上相应点的位置,标注与仪器内存记录相同的点号,并注明碎部点的属性信息(如测量某点 5 层混合结构房角时,全站仪屏幕上显示点号为 24,绘图员在草图相应房角处标注"24",并在该房子中央注明"混 5")。草图法内业工作时,以三维坐标数据文件为基础,在数字化成图软件中,展测点点号、高程点,根据草图,移动鼠标,选择相应的地形图图式符号(数字化成图软件按图式标准已制作好),将所有的地物绘制出来。进而建立数字地面模型(DTM),追踪等高线,编辑平面图。最后可以启动三维图形漫游功能和着色功能,将地形图变为立体的自然景观图,从不同的角度查看自己所测绘的地物、地貌与测区的真实情况是否吻合。

简码法作业:简码法作业与草图法作业不同的是,在采集每一个碎部点数据时,都要在记录器或电脑,或全站仪上输入地物点的操作码。简码法作业绘图时,通过数字化成图软件中"简码识别"菜单,将带简码格式的坐标数据文件转换成数字化成图软件能够识别的内部码(绘图码)。再选择"绘平面图"菜单,屏幕上会自动绘出地物平面图。最后建立数字地面模型,追踪等高线,编辑平面图。

由于简码法作业在数据采集时,每观测一个碎部点,都要输入操作码,采集花费的时间比草图法更多,再加上野外数据采集须在白天进行,为了节省时间,所以在野外进行数据采集时,通常采用草图法。

二、数字化测图作业过程

大比例尺数字化测图的作业过程分为以下三个步骤:

(1)数据采集:采用不同的作业方法,采集、储存碎部点三维坐标,生成数字化成图软件能够识别的坐标格式文件,或带简码格式的坐标数据文件。

(2)数据处理:设置通信参数,采用通信电缆和命令,将坐标数据文件输入电脑,启动数字化成图软件,编辑地物、地貌,注记文字,图幅整饰,加载图框,生成地形图文件。

(3)数据输出:与绘图仪连接,启动打印命令,将地形图文件输出,打印成地形原图。

任务六　地形图拼接、检查与整饰

当测区较大时，整个测区必须划分成若干幅图进行施测。当分幅施测完成后，还需进行地形图的拼接以及地形图的检查与整饰。

一、地形图的拼接

当地形图分幅施测时，由于测量、绘图等误差的因素，相邻图幅衔接处的地物轮廓线、地貌等高线不能完全吻合，因此为了相邻图幅拼接时能互成一整体，必须对地形图的图边进行拼接。如果测图用的图纸是打毛的聚酯薄膜，则直接将两幅拼接的图纸按图廓线和相同坐标的格网线重叠对齐，检查地物及等高线的偏差，如果地物轮廓线偏差小于 2 mm，同一条等高线偏差小于相邻等高线平距（等高线没有错开一条），取其平均位置进行修整、改正。取平均位置时，应保证地物的原状不变（如房屋的直角不能改变）。如果是白纸测图，则用透明纸把左幅图的东图廓线和靠近东图廓线的图内 2 cm 范围的地物、等高线、坐标格网线及图外多测的地形透描下来，再将透描的透明纸蒙到右幅图上，使左、右幅图的东西图廓线重叠，相同坐标的格网线对齐，检查地物、等高线的偏差。当偏差在允许的范围时，在透明纸上取其平均位置进行修整、画线，使左、右图幅衔接处的地物轮廓线、地貌等高线完全吻合，然后把修整、画线的透明纸分别蒙到左、右幅图上进行改正。改正时，可用无墨的圆珠笔在透明纸上用力描绘，使透明纸下的图纸留下痕迹，而后用铅笔在图纸上沿痕迹描绘。

二、地形图的检查

地形图的整饰包括图廓内的图面整饰和图外注记整饰。

（1）图廓内的图面整饰：擦去所有不必要的线条、注记，如零方向线、碎部点旁标注的“电杆”“消火栓”“山顶”“鞍部”等说明文字。擦去所有的坐标网格线，仅在网格线交叉点保留纵横格网线各 1 cm 的长度，在图廓内侧，格网线与图廓相交处保留 5 mm 的长度。所有的地物按图式规定修饰。等高线应光滑合理，遇到各种注记、独立性符号时，应割断 0.2 mm；遇到房屋、双线道路、双线河渠、水库、湖、塘等符号时，绘至符号边线。计曲线应加粗，并且标注高程，字体在计曲线中间，字头朝向高处。注记符号按注记的内容不同，其字体大小不同，具体尺寸参照图式进行整饰。

（2）图外注记整饰：地形图图外注记，根据注记的内容不同，其注记的文字或数字的大小、尺寸、位置、与图廓的边距都各有不同，进行图外注记整饰时，应参照图式附录“图廓整饰样式及说明”执行。

三、地形图的整饰

地形图的检查贯穿于地形测图的始终，一般分为室内检查和室外检查。

（1）室内检查：从测图前的准备工作开始，应该认真检查坐标方格网的绘制、控制点的展绘是否符合标准，碎部点测量的计算、展绘应准确无误，当天重算、重展，发现问题及时修正；检查地物描绘的各种符号是否符合图式规定的尺寸、大小，地物符号的定位点与碎部点是否一致；检查等高线是否光滑、合理，与高程点标注有无矛盾；检查注记符号的位置是否恰当，文字或数字的大小是否符合图式标准；检查图幅拼接是否吻合，是否保持地物、地貌的原状。室内检查应在自检的基础上进行互检。

（2）室外检查：带原图和测量仪器到实地对照检查。首先检查地物、地貌有无漏测，等高线走向与实地地貌是否一致；其次，在测图控制点上安置仪器，对地物、地貌特征点进行抽样观测检查，将观测的结果重展于图上，与原图上相应点的平面位置和高程进行比较，其较差应小于 $2\sqrt{2}M$（M 为中误差，其数值见表 8-3、表 8-4）。如果超差的个数占总抽查个数的 2% 以上，则认为该图纸不合格。

表 8-3 图上地物点点位中误差

地区分类	点位中误差（图上，mm）
城市建筑区和平地、丘陵地	±0.5
山地、高山地和设站施测困难旧街坊内部	±0.75

注：森林隐蔽等特殊困难地区，可按该表规定放宽 50%。

表 8-4 等高线插求点的高程中误差

地形类别	平地	丘陵地	山地	高山地
高程中误差	≤1/3 等高距	≤1/2 等高距	≤2/3 等高距	≤1 等高距

注：森林隐蔽等特殊困难地区，可按该表规定放宽 50%。

项目小结

1. 地形图的比例尺

（1）比例尺是地形图上两点之间的距离与实地距离之比。

（2）1∶1 百万、1∶50 万、1∶25 万、1∶10 万、1∶5 万、1∶2.5 万、1∶1 万、1∶5 000，这 8 种比例尺属于国家基本比例尺；1∶2 000、1∶1 000、1∶500，这三种比例尺属于大比例尺。

（3）比例尺有数字比例尺和直线比例尺，因为直线比例尺跟随图纸一起伸缩，所以用它可以避免因图纸伸缩引起的距离误差。

（4）不同的比例尺有不同的比例尺精度，比例尺精度的表达式为 $\delta = 0.1\ \text{mm} \times M$。根据比例尺精度，可确定测图的量、算精度，同时根据必须的量测精度及比例尺精度，可确定测图应采用的比例尺大小。

2. 地形图的图式

（1）地形图的图式是国家统一规定的地形图符号，地形图符号包括地物符号、地貌符号和注记符号。

（2）地物符号分为比例符号、非比例符号、线状符号。

（3）比例符号可表示地物外轮廓的形状、大小、位置、与地物外轮廓成相似图形的符号。

(4)非比例符号只表示地物的中心位置的象形符号,不表示地物的形状和大小。

(5)线状符号只表示线状物体的长度和中心位置,不表示地物宽度的线形符号,符号的中心线表示线状物体的中心位置。

(6)注记符号是对地物、地貌起补充说明作用的符号,注记符号大多数是数字和文字。

(7)随着地形图采用的比例尺不同,地物采用的符号有所不同。

(8)等高线是表示地貌的符号,常用的等高线是首曲线和计曲线。按规定的基本等高距勾绘的等高线称为首曲线。从零米起算,每间隔四条首曲线加粗一条的等高线称为计曲线。

3. 地形图的图外注记

(1)地形图四周的边界线称为图廓,地形图四周里面的四条直线是坐标方格网的边界线,称为内图廓;地形图四周外面的四条直线称为外图廓。

(2)地形图的图外注记包括图名、图号、邻接图表、测绘机关全称、坐标系统和高程系统等说明、比例尺、测绘人员、密级等注记。

(3)所有的注记,其大小、尺寸、间隔、位置,图式均有规定,进行注记时必须按照图式规定执行。

4. 测图前的准备工作

(1)控制测量成果的整理,大比例尺地形图图式、地形测量规范资料的收集。

(2)测量仪器的检验与校正,以及绘图小工具的准备。

(3)坐标方格网的绘制。

(4)控制点的展绘。

5. 地形测图的方法

(1)地形图测绘的方法。

地形图测绘的方法有多种,主要包括大平板仪测图法、小平板仪与经纬仪联合测图法、经纬仪测绘法,全站仪测绘法。

(2)经纬仪测绘法。

6. 地形图的绘制

(1)地物描绘。

(2)地貌勾绘。

7. 数字化测图概述

项目考核

一、选择题

1. 地形等高线经过河流时,应是(　　)。

A. 直接横穿相交　　B. 近河岸时折向下游

C. 近河岸时折向上游与河正交　　D. 无规律

2. 一组封闭的且高程由外向内逐步增加的等高线表示(　　)。

A. 山谷　　B. 山脊　　C. 鞍部　　D. 山头

3. 在一张图纸上等高距不变时,等高线平距与地面坡度的关系是(　　)。

A. 平距大则坡度小　　B. 平距大则坡度大

C. 坡度大小与等高线平距无关　　D. 不能确定

4. 图上能显示实地0.1 m的精度时,采用的测图比例尺应不小于(　　)

A. 1∶100　　B. 1∶1 000　　C. 1∶200　　D. 1∶2 000

5. 下列关于等高线的叙述不正确的是(　　)。

A. 等高线必定是闭合曲线,即使本幅图没闭合,也在相邻的图幅闭合

B. 等高线不能分叉

C. 等高线经过山脊与山脊线正交

D. 等高线越密表示坡度越缓,越稀表示坡度愈陡

6. 地形测量中,若比例尺精度为 b,测图比例尺为 $1:M$,则比例尺精度与测图比例尺大小关系为(　　)。

A. b 与 M 无关　　B. b 与 M 成正比

C. b 与 M 成反比　　D. 以上都不对

7. 在比例尺为1∶2 000,等高距为2 m的地形图上,如果按照指定坡度 $i=5\%$,从坡脚 A 到坡顶 B 来选择路线,其通过相邻等高线时在图上的长度为(　　)。

A. 10 mm　　B. 20 mm　　C. 25 mm　　D. 35 mm

8. 地形图上表示地貌的主要符号是(　　)。

A. 比例符号　　B. 等高线　　C. 非比例符号　　D. 高程注记

9. 山脊线也称(　　)。

A. 示坡线　　B. 集水线　　C. 山谷线　　D. 分水线

10. 在地形图上有高程分别为26 m、27 m、28 m、29 m、30 m、31 m、32 m等高线,则需加粗的等高线为(　　)m。

A. 26、31　　B. 27、32　　C. 29　　D. 30

二、判断题

1. 已知某一点 A 的高程是102 m,A 点恰好在某一条等高线上,则 A 点的高程与该等高线的高程不相同。(　　)

2. 测图比例尺愈大,图上表示的地物地貌愈详尽准确,精度愈高。(　　)

3. 测绘地形图时,对地物应选择角点立尺,对地貌应选择坡度变化点立尺。(　　)

4. 绘制等高线时,首曲线需要加粗,且其高程刚好是 $5h_d$ 的整数倍(h_d 为等高距)。(　　)

5. 如果等高线上设有高程注记,用示坡线表示,示坡线从内圈指向外圈,说明由内向外为下坡,故为山头或山丘;反之,为洼地或盆地。(　　)

6. 衡量比例尺的大小是由比例尺的分母来决定的,分母值越大,比例尺越小。(　　)

7. 坡度在50°以上的陡峭崖壁叫峭壁或绝壁。(　　)

8. 碎部测量就是根据图上控制点的位置，测定碎部点的平面位置，并按图式规定的符号绘成地形图。（　　）

9. 等高线穿过地物时，需保持等高线的完整性，不能中断。（　　）

10. 地形图中，山谷线为一组凸向高处的等高线。（　　）

项目九　施工测量基本工作

【学习目标】

掌握水平距离、水平角、高程三要素的测设方法；掌握点的平面位置的测设方法（极坐标法、直角坐标法、角度交会法、距离交会法）及坡度线的测设方法；掌握建筑场地平面控制（建筑基线、建筑方格网）、高程控制测量的方法；掌握圆曲线的放样方法。

【重点】

点平面位置及坡度线测设方法；建筑场地平面控制建筑基线、建筑方格网的测量方法；民用建筑、高层建筑定位、放线方法。

【难点】

建筑场地平面控制建筑基线、建筑方格网的测量方法、圆曲线的放样方法。

任务一　施工测量概述

各种工程建设，都要经过规划设计、建筑施工、经营管理等几个阶段，每一阶段都要进行有关的测量工作，在施工阶段所进行的测量工作称为施工测量。

一、施工测量的主要任务

施工测量贯穿于整个施工过程中，它的主要任务包括以下几个方面。

（一）施工场地平整测量

各项工程建设开工时，首先要进行场地平整。平整时可以利用勘测阶段所测绘的地形图来求场地的设计高程并估算土石方量（详见本教材有关章节内容）。如果没有可供利用的地形图或计算精度要求较高，也可采用方格水准测量的方法来计算土石方量。

（二）建立施工控制网

施工测量也按照“从整体到局部、先控制后碎部”的原则进行。为了把规划设计的建（构）筑物准确地在实地标定出来，以及便于各项工作的平行施工，施工测量时要在施工场地建立平面控制网和高程控制网，作为建（构）筑物定位及细部测设的依据。

（三）施工放样与安装测量

施工前，要按照设计要求，利用施工控制网把建（构）筑物和各种管线的平面位置和高程在实地标定出来，作为施工的依据；在施工过程中，要及时测设建（构）筑物的轴线和标高位置，并对构件和设备安装进行校准测量。

（四）竣工测量

每道工序完成后，都要通过实地测量检查施工质量并进行验收，同时根据检测验收的记录整理竣工资料和编绘竣工图，为鉴定工程质量和日后维修与扩（改）建提供依据。

（五）建（构）筑物的变形观测

对于高层建筑、大型厂房或其他重要建（构）筑物，在施工过程中及竣工后一段时间内，应进行变形观测，测定其在荷载作用下产生的平面位移和沉降量，以保证建筑物的安全使用，同时为鉴定工程质量、验证设计和施工的合理性提供依据。

二、施工测量的特点

施工测量具有如下特点：

（1）施工测量是直接为工程施工服务的，它必须与施工组织计划相协调。测量人员应与设计、施工部门密切联系，了解设计内容、性质及对测量的精度要求，随时掌握工程进度及现场的变动，使测设精度与速度满足施工的需要。

（2）建筑物测设的精度可分两种：

①测设整个建筑物（也就是测设建筑物的主要轴线）与周围原有建筑物或与设计建筑物之间相对位置的精度。

②建筑物各部分对其主要轴线的测设精度。对于不同的建筑物或同一建筑物中的各个不同的部分，这些精度要求并不一致。测设的精度主要取决于建筑物的大小、性质、用途、建材、施工方法等因素。例如：高层建筑测设精度高于低层建筑；自动化和连续性厂房测设精度高于一般厂房；钢结构建筑测设精度高于钢筋混凝土结构、砖石结构；装配式建筑测设精度高于非装配式建筑。放样精度不够，将造成质量事故；精度要求过高，则增加放样工作的困难，降低工作效率。因此，应该选择合理的施工测量精度。

（3）施工现场各工序交叉作业，运输频繁，地面情况变动大，受各种施工机械震动影响，因此测量标志从形式、选点到埋设均应考虑便于使用、保管和检查，如标志在施工中被破坏，应及时恢复。

现代建筑工程规模大、施工进度快、精度要求高，所以施工测量前应做好一系列准备工作，认真核算图纸上的尺寸、数据，检校好仪器、工具，编制详尽的施工测量计划和测设数据表。放样过程中，应采用不同方法加强外业、内业的校核工作，以确保施工测量质量。

任务二　施工控制网的布设

在规划设计阶段所进行的勘测工作，首先是建立测图控制网，因此控制点的密度和精度是以满足测图为目的的。当建筑物的总平面设计确定，开始进行土建工程时，原有测图控制网点大多不能满足放样的要求。因此，除小型工程或放样精度要求不高的建筑物可以利用测图控制网作为施工控制外，一般较复杂的大中型工程，在施工阶段需重新建立施工控制网。施工控制网分为平面控制网和高程控制网。

一、施工场地的平面控制测量

(一)施工坐标系与测量坐标系的坐标换算

施工坐标系亦称建筑坐标系,其坐标轴与主要建筑物主轴线平行或垂直,以便用直角坐标法进行建筑物的放样。

施工控制测量的建筑基线和建筑方格网一般采用施工坐标系,而施工坐标系与测量坐标系往往不一致。因此,施工测量前常常需要进行施工坐标系与测量坐标系的坐标换算。

如图9-1所示,设 xOy 为测量坐标系,$x'O'y'$ 为施工坐标系,(x'_O,y'_O) 为施工坐标系的原点 O' 在测量坐标系中的坐标,α 为施工坐标系的纵轴 $O'x'$ 在测量坐标系中的坐标方位角。设已知 P 点的施工坐标为 $(x'_{P'},y'_{P'})$,则可按下式将其换算为测量坐标 (x_P,y_P):

$$\left.\begin{aligned} x_P &= x_{O'} + A_P\cos\alpha - B_P\sin\alpha \\ y_P &= y_{O'} + A_P\sin\alpha + B_P\cos\alpha \end{aligned}\right\}$$

如已知 P 的测量坐标,则可按下式将其换算为施工坐标:

$$\left.\begin{aligned} A_P &= (x_P - x_{O'})\cos\alpha + (y_P - y_{O'})\sin\alpha \\ B_P &= -(x_P - x_{O'})\sin\alpha + (y_P - y_{O'})\cos\alpha \end{aligned}\right\}$$

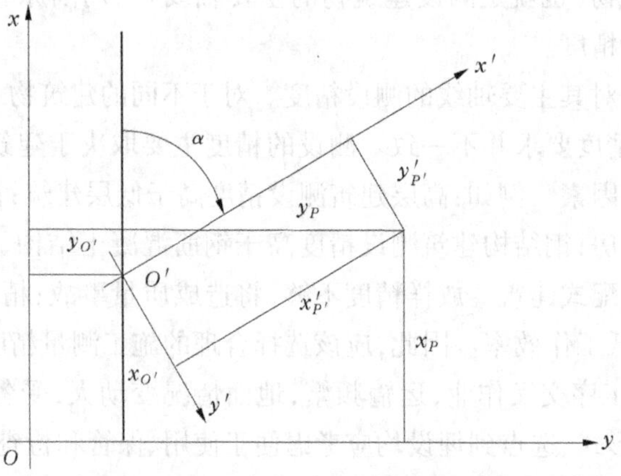

图9-1 施工坐标系与测量坐标系的换算

(二)建筑基线

建筑基线是建筑场地的施工控制基准线,即在建筑场地布置一条或几条轴线。它适用于建筑设计总平面图布置比较简单的小型建筑场地。

1. 建筑基线的布设形式

建筑基线的布设形式,应根据建筑物的分布、施工场地地形等因素来确定。常用的布设形式有“一”字形、“L”形、“十”字形和“T”形,如图9-2所示。

2. 建筑基线的布设要求

(1)建筑基线应尽可能靠近拟建的主要建筑物,并与其主要轴线平行,以便使用比较简单的直角坐标法进行建筑物的定位。

(2)建筑基线上的基线点应不少于三个,以便相互检核。

(3)建筑基线应尽可能与施工场地的建筑红线相连。

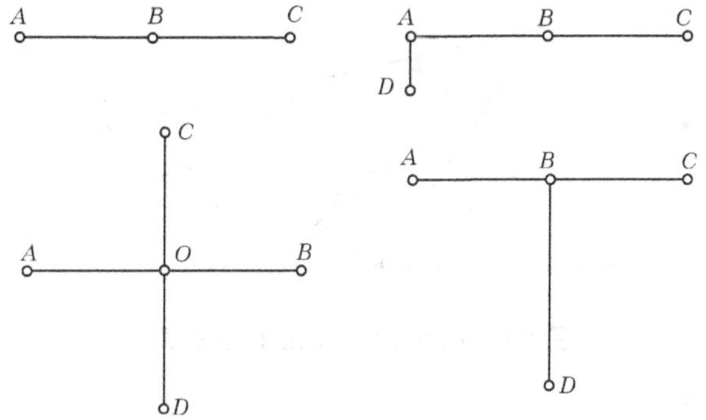

图 9-2 建筑基线的布设形式

(4)基线点位应选在通视良好和不易被破坏的地方,为能长期保存,要埋设永久性的混凝土桩。

3. 建筑基线的测设方法

根据施工场地的条件不同,建筑基线的测设方法有以下两种:

(1)根据建筑红线测设建筑基线。由城市测绘部门测定的建筑用地界定基准线,称为建筑红线。在城市建设区,建筑红线可用作建筑基线测设的依据。如图 9-3 所示,AB、AC 为建筑红线,1、2、3 为建筑基线点,利用建筑红线测设建筑基线的方法如下:

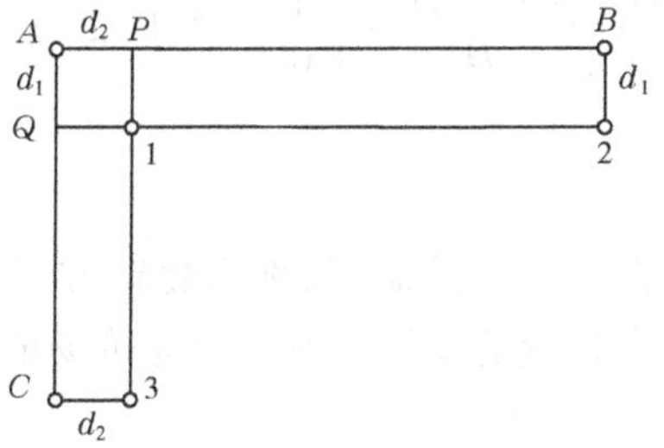

图 9-3 根据建筑红线测设建筑基线

首先,从 A 点沿 AB 方向量取 d_2 定出 P 点,沿 AC 方向量取 d_1 定出 Q 点。

然后,过 B 点作 AB 的垂线,沿垂线量取 d_1 定出 2 点,作出标志;过 C 点作 AC 的垂线,沿垂线量取 d_2 定出 3 点,作出标志;用细线拉出直线 $P3$ 和 $Q2$,两条直线的交点即为 1 点,作出标志。

最后,在 1 点安置经纬仪,精确观测 $\angle 213$,其与 $90°$ 的差值应小于 $\pm 20''$。

(2)根据附近已有控制点测设建筑基线。在新建筑区,可以利用建筑基线的设计坐标和附近已有控制点的坐标,用极坐标法测设建筑基线。如图 9-4 所示,A、B 为附近已有控制点,1、2、3 为选定的建筑基线点。测设方法如下:

首先,根据已知控制点和建筑基线点的坐标,计算出测设数据 β_1、D_1、β_2、D_2、β_3、D_3。然后,用极坐标法测设 1、2、3 点。

由于存在测量误差,测设的基线点往往不在同一直线上,且点与点之间的距离与设计值也不完全相符,因此需要精确测出已测设直线的折角 β' 和距离 D',并与设计值相比较。如图 9-5 所示,如果 $\Delta\beta = \beta' - 180°$ 超过 $\pm 15''$,则应对 1′、2′、3′点在与基线垂直的方向上进

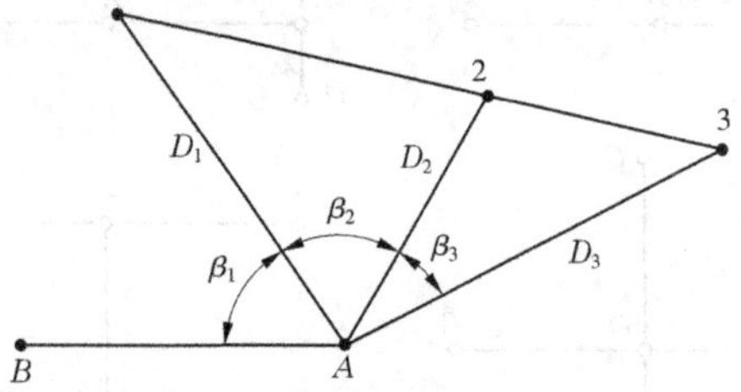

图 9-4 根据控制点测设建筑基线

行等量调整,调整量按下式计算:

$$\delta = \frac{a - b\sin(180° - \beta)}{a + b}$$

式中 δ——各点的调整值,m;

a、b——12、23 的长度,m。

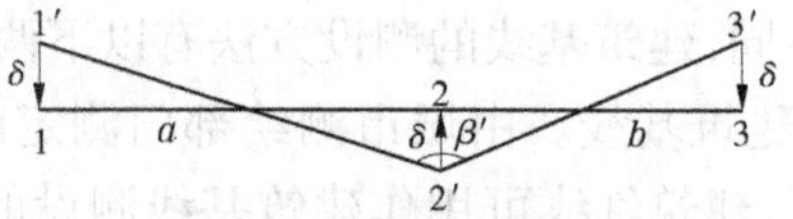

图 9-5 基线点的调整

如果测设距离超限,如 $\frac{\Delta D}{D} = \frac{D' - D}{D} > \frac{1}{1\ 000}$,则以 2 点为准,按设计长度沿基线方向调整 1′、3′点。

(三)建筑方格网

由正方形或矩形组成的施工平面控制网,称为建筑方格网,或称矩形网,如图 9-6 所示。建筑方格网适用于按矩形布置的建筑群或大型建筑场地。

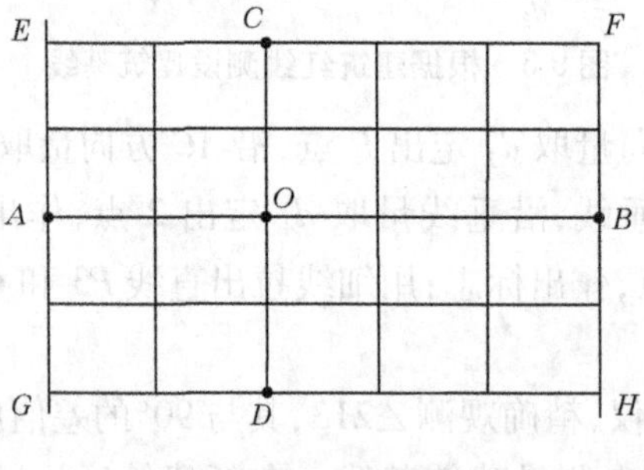

图 9-6 建筑方格网

1. 建筑方格网的布设

布设建筑方格网时,应根据总平面图上各建(构)筑物、道路及各种管线的布置,结合现场的地形条件来确定。如图 9-6 所示,先确定方格网的主轴线 AOB 和 COD,然后布设方格网。

2. 建筑方格网的测设

建筑方格网的测设方法如下:

(1)主轴线测设。主轴线测设与建筑基线测设方法相似。首先,准备测设数据。然后,测设两条互相垂直的主轴线 *AOB* 和 *COD*,如图 9-6 所示。主轴线实质上是由 5 个主点 *A*、*B*、*O*、*C* 和 *D* 组成。最后,精确检测主轴线点的相对位置关系,并与设计值相比较,如果超限,则应进行调整。建筑方格网的主要技术要求如表 9-1 所示。

表 9-1　建筑方格网的主要技术要求

等级	边长(m)	测角中误差	边长相对中误差	测角检测限差	边长检测限差
Ⅰ级	100~300	5″	1/30 000	10″	1/15 000
Ⅱ级	100~300	8″	1/20 000	16″	1/10 000

(2)方格网点测设。如图 9-6 所示,主轴线测设后,分别在主点 *A*、*B* 和 *C*、*D* 安置经纬仪,后视主点 *O*,向左右测设 90°水平角,即可交会出田字形方格网点。随后再作检核,测量相邻两点间的距离,看是否与设计值相等,测量其角度是否为 90°,误差均应在允许范围内,并埋设永久性标志。

建筑方格网轴线与建筑物轴线平行或垂直,因此可用直角坐标法进行建筑物的定位,计算简单,测设比较方便,而且精度较高。其缺点是必须按照总平面图布置,其点位易被破坏,而且测设工作量也较大。

由于建筑方格网的测设工作量大,测设精度要求高,因此可委托专业测量单位进行。

二、高程控制网的布设

建筑施工场地的高程控制测量一般采用水准测量方法,应根据施工场地附近的国家或城市已知水准点,测定施工场地水准点的高程,以便纳入统一的高程系统。

在施工场地上,水准点的密度,应尽可能满足安置一次仪器即可测设出所需的高程。而测图时敷设的水准点往往是不够的,因此还需增设一些水准点。在一般情况下,建筑基线点、建筑方格网点以及导线点也可兼做高程控制点。只要在平面控制点桩面上中心点旁边,设置一个突出的半球状标志即可。

为了便于检核和提高测量精度,施工场地高程控制网应布设成闭合或附合路线。高程控制网可分为首级网和加密网,相应的水准点称为基本水准点和施工水准点。

(一)基本水准点

基本水准点应布设在土质坚实、不受施工影响、无震动和便于实测的地方,并埋设永久性标志。一般情况下,按四等水准测量的方法测定其高程,而对于为连续性生产车间或地下管道测设所建立的基本水准点,则需按三等水准测量的方法测定其高程。

(二)施工水准点

施工水准点是用来直接测设建筑物高程的。为了测设方便和减少误差,施工水准点应靠近建筑物。

此外,由于设计建筑物常以底层室内地坪高 ±0 标高为高程起算面,为了施工引测设方便,常在建筑物内部或附近测设 ±0 水准点。±0 水准点的位置,一般选在稳定的建筑物墙、柱的侧面,用红漆绘成顶为水平线的“▼”形,其顶端表示 ±0 位置。

任务三　施工放样的基本工作

一、测设已知直线长度

已知水平距离的测设，就是由地面已知点起，沿给定的方向，测设出直线上另外一点，使得两点间的水平距离为设计的水平距离。其测设方法常用的有两种。

（一）钢尺测设水平距离

如图9-7所示，A 为地面上已知点，D 为设计的水平距离，要在地面给定的方向上测设出 B 点，使得 A、B 两点间的水平距离等于 D。

（二）全站仪（测距仪）测设水平距离

如图9-8所示，安置全站仪于 A 点，瞄准已知方向，沿此方向移动棱镜位置，当显示的水平距离等于待测设的水平距离时，在地面标定出过渡点 B'，然后，实测 AB' 的水平距离，如果测得的水平距离与已知水平距离之差符合精度要求，则定出 B 点的最后位置，如果测得的水平距离与已知水平距离之差不符合精度要求，应进行改正，直到测设的距离符合限差要求。

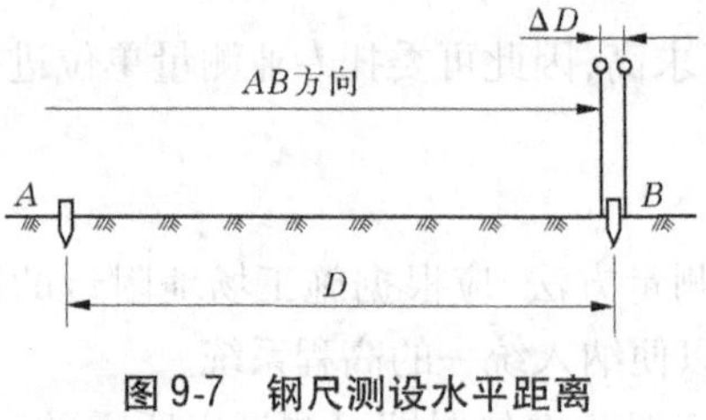

图9-7　钢尺测设水平距离

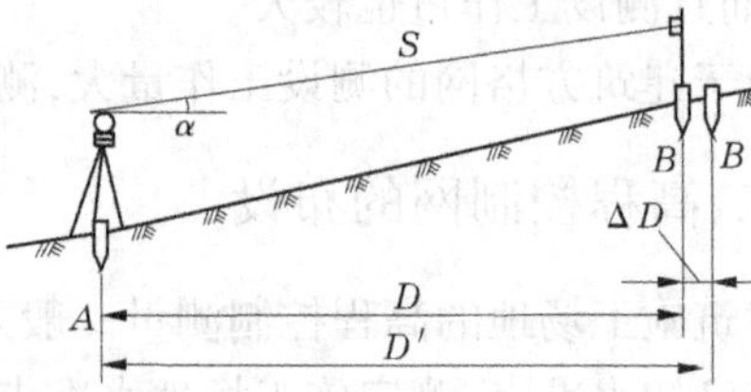

图9-8　全站仪测设水平距离

二、测设已知水平角

测设已知水平角就是根据一已知方向测设出另一方向，使它们的夹角等于给定的设计角值。按测设精度要求不同分为一般方法和精确方法。

（一）一般方法

当测设水平角精度要求不高时，可采用此法，即用盘左、盘右取平均值的方法。如图9-9所示，设 OA 为地面上已有方向，欲测设水平角 β，在 O 点安置经纬仪，以盘左位置瞄准 A 点，配置水平度盘读数为0。转动照准部使水平度盘读数恰好为 β 值，在视线方向定出 B_1 点。然后用盘右位置，重复上述步骤定出 B_2 点，取 B_1 和 B_2 中点 B，则 $\angle AOB$ 即为测设的 β 角。

该方法也称为盘左盘右分中法。

（二）精确方法

当测设精度要求较高时，可采用精确方法测设已知水平角。如图9-10所示，安置经纬仪于 O 点，按照上述一般方法测设出已知水平角 $\angle AOB'$，定出 B' 点。然后较精确地测量 $\angle AOB'$ 的角值，一般采用多个测回取平均值的方法，设平均角值为 β'，测量出 OB' 的距离。按下式计算 B' 点处 OB' 线段的垂距 $B'B$。

$$B'B = \frac{\Delta\beta}{\rho}OB' = \frac{\beta - \beta'}{206\ 265''}OB'$$

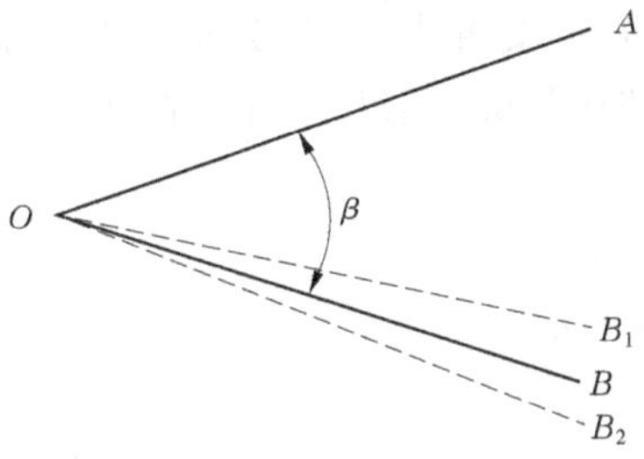

图 9-9　一般方法测设水平角

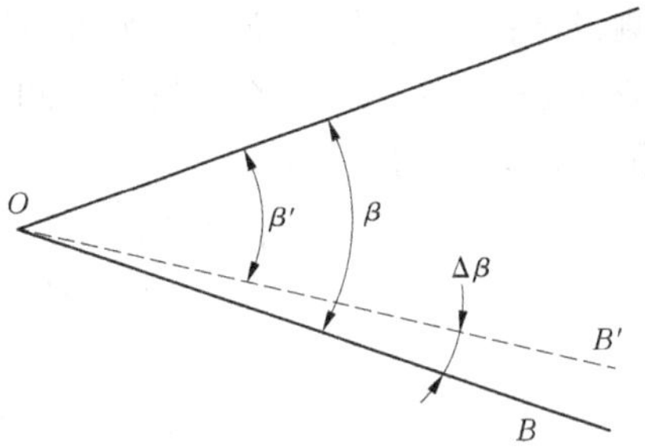

图 9-10　精确方法测设水平角

然后，从 B' 点沿 OB' 的垂直方向调整垂距 $B'B$，$\angle AOB$ 即为 β 角。如图 9-10 所示，若 $\Delta\beta>0$，则从 B' 点往内调整 $B'B$ 至 B 点；若 $\Delta\beta<0$，则从 B' 点往外调整 $B'B$ 至 B 点。

三、测设已知高程点

(一)地面点的高程测设

已知高程的测设，就是根据一个已知高程的水准点，将另一点的设计高程标定在实地上。

如图 9-11 所示，设 A 为已知水准点，高程为 H_A，B 点的设计高程为 H_B，在 A、B 两点之间安置水准仪，先在 A 点立水准尺，读得读数为 a，由此可得仪器视线高程为

$$H_i = H_A + a \tag{9-1}$$

要使 B 点高程为设计高程 H_B，则在 B 点的水准尺上的读数应为

$$b = H_i - H_B \tag{9-2}$$

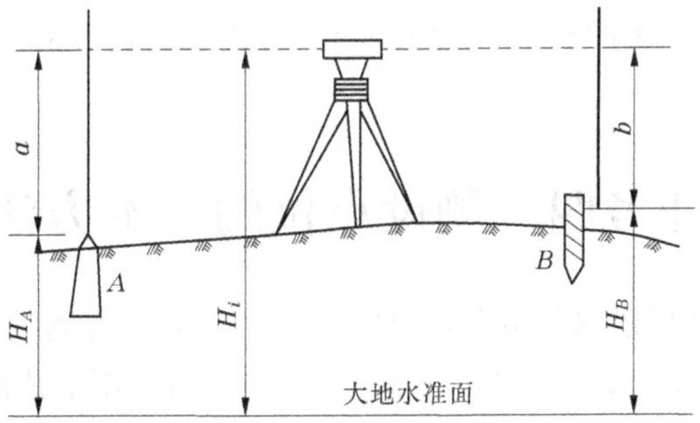

图 9-11　高程的测设

将 B 点水准尺紧靠 B 桩，上、下移动尺子，当读数正好为 b 时，则 B 尺底部高程即为 H_B。然后在 B 桩上沿 B 尺底部做记号，即得设计高程的位置。

欲使 B 点桩顶高程为 H_B，可将水准尺立于 B 桩顶上，若水准仪读数小于 B，逐渐将桩打入土中，使尺上读数逐渐增加到 b，这样 B 点桩顶高程就是设计高程 H_B。

(二)当待测设点与已知高程点高差较大时

当待测设点与已知水准点的高差较大时,则可以采用悬挂钢尺的方法进行测设。如图9-12所示,钢尺悬挂在支架上,零端向下并挂一重物,A为已知高程为H_A的水准点,B为待测设高程为H_B的点位。在地面和待测设点位附近安置水准仪,分别在标尺和钢尺上读数a_1、b_1和a_2。比如在基坑下部测设B点,分别在基坑上部和下部安置两次水准仪,从而测设出B点的高程。

$$h_{AB} = H_B - H_A = (a_1 - b_1) + (a_2 - b_2)$$

得

$$b_2 = H_A - H_B + a_1 - b_1 + a_2$$

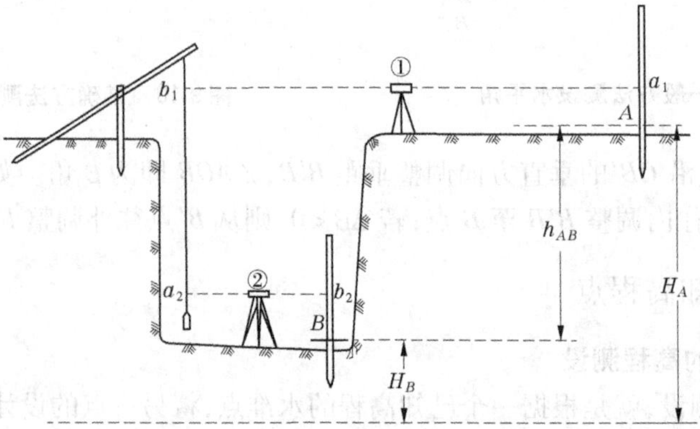

图9-12 建筑底部高程的测设

【例9-1】 设$H_A = 35.255$ m,欲使待测设点B的高程为$H_B = 36.000$ m,将仪器架在A、B两点之间,在A点上水准尺的读数$a = 1.587$ m,则得仪器视线高程为$H_i = H_A + a = 35.255 + 1.587 = 36.842$(m),在$B$点上水准尺上的读数应为

$$b = H_i - H_B = 36.842 - 36.000 = 0.842(\text{m})$$

因此,当B尺读数为0.842 m时,在尺底画线,此线高程为36.000 m,即设计高程点B的位置。

任务四 测设点位的基本方法

点的平面位置测设是根据已布设好的控制点的坐标和待测设点的坐标,反算出测设数据,即控制点和待测设点之间的水平距离和水平角,再利用上述测设方法标定出设计点位。根据所用的仪器设备、控制点的分布情况、测设场地地形条件及测设点精度要求等条件,可以采用以下几种方法进行测设工作。

一、直角坐标法

直角坐标法是建立在直角坐标原理基础上测设点位的一种方法。当建筑场地已建立有相互垂直的主轴线或建筑方格网时,一般采用此法。

如图9-13所示,A、B、C、D为建筑方格网或建筑基线控制点,1、2、3、4点为待测设建筑物轴线的交点，建筑方格网或建筑基线分别平行或垂直待测设建筑物的轴线。根据控制点的坐标和待测设点的坐标可以计算出两者之间的坐标增量。下面以测设1、2点为例，说明测设方法。

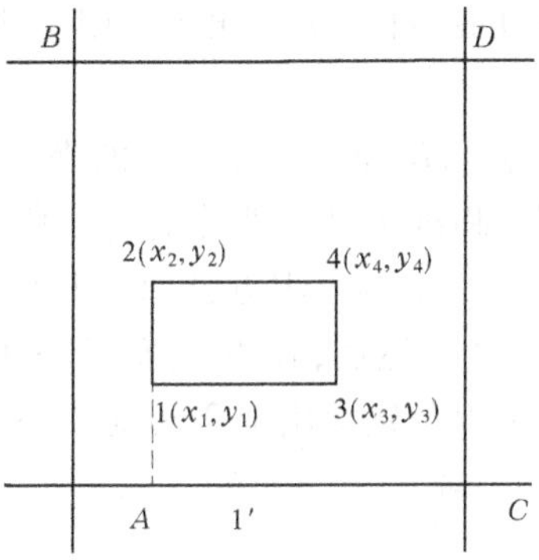

图9-13　直角坐标法测设点位

首先计算出A点与1、2点之间的坐标增量，即

$$\Delta x_{A1} = x_1 - x_A, \Delta y_{A1} = y_1 - y_A$$

测设1、2点平面位置时，在A点安置经纬仪，照准C点，沿此视线方向从A沿C方向测设水平距离Δy_{A1}定出1′点。再安置经纬仪于1′点，盘左照准C点（或A点），转90°给出视线方向，沿此方向分别测设出水平距离Δx_{A1}和Δx_{12}定1、2两点。同法以盘右位置再定出1、2两点，取1、2两点盘左和盘右的中点即为所求点位置。

采用同样的方法可以测设3、4点的位置。

检查时，可以在已测设的点上架设经纬仪，检测各个角度是否符合设计要求，并丈量各条边长。

如果待测设点位的精度要求较高，可以利用精确方法测设水平距离和水平角。

二、极坐标法

极坐标法是根据控制点、水平角和水平距离测设点平面位置的方法。在控制点与测设点间便于钢尺量距的情况下，采用此法较为适宜，而利用测距仪或全站仪测设水平距离则没有此项限制，且工作效率和精度都较高。

如图9-14所示，$A(x_A,y_A)$、$B(x_B,y_B)$为已知控制点，$1(x_1,y_1)$、$2(x_2,y_2)$点为待测设点。根据已知点坐标和待测设点坐标，按坐标反算方法求出测设数据，即D_1，D_2，$\beta_1 = \alpha_{A1} - \alpha_{AB}$，$\beta_2 = \alpha_{A2} - \alpha_{AB}$。

测设时，经纬仪安置在A点，后视B点，置度盘为零，按盘左盘右分中法测设水平角β_1、β_2，定出1、2点方向，沿此方向测设水平距离D_1、D_2，则可以在地面标定出设计点位1、2两点。

检核时，可以采用丈量实地1、2两点之间的水平边长，并与1、2两点设计坐标反算出的水平边长进行比较。

如果待测设点1、2的精度要求较高，可以利用前述的精确方法测设水平角和水平距离。

三、角度交会法

角度交会法是在两个控制点上分别安置经纬仪，根据相应的水平角测设出相应的方向，根据两个方向交会定出点位的一种方法。此法适用于测设点离控制点较远或量距有困难的情况。

如图 9-15 所示，根据控制点 A、B 和测设点 1、2 的坐标，反算测设数据 β_{A1}、β_{A2}、β_{B1} 和 β_{B2} 角值。将经纬仪安置在 A 点，瞄准 B 点，利用 β_{A1}、β_{A2} 角值按照盘左盘右分中法，定出 A_1、A_2 方向线，并在其方向线上的 1、2 两点附近分别打上两个木桩（俗称骑马桩），桩上钉小钉以表示此方向，并用细线拉紧。然后，在 B 点安置经纬仪，同法定出 B_1、B_2 方向线。根据 A_1 和 B_1、A_2 和 B_2 方向线可以分别交出 1、2 两点，即为所求待测设点的位置。

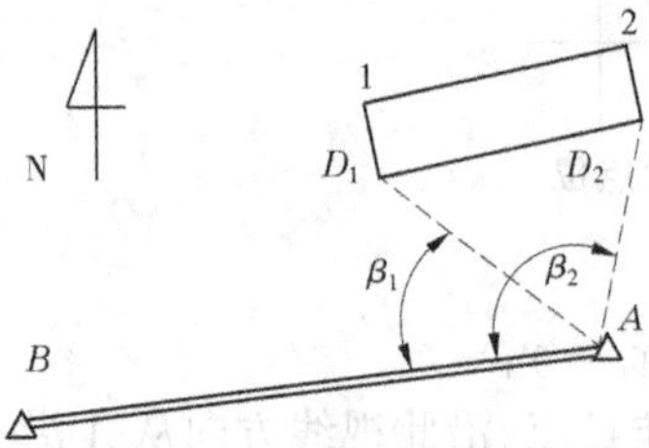

图 9-14 极坐标法测设点位

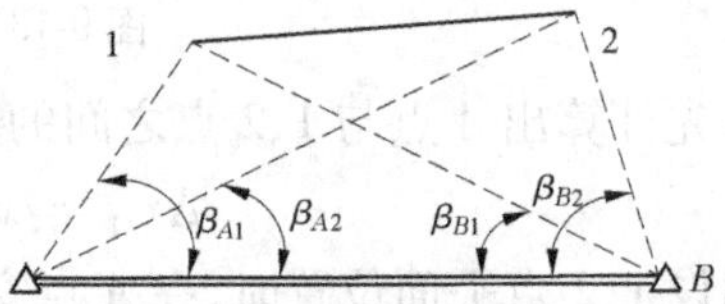

图 9-15 角度交会法测设点位

当然，也可以利用两台经纬仪分别在 A、B 两个控制点同时设站，测设出方向线后标定出 1、2 两点。

检核时，可以采用丈量实地 1、2 两点之间的水平边长，并与 1、2 两点设计坐标反算出的水平边长进行比较。

四、距离交会法

距离交会法是从两个控制点利用两段已知距离进行交会定点的方法。当建筑场地平坦且便于量距时，用此法较为方便。

如图 9-16 所示，A、B 为控制点，1 点为待测设点。首先，根据控制点和待测设点的坐标反算出测设数据 DA 和 DB，然后用钢尺从 A、B 两点分别测设两段水平距离 DA 和 DB，其交点即为所求 1 点的位置。

同样，2 点的位置可以由附近的地形点 P、Q 交会出。

检核时，可以实地丈量 1、2 两点之间的水平距离，并与 1、2 两点设计坐标反算出的水平距离进行比较。

五、十字方向线法

十字方向线法是利用两条互相垂直的方向线相交得出待测设点位的一种方法。如图 9-17所示，设 A、B、C 及 D 为一个基坑的范围，P 点为该基坑的中心点位，在挖基坑时，P 点则会遭到破坏。为了随时恢复 P 点的位置，则可以采用十字方向线法重新测设 P 点。

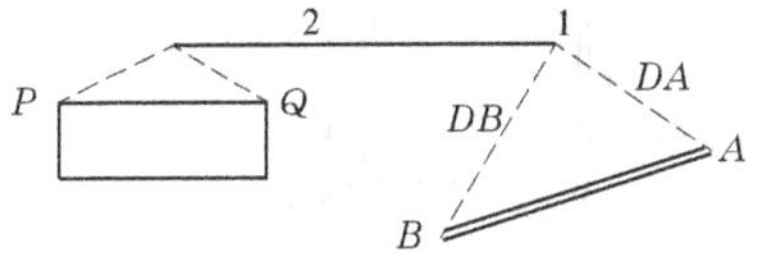

图 9-16 距离交会法测设点位

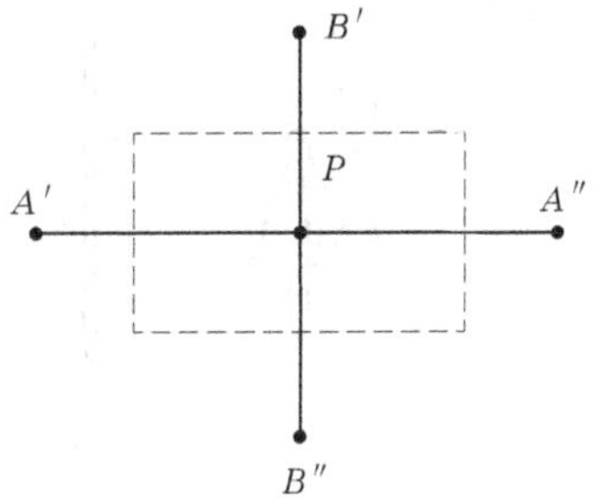

图 9-17 十字方向线法测设点位

首先,在 P 点架设经纬仪,设置两条相互垂直的直线,并分别用两个桩点来固定。当 P 点被破坏后需要恢复时,则利用桩点 $A'A''$ 和 $B'B''$ 拉出两条相互垂直的直线,根据其交点重新定出 P 点。

为了防止由于桩点发生移动而导致 P 点测设误差,可以在每条直线的两端各设置两个桩点,以便能够发现错误。

六、全站仪坐标测设法

全站仪不仅具有测设精度高、速度快的特点,而且可以直接测设点的位置。同时,在施工放样中受天气和地形条件的影响较小,从而在生产实践中得到了广泛应用。

全站仪坐标测设法,就是根据控制点和待测设点的坐标定出点位的一种方法。首先,仪器安置在控制点上,使仪器置于测设模式,然后输入控制点和测设点的坐标,一人持反光棱镜立在待测设点附近,用望远镜照准棱镜,按坐标测设功能键,全站仪显示出棱镜位置与测设点的坐标差。根据坐标差值,移动棱镜位置,直到坐标差值等于零,此时,棱镜位置即为测设点的点位。

为了能够发现错误,每个测设点位置确定后,可以再测定其坐标作为检核。

任务五 坡度线的测设

两点间的高差与其水平距离的比值称为坡度。设地面上两点间的水平距离为 D,高差为 h,坡度为 i,则

$$i = \frac{h}{D} \tag{9-3}$$

坡度可用百分率(%)表示,也可用千分率(‰)表示。

已知坡度的测设,就是根据一点的高程位置,沿给定的方向,定出其他一些点的高程位置,使这些点的高程位置在给定的设计坡度线上。如图 9-18 所示,A 点的高程为 H_A,A、B 点的水平距离为 D_{AB},直线 A、B 的测设坡度为 i_{AB},则可算出 B 点的设计高程为

$$H_B = H_A + i_{AB}D_{AB} \tag{9-4}$$

按测设高程的方法,在 B 点测设出 H_B 的高程位置,则 A 点与 B 点的设计坡度线就定出来了。除线路两端点定出外,还要在 A、B 两点之间定出一系列点,使它们的高程位置能位于 AB 所在的同一坡度线上。测设时,将水准仪(当设计坡度较大时可用经纬仪)安

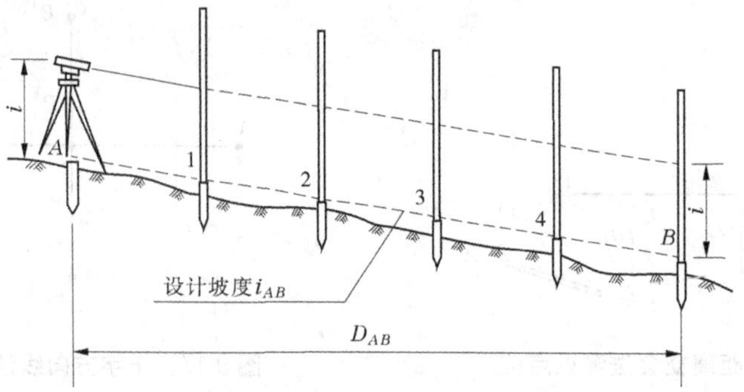

图 9-18 坡度的测设

置在 A 点，并使水准仪机座上的一只脚螺旋在 AB 方向上，另两只脚螺旋的连线与 AB 方向垂直，量取仪高 i，用望远镜瞄准立于 B 点的水准尺，调整 AB 方向上的脚螺旋，使十字丝的中丝在水准尺上的读数为仪器高 i，这时仪器的视线平行于所设计的坡度线，然后 AB 中间的各点 1、2、3…的桩上立水准尺，只要各点水准尺的读数为 i，则尺子底部即位于设计坡度线上。

任务六 圆曲线的测设

一、圆曲线主点

修建渠道、道路、隧洞等建筑物时，从一直线方向改变到另一直线方向，需用曲线连接，使路线沿曲线缓慢变换方向。常用的曲线就是圆曲线。

图 9-19 中直线由 T_1 到 P 点后，转向 PT_2 方向（i 为转折角），用一半径为 R 的圆与该两直线连接（相切），切点 BC 由直线转向曲线，称为圆曲线的起点；切点 EC 由曲线转向直线，称为圆曲线的终点；MC 为曲线的中点。这三点控制圆曲线的形状，称为圆曲线的主点。

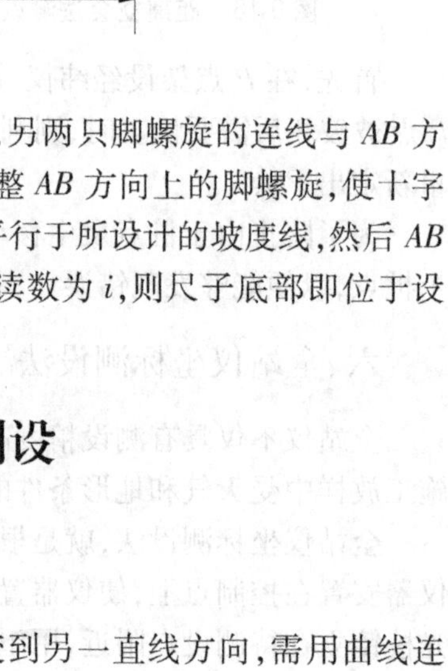

图 9-19 圆曲线主点放样示意图

二、圆曲线主点的测设

（一）圆曲线要素计算

由图 9-19 可以看出，若 α、R 已知：

则切线长为 $T = R\tan\dfrac{\alpha}{2}$

曲线长为 $L = R\dfrac{\alpha}{\rho}$

外 距 $E = R\sec\dfrac{\alpha}{2} - R = R\left(\sec\dfrac{\alpha}{2} - 1\right)$

切曲差 $$J = 2T - L \tag{9-5}$$

【例 9-2】 已知交点 JD 的桩号为 3＋135.12，测得转角 $\alpha = 40°20'$（右），圆曲线半径

$R=120$ m,试求圆曲线要素。

解：

$$T = R\tan\frac{\alpha}{2} = 44.072(\text{m})$$

$$L = R\frac{\alpha}{\rho} = 84.474(\text{m})$$

$$E = R(\sec\frac{\alpha}{2} - 1) = 7.837(\text{m})$$

$$J = 2T - L = 3.670(\text{m})$$

在实际工作中,圆曲线要素可从“公路曲线测设用表”或“铁路曲线测设用表”中查得。这些表都是以 $R=100$ m 编制的,当 $R=1\ 000$ m 时,只需将表中查得数值乘以 10,依次类推。

(二)主点桩号的计算

由于道路中线不经过交点 JD,所以曲中点 QZ 和终点 YZ 的桩号,必须从起点 ZY 的桩号沿曲线长度推算出来。

主点桩号计算公式：

$$\left.\begin{aligned} ZY\text{桩号} &= JD\text{桩号} - T \\ QZ\text{桩号} &= ZY\text{桩号} + L/2 \\ YZ\text{桩号} &= QZ\text{桩号} + L/2 \end{aligned}\right\} \tag{9-6}$$

为了避免计算中的错误,可用下式进行计算检核：

$$YZ\text{桩号} = JD\text{桩号} + T - J \tag{9-7}$$

用例 9-2 的测设元素按式(9-6)计算驻点桩号得：

JD 桩号 3 + 135.12;　　　ZY 桩号 3 + 091.05;

QZ 桩号 3 + 133.29;　　　YZ 桩号 3 + 175.53。

检核计算:按式(9-7)算得 YZ 桩号为 3 + 175.52。

两次算得 YZ 的桩号相差 0.01 m,这是计算时四舍五入的关系,为容许误差。

(三)主点的测设

经纬仪置于交点 JD 上,将望远镜照准 ZY 方向,自交点沿此方向量切线长 $T=44.07$ m,便定出曲线的起点 ZY。然后将望远镜照准 YZ 方向,自交点沿此方向量切线长 $T=44.07$ m 定出曲线的终点 YZ。以 0°00′00″瞄准终点 YZ,测设角度 $\beta/2$,可得两切线的分角线方向(当 β 大于 180°时,需再倒转望远镜),沿此方向从 JD 量外距 $E=7.84$ m,便定出曲中点 QZ。

三、圆曲线细部点的测设

圆曲线细部点的测设主要是求解曲中点 QZ 和曲终点 YZ 的点位位置,放样曲中点 QZ 主要是拨偏角 α 的 1/4。在要素求解时这里不是难点,但对整条曲线起着控制的作用。其测设的正确与否,直接影响曲线的详细测设,所以在求解时不能大意。

圆曲线的详细测设,就是指测设除主要点外的一切曲线点,包括一定距离加密点、百米点。圆曲线的详细测设的方法有很多种。本书设计的程序主要是实践中用得比较多的偏角法和切线支距法。下面分别介绍这两种方法。

(一)偏角法的原理、主要公式及放样要素

所谓偏角法,是根据曲线点 i 的切线偏角 δ_i 及其间距 c 作方向与定长交会,获得放样点位。如图9-20所示,欲测设曲线上2点,可在 ZY 点置镜,后视 JD 点,拨出偏角 δ_2,在以定长 c 自1点与拨出的视线方向作交会,便得2点。偏角计算公式如下:

$$\delta = \frac{\varphi}{2} = \frac{c}{2R}\frac{180}{\pi} \tag{9-8}$$

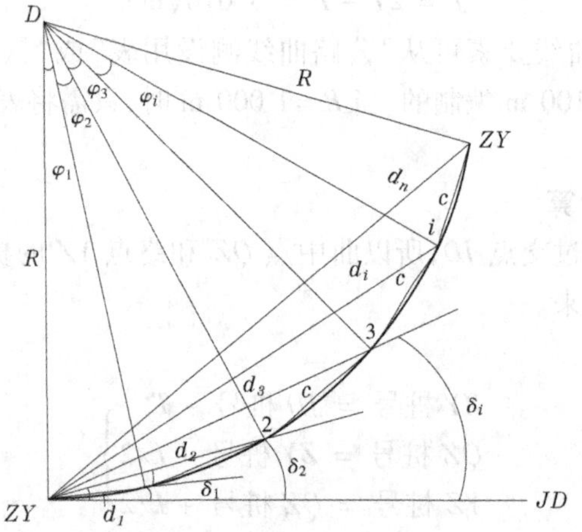

图9-20 偏角法测设图

式中 c——弧长,一般为20 m,因为圆曲线的半径 R 一般多比较大,相对来说,c 值比较小,故认为弦长与弧长均为 c;

φ——弧长 c 所对应的圆心角。

当圆曲线上各点等距离时,则曲线上各点的偏角为第一点偏角的整数倍。

$$\left.\begin{aligned}\delta_1 &= \frac{\varphi}{2} = \frac{c}{2R}\frac{180}{\pi} = \delta \\ \delta_2 &= 2\times\frac{\varphi}{2} = 2\delta \\ &\vdots \\ \delta_n &= n\times\frac{\varphi}{2} = n\delta\end{aligned}\right\} \tag{9-9}$$

(二)切线支距法的原理、主要公式及放样要素

原理:平面曲线的施工测量,就是依据曲线上的坐标值进行施工放样。平面曲线施工放样测量的计算,就是依据曲线的数学方程式,由已知弧长求算曲线坐标。

由于采用的坐标不同,支距法可以分为切线支距法和弦线支距法两种。切线支距法是以曲线起点 ZY 为坐标原点,其切线为 x 轴、过 ZY 的半径为 y 轴的直角坐标系统。利用曲线上各点在此坐标系统中的坐标,便可采用直角坐标法测设曲线。其做法主要是在地面上沿切线方向自 ZY 量出 x_i,在其垂线方向上量取 y_i,便可得曲线上的 i 点(见图9-21)。

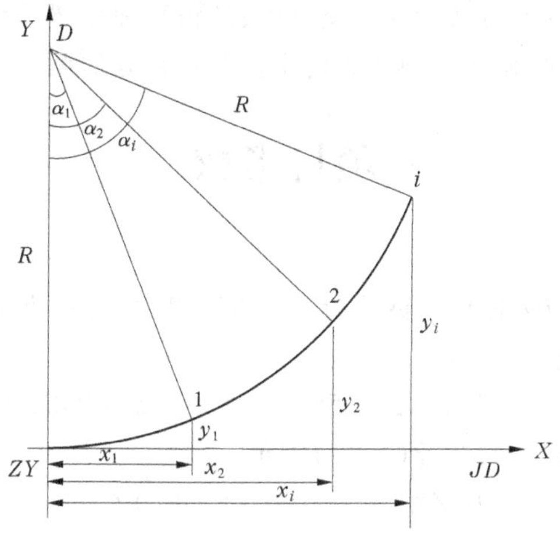

图 9-21　切线支距法测设图

关键的问题是由圆曲线上任意一点 i 的曲线长 l_i 及半径 R 确定 i 点的坐标 x_i 与 y_i，即建立参数方程。

由图 9-21 可以看出，曲线上任意一点 i 的坐标为

$$\left.\begin{aligned} x_i &= R\sin\alpha_i \\ y_i &= R(1-\cos\alpha_i) \end{aligned}\right\} \tag{9-10}$$

以 $\alpha_i=\dfrac{l_i}{R}$ 代入式(9-10)并用级数展开，可得圆曲线的参数方程：

$$\left.\begin{aligned} x_i &= l_i-\frac{l_i^{\ 2}}{6R^2}+\frac{l_i^{\ 5}}{120R^4} \\ y_i &= \frac{l_i^2}{2R}-\frac{l_i^4}{24R^3}+\frac{l_i^6}{720R^5} \end{aligned}\right\} \tag{9-11}$$

这样根据曲线半径与 i 点曲线长 l_i 代入式(9-11)即得 i 点的坐标。所以，切线支距法放样圆曲线所要求的放样参数即为 (x_i,y_i)。

偏角法测设圆曲线简易可行，但此法是逐点测设，误差得到累积。因此，测设中应细心配置角度，精确测设距离。

用切线支距法测设的细部是相互独立的，误差不累积。若支距不太长，用此法具有操作方便、精度较高的特点。但切线支距法不能自行闭合检查，必须用钢尺丈量曲线上相邻两点的距离作为检核。

项目小结

测量的两项主要工作是大比例尺地形图的测绘和施工放样。在本书前面几章中我们已经讲过了大比例尺地形图的测绘，本章主要介绍了施工测量的基本知识。首先，本章阐述了测设的基本工作，即已知水平距离的测设，主要采用钢尺测设和全站仪测设水平距离两种方法；已知水平角的测设，分别叙述了一般测设和精密测设两种方法；已知高程的测设，对地面点的高程和空间点的高程作了详细介绍，并介绍了点的平面位置的测设，有直

角坐标法、极坐标法、角度交会法和距离交会法；还简要地介绍了坡度线的测设，并详细地介绍了圆曲线的测设方法，阐述了圆曲线的主点和细部点的测设。

项目考核

一、选择题

1. 已知圆曲线交点 JD 的里程桩号为 5 + 295.78，转向角为 $10°25'$，圆曲线半径 R = 800 m，则 ZY 点的桩号为（　　）。

A. 5 + 222.86　　B. 5 + 295.58　　C. 5 + 368.30　　D. 5 + 368.70

2. 圆曲线起点即直圆点用代号（　　）表示。

A. JD　　B. ZY　　C. YZ　　D. QZ

3. 用切线支距法测设圆曲线一般是以（　　）为 y 轴。

A. 切线方向　　B. 垂直于切线方向的半径方向

C. 交点与圆心连线方向　　D. 任意方向

4. 经纬仪正倒镜分中法用在（　　）放样中。

A. 水平距离　　B. 水平角　　C. 高程　　D. 高差

5. 前方交会法放样时，交会角宜为（　　）。

A. 30° ~ 150°　　B. 30° ~ 120°　　C. 40° ~ 170°　　D. 40° ~ 150°

6. 放样点 P 坐标为（4 000.00，4 732.00），控制点 A 坐标为（3 000.00，3 000.00），控制点 B 坐标为（6 000.00，4 732.00），用角度交会法放样，则 AP 方向的交会角为（　　）。

A. 60°　　B. 50°　　C. 40°　　D. 30°

7. K、J 为已知导线点，坐标分别为（746.202，456.588）、（502.110，496.225），P 为某设计点位，坐标为（450.000，560.000），在 J 点用极坐标法测设 P 点，放样的距离为（　　）m。

A. 102.376　　B. 81.357　　C. 82.357　　D. 313.735

8. 从 A 点沿 AB 方向测设一条设计坡度为 $\delta = -3\%$ 的直线 AB，AB 的水平距离为 25 m，A 点的高程 H_A = 200.123 m，按设计要求，B 点的高程应为（　　）m。

A. 199.733　　B. 200.378　　C. 200.873　　D. 199.373

9. 已知角度放样的方向 AB' = 85.00 m，设计值 $\beta = 36°$，测设得 $\beta' = 35°59'42''$，修正值 $B'B$ 为（　　）mm。

A. 6　　B. 7　　C. 8　　D. 9

10. 已知圆曲线的起点 ZY 的桩号为 3 + 091.048，曲线长 L = 84.474 m，曲线的中点 QZ 的桩号为（　　）。

A. 3 + 175.522　　B. 3 + 175.285　　C. 3 + 133.522　　D. 3 + 133.285

二、判断题

1. 建筑基线是建筑场地的施工控制基准线，即在场地中央放样一条长轴线或若干条与基线垂直的短轴线。它适用于建筑设计总平面图布置比较简单的小型建筑场地。（　　）

2. 在建筑物放样中，放样点的坐标系和控制点的坐标系不同时，要先进行坐标换算，

使放样点和控制点在同属一坐标系内的坐标，才能进行计算放样数据。　（　）

3. 施工测量与建筑物重要性有关，与施工方法无关。　（　）

4. 由于在测绘地形图时遵行“从整体到局部，先控制后碎部”的原则，所以在施工测量时就没必要再遵行“从整体到局部，先控制后碎部”的原则了。　（　）

5. 直角坐标法适用于控制网为方格网或已不设彼此垂直的主轴线时。　（　）

6. 圆曲线主点是指圆曲线的交点、直圆点、圆直点。　（　）

7. 圆曲线的要素外矢距的计算公式为 $E=R(\sec\frac{\alpha}{2}-1)$。　（　）

8. 钢尺量距放样距离，当精度要求较高时，需加尺长、温度、倾斜改正，精密丈量放样距离。　（　）

9. 若测设点与放样点的高差过大，可悬挂钢尺引测高差，将高程传递到高处或低处。　（　）

10. 无论放样的坡度多大，都可用水准仪测设出坡度。　（　）

项目十　渠道测量

【学习目标】

渠道是常见的水利工程，在渠道勘测、设计和施工时所进行的测量工作称为渠道测量，渠道测量的内容和方法与一般道路测量基本相同。渠道测量主要内容包括踏勘选线、中线测量、纵横断面测量、土方计算和施工测量等。本项目只介绍渠道测量一般测量方法。

【重点】

渠道选线测量、中线测量、纵横断面测量以及土方量的计算。

【难点】

纵横断面测量、土方计算。

渠道测量是根据规划和初步设计的要求，在地面上选定中心线，并测定纵、横断面，绘制成图。然后，计算工作量，编制概算和预算，作为方案比较和施工放样的依据。渠道测量，一般分为选线测量和定线测量。选线一般在规划阶段进行。当设计部门已初步确定路线的最佳方案后，再进行定线测量。渠道施工前应进行施工放样。工程竣工后，应提交竣工测量资料。测量的工作贯穿在渠道工程建设的始终。

任务一　渠道选线测量

渠道选线的任务是在地面上选定合理路线，标定渠道中心位置。中线尽量短而直，尽量少占耕地，要避免修建过多的渠系和过水建筑物，沿线应有较好的地质条件。选线时尽可能确定一条既经济又合理的渠道中线。

一、踏勘选线

对于渠线较长的渠道一般经过实地查勘、室内选线、外业选线等步骤，对于渠线不长的渠道，可以根据资料，在实地查勘选线。渠道选线工作应由有经验的规划人员配合测量人员一同进行，必要时，最好应有地质人员参加。

（一）实地查勘

收集和了解有关资料，如土壤、地质、施工条件等资料。最好先在地形图（1∶1万～1∶10万）上初选几条比较渠线，依次对所经过地带进行实地查勘，了解和收集有关资料（土壤、地质、水文、施工条件等），对某些控制点进行简单测量，了解其相对位置、高程，以便分析比较，选取渠线。

（二）室内选线

在室内进行图上选线，选定渠道中心线的平面位置，并在图上标出渠道转折点到附近明显地物点的距离和方向。如果该地区没有适用的地形图，应根据查勘时确定渠道线路，测绘沿线宽100～200 m的带状地形图。

（三）外业选线

外业选线是将室内选线在实地标定出来，主要是把渠道的起点、转折点和终点标定出来，要根据现场实际情况，进行研究和补充修改，使之完善。一般用大木桩或水泥桩来标定，并绘制该桩的点之记，以便以后寻找。外业选线有时要根据现场的实际情况，对图上所定渠线进行补充修改，使之完善。尤其对关键性地段和控制性点位，更应反复勘测，认真研究，从而选定合理的渠线。

对平原地区，渠线应尽可能选成直线，遇转弯时，在转折处打下木桩。丘陵山区选线时，为了较快进行选线，可用经纬仪按视距法测出有关渠段或转折点间的距离和高程。

渠道中线选定后，应在渠道的起点、各转折点和终点用大木桩或水泥桩在地面上标定出来，并绘略图注明桩点与附近固定地物的相互位置和距离，便于寻找。

二、水准路线布设

在渠道选线时，应沿渠线附近布设一些水准点，以便满足渠道纵横断面测量的需要。水准点点位既要便于日后用来测定渠道高程，又要能够长期保存，点位间隔为1～3 km。路线组成附合或闭合水准路线，水准点的高程一般用四等水准测量（大型渠道采用三等水准测量）。

任务二 中线测量

渠道中线测量的任务主要是根据选线所定的起点、转折点和终点，通过量距、测角把渠道中心线的平面位置在地面上用一系列木桩标定出来。

一、中线的测设

中线测设的方法很多，穿线放样法是一种常用的方法，具体做法如下。

（一）准备数据

如图10-1所示，在带状地形图上，从初测时的导线点C_2、C_3…出发做导线边的垂线，它们与设计中线交于D_2、D_3…点，图上量取垂线的长度，直角和垂线的长度就是放样数据，有时为了通视需要，在中线通过高地的地方放样点（如D_1），这时可以从图上量取极坐标法放样所需的角度β与距离S。

（二）实地放样

实地在相应的导线点上设置直角，并量距，定出一系列D_2、D_3…点。如果距离较短，可以用直角镜或方向架设置直角，如果距离较远，宜用经纬仪设置直角。

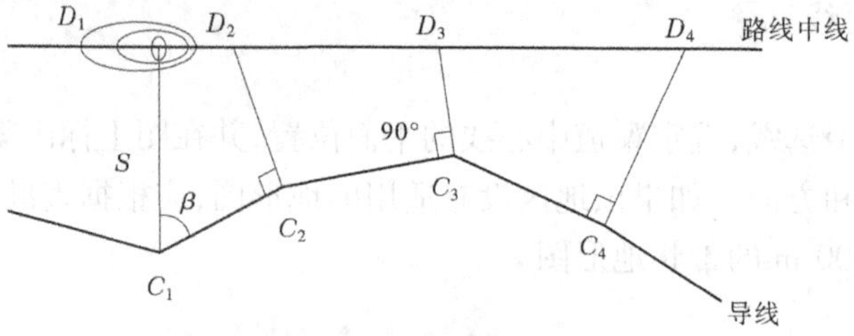

图 10-1 中线测量准备数据

(三)穿线

中线某一直线上几个点由于图解量取放样数据误差等因素,放样到实地后不会正好在一条直线上。为此,要在实地决定出一条离这些点最近的直线——中线,然后在经纬仪的帮助下,设置一系列标桩把中线表示出来。

(四)定出交点

定出相邻两中线段的交点,并测量路线的转向角。当用一台经纬仪工作时,先延长一中线,并在估计交点位置前后各设一骑马桩 A、B(见图 10-2),然后延长另一直线与 A、B 桩连线相交即得交点 JD。得交点后,测量转向角 α。

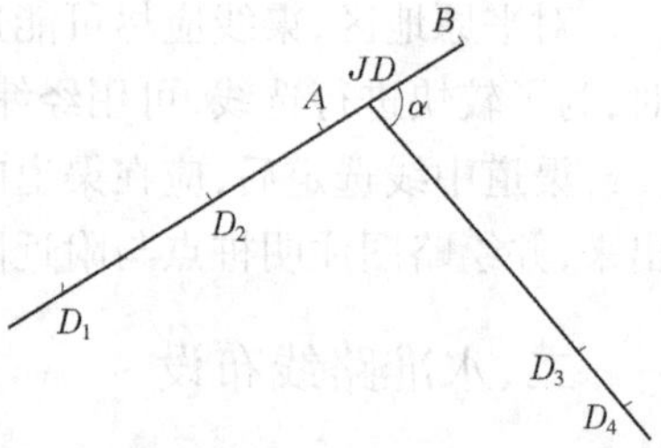

图 10-2 定交点

这种方法简单,外业工作不复杂,也不易出错,即使出错了也容易发觉,是工程测量中往往采用的方法。

二、里程桩测设

为了便于计算线路的长度和测绘纵横断面图,需要沿路方向在地面上设置桩,从起点开始,按规定每隔某一整数设一桩,此为整桩。根据不同的线路,整桩之间的距离也不同,一般为 20 m、30 m、50 m 等(曲线上根据不同半径,每隔 20 m、10 m 或 5 m)。在相邻整桩之间穿越重要地物处(如铁路、公路)要增设加桩,整桩和加桩统称里程桩。为了便于计算,线路里程桩均按桩的里程进行编号,并用红油漆写在木桩侧面,如整桩号为 1 + 100,即此桩距渠道起点 1 km 又 100 m(“ + ”号前的数为千米数,“ + ”号后的数为米数),为了避免测设里程桩错误,量距一般用钢尺丈量两次,精度为 1/1 000。当精度要求不高时,可用皮尺或测绳丈量一次,再在观测偏角时用视距法进行检核。

中线测量完成后,一般应绘出渠道测量路线平面图,在图上绘出渠道走向、主要桩点、主要数据等。

任务三 纵断面测量

纵断面测量的任务是测定中线上各里程桩的地面高程,绘制路线断面图,供渠道纵坡设计用。

一、纵断面测量

进行纵断面测量时，利用渠道沿线布设的水准点，每段从一个水准点出发，将渠线分成许多段，逐个测定该段渠上各中桩的地面高程，再附合到另一个水准点上，其闭合差不得超过 $\pm 40\sqrt{L}$ mm（L 为附合路线长度，以 km 为单位），或者 $\pm 10\sqrt{n}$ mm（n 为测站数），闭合差不用调整，但超限必返工。纵断面高程测量要求如下：

（1）观测时，以成像清晰、读数可靠为原则，前后视距不等差不加限制。

（2）一般由两台水准仪同时施测，其中一台仪器测定标石点及临时水准点高程；另一台仪器观测里程桩及沿线主要地物点高程。这样做法较为灵活，不会因一台仪器观测超限而全部重测。

（3）穿过河沟时的加桩，应联测高程。穿过铁路时，应测出轨面高程；穿过公路时，应测路面高程，还要测出路面宽度。

（4）与地面高差小于 2 cm 时，可以用桩顶高代替地面高；否则，应另测桩旁地面高程。

纵断面高程测量是利用间视法测量中心线上里程桩的地面高程，如图 10-3 所示，每一测站首先读取后、前两转点的标尺的计数，再读取两转点间所有地面点（间视点）的标尺读数。0 +000 桩、0 +200 桩、0 +400 桩为转点，0 +100 桩、0 +265. 6 桩、0 +300 桩…为间视点。首先从 BM_1（高程为 76. 605 m）引测高程，得 0 +000（TP_1）高程，再将水准仪置于测站 2，后视转点 TP_1，前视转点 TP_2，将观测结果记入表 10-1 中"后视读数"和"前视读数"栏内；然后观测中间间视点 0 +100 桩，将观测结果记入表 10-1 中，搬站至测站 3，后视转点 TP_2，前视 TP_3，然后观测间视点 0 +265. 5 桩、0 +300 桩、0 +361 桩，将观测结果记录表 10-1 中。

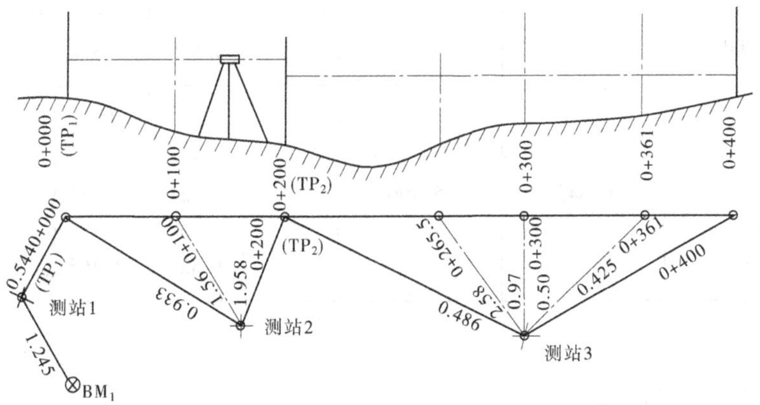

图 10-3 纵断面测量示意图

计算各里程桩的高程：

$$\text{视线高程} = \text{后视点高程} + \text{后视读数}$$

例如在测站 2，后视 TP_1（77. 306），后视读数为 0. 933 m，则视线高程：

$$77.306\ \text{m} + 0.933\ \text{m} = 78.239\ \text{m}$$

转点高程＝视线高程－前视读数

例如在测站2，前视 TP_2，前视读数为1.958 m，则转点 TP_2 高程：

78.239 m－1.958 m＝76.281 m

间视点高程＝视线高程－间视读数

例如在测站2，间视0＋000桩，读数为1.56 m，则间视点高程：

78.239 m－1.56 m＝76.679 m

表10-1　纵断面水准测量记录　（单位：m）

测站	测 点	后视读数	视线高	前视读数（m）		高程	备注
				中间点	转点		
1	BM_1	1.245	77.850			76.605	已知高程
	0＋00（TP_1）	0.933	78.239		0.544	77.306	
2	100			1.56		76.68	
	200（TP_2）	0.486	76.767		1.958	76.281	
3	265.5			2.58		74.19	
	300			0.97		75.80	
	361			0.50		76.27	
	400（TP_3）				0.425	76.342	
⋮	⋮	⋮	⋮	⋮	⋮	⋮	⋮
7	0＋800（TP_6）	0.848	75.790		1.121	74.942	
	BM_2				1.324	74.466	已知高程为74.451

二、纵断面图的绘制

纵断面是在以中线桩的里程为横坐标，以高程为纵坐标的直角坐标系中绘制，为了明显地表示地面起伏，一般取高程比例尺比里程比例尺大10倍或20倍。纵断面图一般自左至右绘制在毫米方格纸上。为了节省纸张和便于阅读，图上的高程可以不从零开始，而从某一合适的数值起绘。根据各桩点的里程和高程在图上标出相应地面点位置，依次连接各点绘出地面线；再绘出渠底设计线。根据起点（0＋000）的渠底设计高程、渠道比降和离起点的距离，均可以求得相应点处的“渠底高程”。然后，根据各桩点的地面高程和渠底高程，即可算出各点的挖深或填高数，分别填在图中相应位置，如图 10-4 所示。

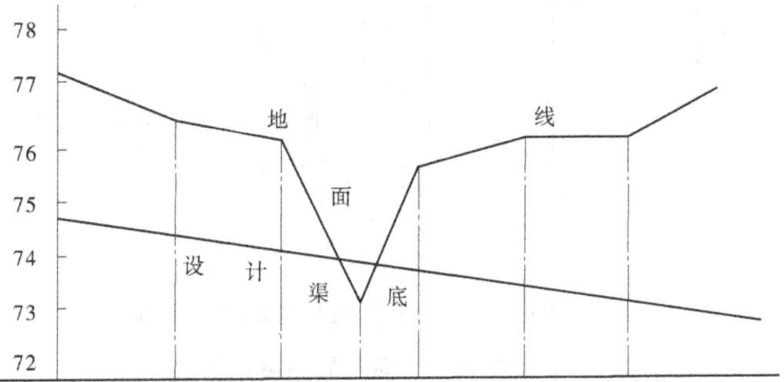

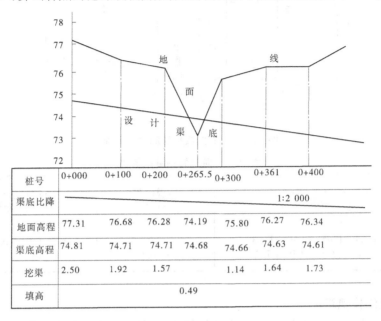

桩号	0+000	0+100	0+200	0+265.5	0+300	0+361	0+400
渠底比降	1:2 000						
地面高程	77.31	76.68	76.28	74.19	75.80	76.27	76.34
渠底高程	74.81	74.71	74.71	74.68	74.66	74.63	74.61
挖渠	2.50	1.92	1.57		1.14	1.64	1.73
填高				0.49			

图 10-4　渠道纵断面图

任务四　横断面测量

垂直于线路中线方向的断面称横断面，路线所有里程桩一般都应测量其横断面。横断面测量的主要任务是测量横断面地面高低起伏情况，并绘制出横断面图。横断面图是确定横向施工范围、计算土石方数量的必要资料。

一、横断面测量

横断面测量的宽度，根据实际工程要求和地形情况而定。横断面上中线桩的地面高程已在纵断面测量时测出，只要测出各地形特征点相对于中线桩的平距和高差，就可以确定其点位和高程。平距和高差，均用下列方法测定。

（一）水准仪皮尺法

此法适用于施测横断面较宽的平坦地区。如图 10-5 所示，安置水准仪后，以中线桩地面高程点为后视点，以中线桩两侧横断面地形特征点为前视点，标尺读数至厘米。用皮尺分别量出各特征点到中线桩的水平距离，量至分米，记录格式见表 10-2，表中按路前进方向分左右侧记录。以分式表示前视读数和水平距离。高差由后视读数与前视读数求差得到。

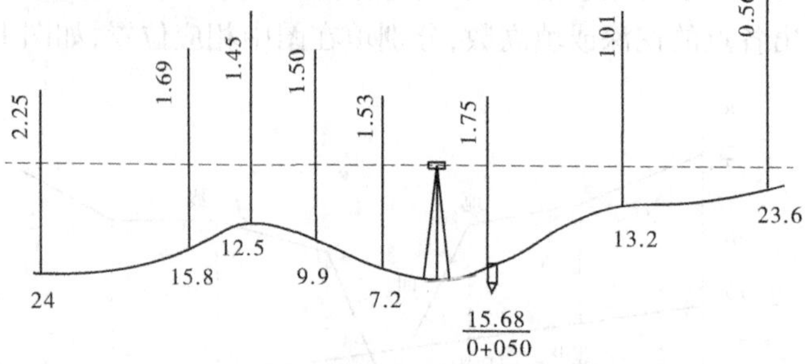

图10-5 水准仪皮尺法测量横断面

表10-2 横断面测量记录表

前视读数(左侧) 水平距离	后视读数 桩号	(右侧)前视读数 水平距离
22.5/24　1.69/15.8　1.45/12.5　1.50/9.9　1.53/7.2	1.75/0+050	1.01/13.2　0.56/23.6

(二)经纬仪视距法

安置经纬仪于中线桩上,可直接用经纬仪测定横断面方向,量出仪器高,用视距法测出各特征点与中线桩之间的平距和高差,此法适用于任何地形。利用全站仪测量速度更快、效率更高。

二、横断面图绘制

横断面也是根据断面测量成果绘制而成的(见图10-6)。为了计算方便,纵横比例尺应一致,一般取1:100或1:200,小渠道也可采用1:50。绘图时,以中线地面高程为准,以水平距离为横坐标,以高程为纵坐标。将地面特征点绘在毫米方格纸上,依次连接各点即成横断面的地面线。

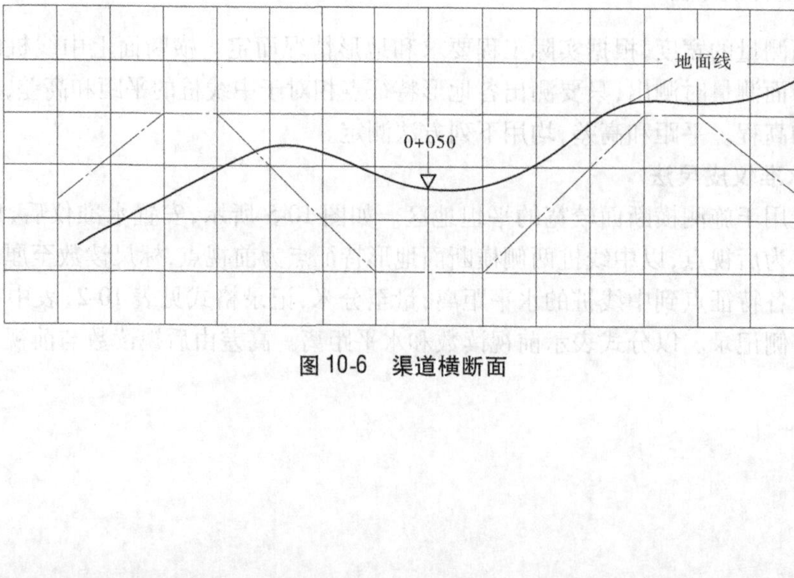

图10-6 渠道横断面

任务五　土方量计算

渠道工程必须在地面上挖深或填高，使渠道断面符合设计要求。所填挖的体积以 m^3 为单位，称为土方。土方计算方法虽然简单，但是计算工作量大。土方的多少，往往是总工作量的重要指标。为了编制渠道工程的经济预算，以及安排劳动力，制订合理的施工方案，必须认真做好土方的计算。

土方计算的方法常采用平均断面法，如图 10-7 所示，先算出相邻两中心桩应挖（或填）的横断面面积，取其平均值，再乘以两断面间的距离，即得两中心桩之间的土方量，以公式表示为

$$V = D(A_1 + A_2)/2 \tag{10-1}$$

式中　V——两中心桩间的土方量，m^3；

A_1、A_2——两中心桩应挖或填的横断面面积，m^2；

D——两中心桩间的距离，m。

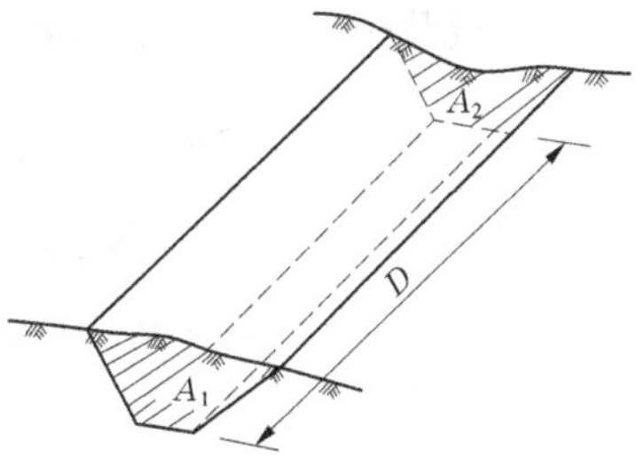

图 10-7　平均断面法

一、确定挖方或填方的面积范围

如图 10-8（a）所示，在土质渠段的设计断面采用等腰梯形。组成梯形断面的要素有内边坡、外边坡、渠底宽、渠顶宽、水深、超高和内肩宽、外肩宽及坡脚宽等。在岩石地带，设计断面采用矩形，此时内边坡垂直于渠底，如图 10-8（b）所示。

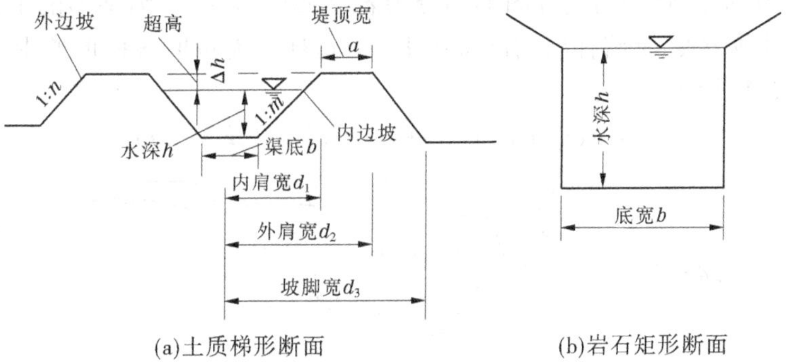

图 10-8　渠道设计横断面图

确定挖或填方面积时，可以根据设计断面的要素，绘在相应桩号的地形横断面图上，这样做既费工，精度上也不必要。因此，在实际工作中，可按地形横断面图的比例尺，制成设计断面模片，先将模片按照渠底设计高程套绘在地形横断面图上，然后用铅笔沿模片边缘，绘出设计横断面的轮廓。按照设计断面与地形的关系，渠道土方可分为挖方、填方、半挖半填方，如图 10-9 所示。

二、计算面积

设计面积与地形断面交线围成的面积，即为该断面挖方或填方的面积。计算面积的方法很多，通常采用的方法有方格法和梯形法。

(一)方格法

以 cm^3 为基本单位，分别数出挖方或填方范围内的方格数再乘以每 cm^3 代表的实际面积，即得挖方或填方面积。数方格时，先数整方格，再用目测法取长补短，将不整齐的部分，折合成几个整方格，最后加在一起，得到总方格数。

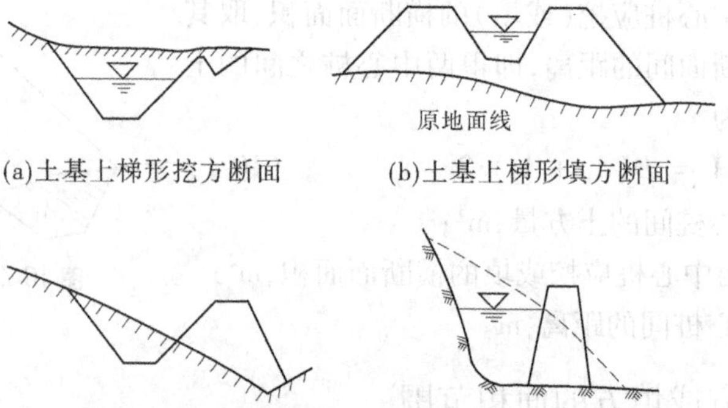

(a)土基上梯形挖方断面　(b)土基上梯形填方断面

(c)梯形半挖半填断面　(d)岩石上矩形半挖半填断面

图 10-9　设计断面与地形断面的关系

(二)梯形法

梯形法是将欲测图形分成若干等高梯形，然后按梯形面积的计算公式进行量测和计算。如图 10-10 所示，将中间挖方图形划分为若干梯形，其中 l_i 为梯形的中线长，h 为梯形的高，为了计算方便，常将梯形的高采用 1 cm，这样只需量取各梯形的中线长并相加，按下式即可求得图形面积 A：

$$A = h(l_1 + l_2 + \cdots + l_i) \quad (i = 1,2,\cdots,n)$$

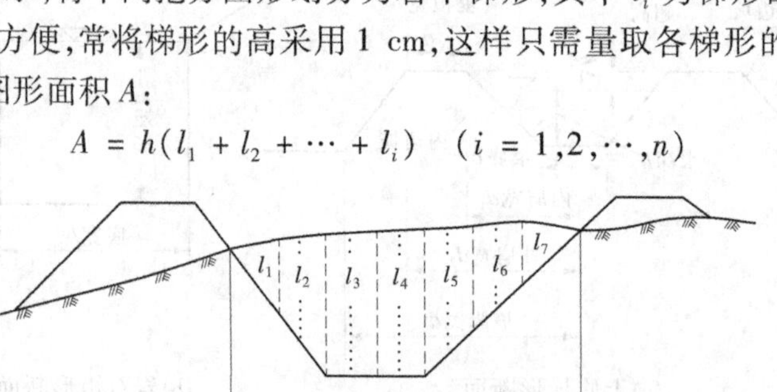

图 10-10　梯形法

三、计算土方体积

根据相邻中心桩的设计面积及两断面间的距离，按式(10-1)计算出相邻横断面间的挖方或填方。然后，将挖方和填方分别求总和。总土方量应等于总挖方量与总填方量之和。如果相邻断面有挖方和填方，则两断面之间必有不挖也不填点，该点称为零点。

任务六　渠道施工测量

渠道施工测量主要包括恢复中线测量、施工控制桩的测设、渠道边坡桩的测设等工作。

一、恢复中线测量

从工程勘测开始，经过工程设计到开始施工，往往会有一部分中线桩被碰动或丢失。为了保证线路中线位置的正确可靠，施工前应进行一次复核测量，并将已经碰动或丢失过的交点桩、里程桩恢复和校正好，其方法与中线测量相同。

二、施工控制桩的测设

中线桩在施工过程中要被锯掉或填埋。为了施工中及时、方便、可靠地控制中线位置，需要在不易受施工破坏、便于引测、易于保存桩位的地方测设施工控制桩。控制桩有以下两种测设方法。

（一）平行线法

平行线法是在设计渠道宽度以外测设两排平行于中线的施工控制桩，如图 10-11 所示，控制桩的间距一般取 10～20 m。此法多用于地势较平坦、直线段较长的路段。

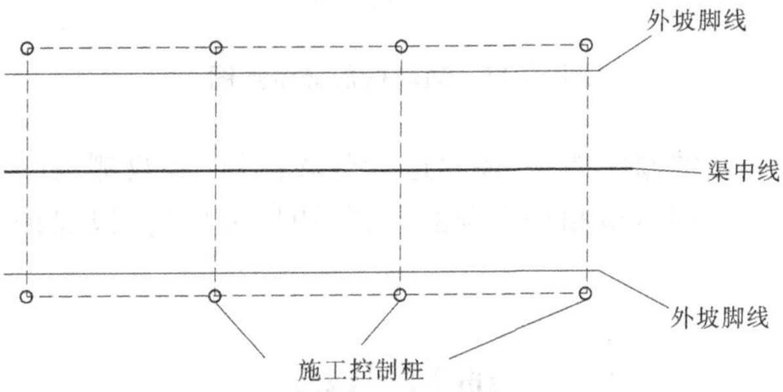

图 10-11　测设控制桩——平行线法

（二）延长线法

延长线法是在渠道转折处的中线延长线上，以及曲线中点至交点的延长线上打下施工控制桩，如图 10-12 所示，延长线法多用于地形起伏较大、直线段较短的山区。

三、渠道边坡放样

为了指导渠道的开挖和填土，需要在实地标明开挖线和填土线，这些挖、填线在每个断面处是用边坡桩标定的。所谓边坡桩，就是设计横断面线与原地面线交点的桩。标定边坡桩的放样数据与中心桩的水平距离，通常直接从横断面图上量取。放样时，先在实地用“十”字直角器定出横断面方向，然后根据放样数据，在横断面方向将边坡桩标定在地面上。如图 10-13 所示，从中心桩 O 向左侧方向量取 L_1 的左内边坡桩 e，量 L_3 得左外边

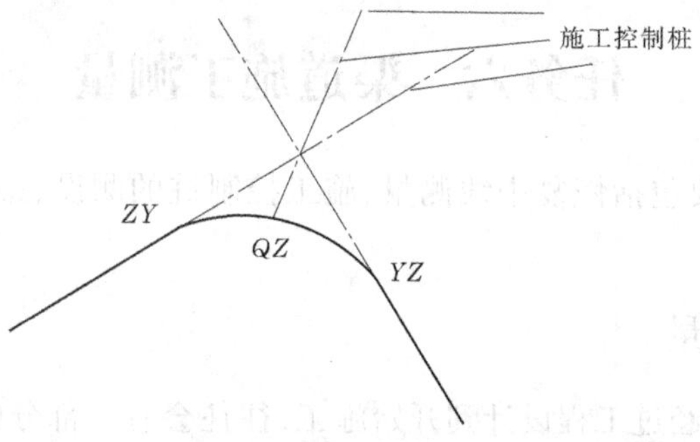

图 10-12 测设控制桩——延长线法

坡桩 d。同样，从中心桩向右侧量取的内边坡桩 f，分别打下木桩，即为开挖、填筑界线的标志，连接各断面相应的边坡桩，洒以石灰，即为开挖线和填土线。

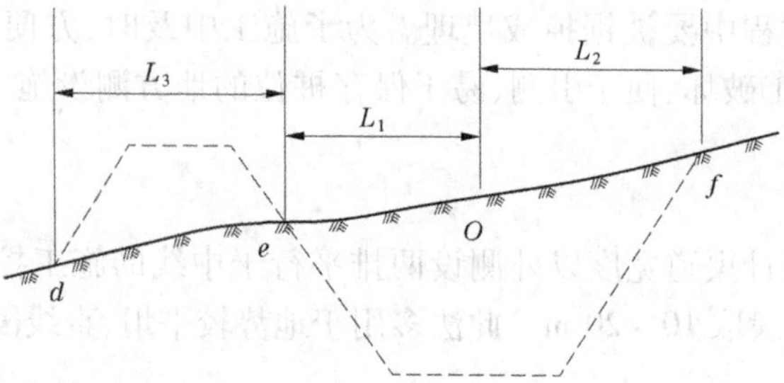

图 10-13 边坡桩放样示意图

最后，为了保证渠道的修建质量，还要进行验收测量，验收测量一般是用水准测量的方法检测渠底高程，有时还需检测渠堤顶的高程、边坡坡度等，以保证渠道按设计要求完工。

项目小结

(1)渠道选线测量，包括选线的原则、步骤。

(2)中线测量，包括中线测量的方法、穿线放样法的步骤，里程桩的概念、规定以及里程桩的测设。

(3)断面测量，包括纵断面测量的方法、步骤以及数据记录和计算。

(4)横断面测量，包括横断面测量的方法，如水准仪皮尺法、经纬仪视距法；横断面图绘制的方法。

(5)土方计算，包括计算断面挖、填面积方法，如方格法和梯形法；土方计算的方法和公式。

(6)道路施工测量，包括恢复中线测量工作；施工控制桩测设，有平行线法、延长线法；渠道边坡放样的步骤和方法。

项目考核

一、填空题

1. 渠道测量的外业工作主要有：①________________、②________________、③________________、④________________。

2. 渠道测量的内业工作主要有：①________________、②________________、③________________、④________________。

3. 在绘制纵断面图时，为了突出地表示渠道中心线的地形变化，一般高程比例尺应比距离比例尺大________________倍，如距离比例尺为 1∶1 000，则高程比例尺应为________________。

二、单项选择题

1. 渠道选线时，最关键的问题是(　　)。

A. 掌握好渠道的比降　　B. 掌握好渠道转弯处的曲线半径

C. 掌握好渠道的宽度　　D. 尽量减少土石方量，纵坡尽量接近自然地面

2. 渠道中线测量时，除每隔一定距离(例如 20 m)打一木桩为里程桩外，应打加桩，其位置应在(　　)。

A. 线路纵向有显著变化之处而不考虑横向变化

B. 遇到与其他渠道或道路相交之处

C. 线路纵向或横向有显著变化之处

D. 要同时考虑 B、C 选项的情况

3. 纵断面图制图比例尺通常高程比例尺比水平距离比例尺大(　　)。

A. 5 倍　　B. 10 倍　　C. 15 倍　　D. 20 倍

4. 横断面图是以高程为横坐标，距离为纵坐标画图形的(　　)。

A. 对　　B. 错　　C. 都对　　D. 都错

三、问答题

1. 渠道的纵坡是如何确定的？设计时应考虑哪些因素？

2. 渠道纵断面设计时应在纵断面图上标绘哪些线？它们是如何确定的？

3. 渠道标准横断面应包括哪些要素？横断面的尺寸主要取决于什么？

4. 渠道测量的内容包括哪些？

项目十一　水工建筑物及水库测量

【学习目标】

掌握大坝的控制测量、土坝清基开挖与坝体填筑的施工测量、混凝土坝的施工控制策略、水闸施工测量、水库测量；了解混凝土坝清基开挖线的放样；了解混凝土重力坝坝体的立模放样。

【重点】

掌握混凝土坝坝轴线的测设；坝体边坡的放样。

【难点】

水闸的施工测量。

任务一　土坝的施工测量

一、土坝控制测量

建立土坝施工控制网时应首先根据基本网确定坝轴线，然后以坝轴线为依据布设坝身控制网，以控制坝体细部的放样。

（一）坝轴线的确定

坝轴线即坝顶中心线，在设计图上量取两端点和中点坐标，根据坝址附近的测图控制点坐标计算放样数据，根据计算出的水平角、水平距离采用极坐标法放样出坝轴线的端点位置及中点位置，即为坝轴线的位置。

对于中小型土坝的坝轴线，一般是由工程设计人员和勘测人员组成选线小组，深入现场进行实地踏勘，根据当地的地形、地质和建筑材料等条件，经过方案比较，直接在现场选定。

对于大型土坝以及与混凝土坝衔接的土质副坝，一般经过现场踏勘、图上规划等多次调查研究和方案比较，确定建坝位置，并在坝址地形图上结合枢纽的整体布置，将坝轴线标于地形图上，如图 11-1 中的 M_1、M_2。再根据预先建立的基本控制网用角度交会法将 M_1 和 M_2 放样到地面上。

坝轴线的两端点在现场标定后，应用永久性标志标明。为了防止施工时端点被破坏，应将坝轴线的端点延长到两面山坡上，如图 11-1 中的 M_1'、M_2'。

（二）建立平面控制网

直线型坝的放样控制网通常采用矩形网或正方形方格网做平面控制。网格的大小与

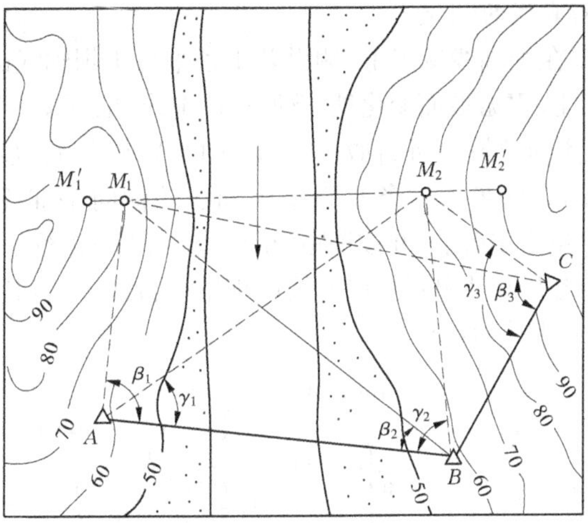

图 11-1　施工控制网

坝体大小和地面情况有关。

1. 垂直于坝轴线的直线的测设

(1)定零号桩。坝轴线上与坝顶设计高程相同的地面点作为坝轴线里程桩的起点，称为零号桩。将经纬仪安置在坝轴线上，以坝轴线定向，利用高程放样的方法，从已知水准点向上引测高程，当水准仪的视线高达到略高于坝顶设计高程时，算出符合坝顶设计高程应有的前视标尺读数，再指挥标尺在坝轴线上移动，当前视标尺读数等于应有的前视标尺读数时，则该点即为坝轴线上零号桩的位置，并打桩标定，如图 11-2 中的 M 和 N。

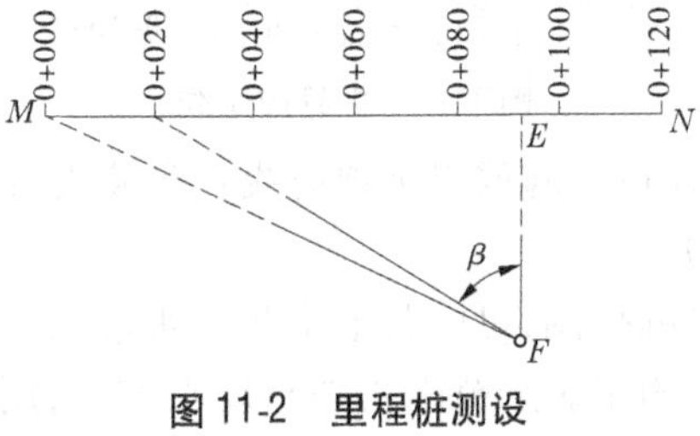

图 11-2　里程桩测设

(2)以零号桩作为起点，在坝轴线上每隔一定距离设置里程桩，在坡度显著变化的地方设置加桩。当距离丈量有困难时，可采用交会法定出里程桩的位置。如图 11-2 所示，在便于量距的地方做坝轴线 MN 的垂线 EF，用钢尺量出 EF 的长度，测出水平角 $\angle MFE$，算出平距 ME。

这时，设欲放样的里程桩号为 0 + 020，先按公式 $\beta = \arctan \dfrac{ME - 20}{EF}$ 计算出 β 角，然后用两台经纬仪分别在 M 点和 F 点设站，M 点的经纬仪以坝轴线定向，F 点的经纬仪测设出 β 角，两仪器视线的交点即为 0 + 020 桩的位置。其余各桩按同法标定。

(3)在各里程桩上测设坝轴线的垂线。垂线测设后，应向上、下游延长至施工影响范围之外，打桩编号作为测量横断面和放样的依据，这些桩称为横断面方向桩，如图 11-3 所示。

2. 平行于坝轴线的直线的测设

将经纬仪分别安置在坝轴线端点上，测设若干条平行于坝轴线的坝身控制线，控制线应布设在坝顶上、下游，上、下游坡面变化处，下游马道中线，也可按一定间距（如 5 m、10 m、20 m 等），以便控制坝体的填筑和进行收方。如图 11-3 所示，将经纬仪分别安置在坝轴线端点上，用测设 90° 的方法各作一条垂直于坝轴线的横向基准线，分别从坝轴线端点起，沿垂线向上、下游丈量定出各点，并按轴距（至坝线的平距）进行编号，如上 10，上 20，…，下 10，下 20，…两条垂线上编号相同的点连线即坝轴平行线，应将其向两头延长至施工影响范围之外，打桩编号（见图 11-3）。

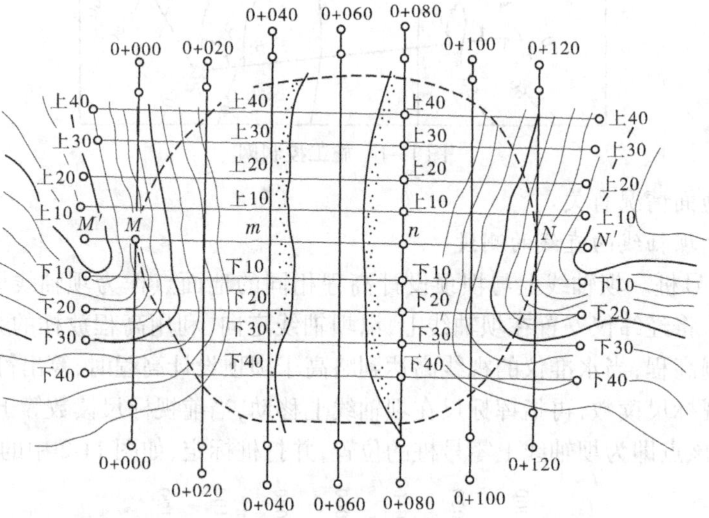

图 11-3　坝身控制线

在测设平行线的同时，还可一起放出坝顶肩线和变坡线，它们也是坝轴平行线。

（三）高程控制网的建立

用于土坝施工放样的高程控制，可由若干永久性水准点组成基本网和临时作业水准点两级布设。基本网一般在施工影响范围之外布设水准点，用三等水准测量按环形路线（如图 11-4 中由 $Ⅲ_A$ 经 $BM_1 \sim BM_6$，再至 $Ⅲ_A$ 测定它们的高程；临时水准点直接用于坝体的高程放样，布置在施工范围内不同高度的地方并尽可能做到安置一两次仪器就能放样高程。临时水准点应根据施工进程临时设置，附合到永久水准点上（如图 11-4 中由 BM_1 经 1～3 再至 BM_3）。从水准基点引测它们的高程，并应经常检查，以防由于施工影响发生变动。

二、土坝清基开挖与坝体填筑的施工测量

（一）清基开挖线的放样

清基开挖线是坝体与自然地面的交线，亦即自然地表上的坝脚线。

放样清基开挖线，可用图解法量取放样数据。从图上量出两断面线交点（坝脚点）至里程桩的距离（如图 11-5 中的 D_1 和 D_2），然后据此在实地垂线上放样出坝脚点。将各垂线上的坝脚点连起来就是清基开挖线。但清基有一定的深度，为了防止塌方，应放一定的

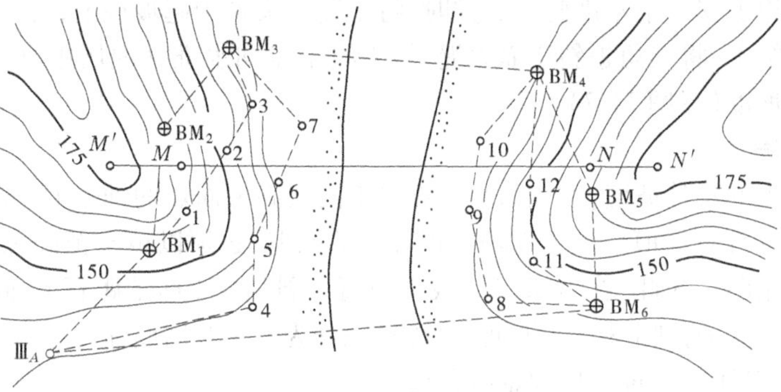

图 11-4　土坝高程控制网

边坡,因此实际开挖线需根据地质情况从所定开挖线向外放宽一定距离,撒上白灰标明。

(二)坡脚线的放样

清基后地面与坝底的交线称为坡脚线。坡脚线是填筑土石或浇筑混凝土的边界线。起坡线的放样也可采用套绘断面法。如果采用断面法,首先必须恢复里程桩,修测横断面图(在原断面图上修测靠坝脚开挖线部分),从修测后的横断面图上量出坝脚点的轴距再去放样。

起坡线的放样精度要求较高。无论采用哪种方法放样,都应进行检查。如图 11-6 所示,设所放出的点为 P。检查时,用水准测量测定此点高程为 H_P,则此点至坝轴里程桩的实地平距(或放点时所用的平距)D_P 应等于按下式所算出来的轴距,即

$$D_P = \frac{b}{2} + (H_{顶} - H_P)m \tag{11-1}$$

如果实地平距与计算的轴距相差大于 1/1 000,应在此方向移动标尺重测高程和重量平距,直至量得立尺点的平距等于所算出的轴距,这时的立尺才是起坡点应有的位置。所有起坡点标定后,连成起坡线。

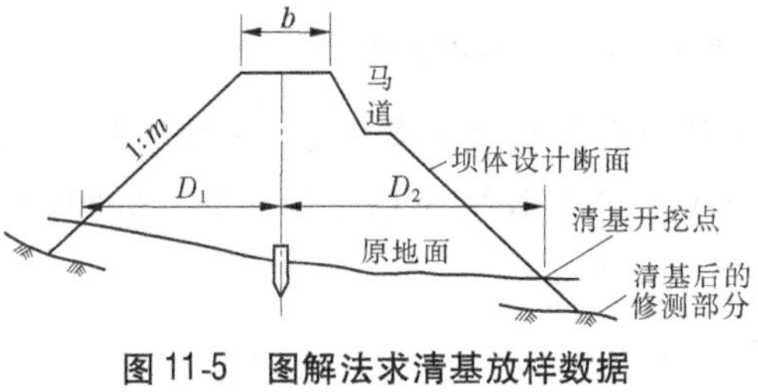

图 11-5　图解法求清基放样数据

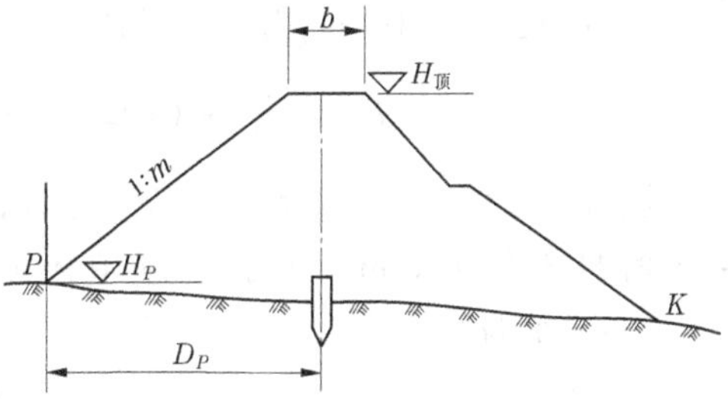

图 11-6　套绘断面法测定坡脚点

(三)坝体边坡的放样

坝体坡脚线放样出来后,就可填土筑坝。土坝施工是分层上料,上料后即进行碾压,应及时确定上料边界,就要用桩(称为上料桩)将边坡的位置标定出来。标定上料桩的工作称为边坡放样。土石坝边坡放样很简单,通常采用坡度尺法或轴距杆法。混凝土坝的边坡放样必须装置模板,模板的斜度用坡度尺确定。

1. 坡度尺法

按坝体设计的边坡坡度(1∶m)特制一个大三角板,使两直角边的长度分别为 1 和 m;

在较长的直角边上安一个水准管。放样时，将小绳一头系于起坡桩上，另一头系在坝体横断面方向的竹竿上，将三角板斜边靠着绳子，当绳子拉到水准气泡居中时，绳子的坡度即等于应放样的坡度（见图11-7）。

2. 轴距杆法

根据土石坝的设计坡度，按式(11-1)算出不同层高坡面点的轴距 D，编制成表。此表按高程每隔1 m计算一值。由于坝轴里程桩会被掩埋，必须以填土范围之外的坝轴平行线为依据进行量距。为此，在这条平行线上设置一排竹竿（称轴距杆），如图11-7所示。设平行线的轴距为 D，则上料桩（坡面点）离轴距杆为 $D-d$，据此即可定出上料桩的位置。随着坝体增高，轴距杆可逐渐向坝轴线移近。

上料桩的轴距是按设计坝面坡度计算的，实际填土时应超出上料位置，即应留出夯实和修整的余地，如图11-7中虚线所示。超填厚度由设计人员提出。混凝土坝的中间部分是分块立模的，应先将分块线投影到基础面或已浇好的坝块面上，再在离分块线0.2 m的地方弹出一条平行墨线，以供检查和校正模板用。在沿分块线立模时，在模板顶部钉一颗长0.2 m（包括模板厚）的钉子，吊下垂球，若垂球正对平行线，则说明模板已竖直。

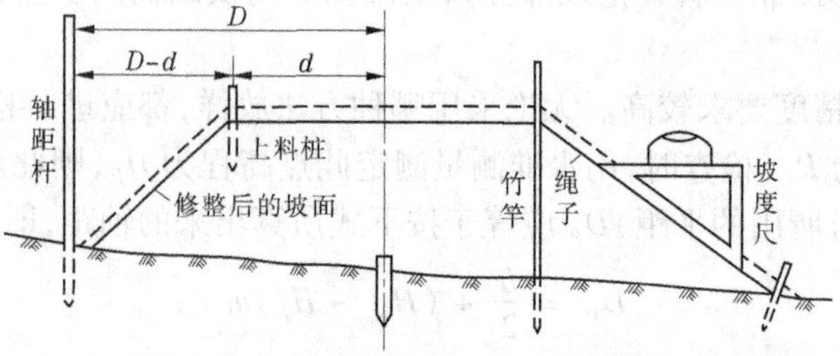

图11-7　坡度尺法和轴距杆法放样边坡

【例11-1】　如图11-8所示，某土坝的高程为102.50 m，顶宽为8 m，上游边坡为1∶3.0，上料层的高程为80.00 m，则上料桩的轴距为

$$D_A = \frac{8}{2} + (102.50 - 80.00) \times 3 = 71.5(\text{m})$$

放样时，在填土处以外预先埋设轴距杆，轴距杆距坝轴线的距离主要考虑便于量距、放样，如图11-8中为80 m。此时，从坝轴杆向坝轴线方向量取 $80-(71.50+2)=6.50(\text{m})$ 即为上料桩的位置。

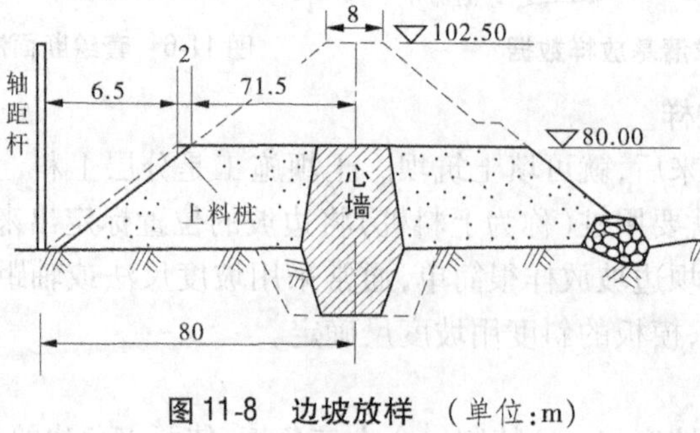

图11-8　边坡放样　（单位：m）

任务二　混凝土坝的施工测量

混凝土坝主要有混凝土重力坝、拱坝和支墩坝。混凝土重力坝是用混凝土浇筑，主要依靠坝体自重来抵抗上游水压力及其他外荷载并保持稳定的坝。混凝土重力坝的放样精度比土坝要求高。一般在浇筑混凝土坝时，整个坝体是沿轴线方向划分成许多坝段的，而每一坝段在横向上又分成若干个坝块。浇筑时按高程分层进行，每一层的厚度一般为 1.5～3 m，如图 11-9 所示。混凝土坝施工放样的工作包括坝轴线的测设、坝体控制测量、清基开挖放样和坝体立模等。混凝土坝采用分层施工，每层中还分跨分仓（或分段分块）进行浇筑，因此对每层、每块都必须进行放样，建立施工控制网，作为坝体放样的定线依据是十分必要的。坝体细部常用方向线交会法放样和前方交会法放样。

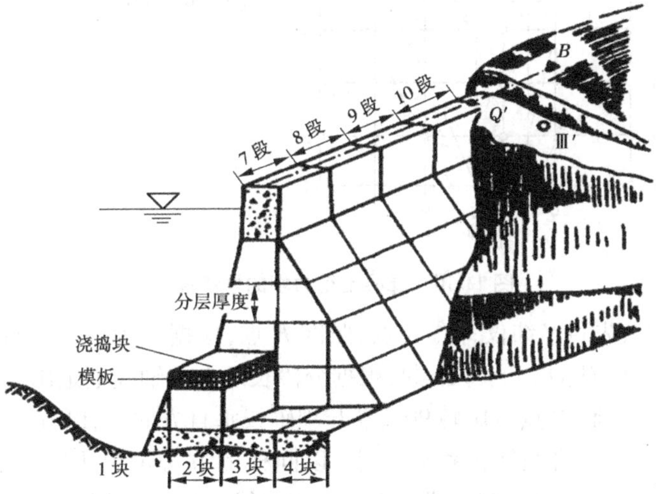

图 11-9　直线型混凝土重力坝分层分块的示意图

一、施工控制测量

（一）基本平面控制网

混凝土重力坝施工平面控制网一般按两级布设，首级基本控制多布置成三角网，并应尽可能将坝轴线的两端点纳入网中作为网的一条边，且按三等以上三角测量的要求施测。为了减少安置仪器的对中误差，三角点一般建造混凝土观测墩，并在墩顶埋设强制对中设备，以便安置仪器和觇标。精度要求最末一级控制网的点位中误差一般不超过 ±10 mm。

（二）坝体施工控制网

建立坝体施工控制网作为坝体放样的定线网，一般有矩形网和三角网两种，前者以坝轴线为基准，按施工分段分块尺寸建立矩形网；后者则由基本网加密建立三角网作为定线网。

1. 矩形网

图 11-10 为以坝轴线为基准布设的施工矩形网。*AB* 是坝轴线，矩形网是由平行和垂

直于坝轴线的控制线组成的，矩形网格的尺寸由施工分段分块的大小来决定。

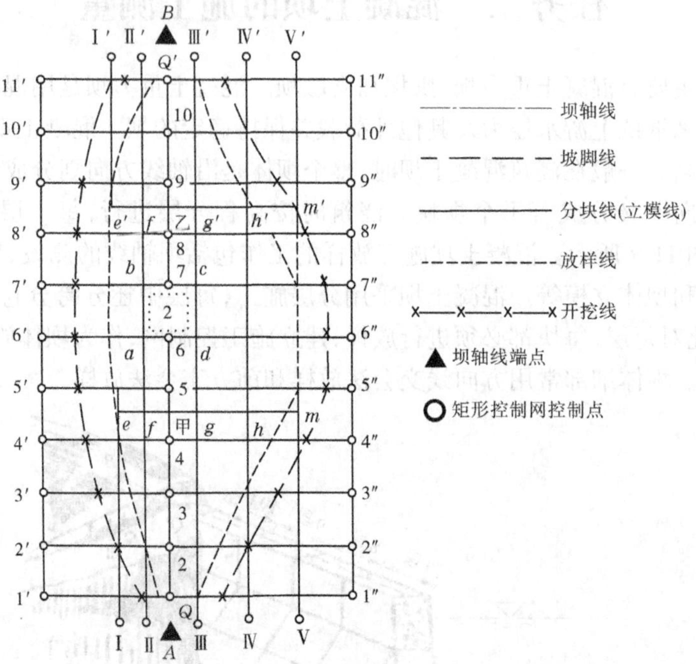

图 11-10 混凝土重力坝的坝体控制

测设矩形网时，先将经纬仪置在 A 点，照准 B 点，根据坝顶设计高程，在坝轴线上找出坝顶与地面的交点 Q、Q'。自 Q 点起，根据分段长度在坝轴线上定出 2、3、4…各点。

经纬仪安置 A 点瞄 B 点后旋转 90°，在与坝轴线垂直方向上，以分块宽度定出Ⅰ、Ⅱ、Ⅲ…放样控制点。然后将经纬仪移到 B 点，以同样的方法定出Ⅰ′、Ⅱ′、Ⅲ′…放样控制点。再通过 2、3…点测设出与坝轴线相垂直的方向线，并延长到上、下游围堰上或开挖线以外，设置 1′、2′、3′…和 1″、2″、3″…放样控制点。

在矩形网测设过程中，方向线测设必须采用盘左、盘右两个盘位测设，取其平均值作为最后结果。距离丈量也应往返丈量，以免发生差错。混凝土重力坝的高程控制也分两级布设，基本网是整个水利枢纽的高程控制。作业水准点或施工水准点，随施工进程布设，尽可能布设成闭合水准路线或附合水准路线。

2. 三角网

由基本网的一边建立的定线网，各控制点的坐标可测算求得。但坝体细部尺寸是以施工坐标系为依据的，因此应根据设计图纸求算得施工坐标系原点的测量坐标和坐标轴的坐标方位角，通过测量坐标系与施工坐标系之间的转换，换算为便于放样的统一坐标系统。

(三)高程控制网

高程控制分两级布设，基本网是整个水利枢纽的高程控制。视工程的不同要求按二等或三等水准测量施测，并考虑以后可用作监测垂直位移的高程控制。作业水准点或施工水准点，随施工进程布设，尽可能布设成闭合水准路线或附合水准路线。

二、混凝土坝清基开挖线的放样

清基工作是在围堰修好、坝体控制测量结束后进行。分别在1′、2′、3′…放样控制点上安置经纬仪，瞄准对应的控制点1″、2″、3″…点，在方向线上定出该断面的基坑开挖点。将这些点连接起来就是基坑开挖线。

开挖点的位置在设计图上用图解的方法求得，实际测定时采用逐渐接近法。

图11-11是某一坝基点的设计断面图，由图上可求得坝轴线到坡脚点A'的距离S_0。在地面由坝轴线量出S_0得地面点A，测得A点的高程后，就可求得AA'的高差h_1。如果基坑开挖设计坡度为$1:m$，则$S_1=mh_1$，自A点沿横断面方向线量出S_1得B点，实测B点高程，得$h_2=H_B-H'_A$，同样可以计算出$S_2=mh_2$。若S_2与S_1相接近，则该点即为基坑开挖点；若S_1与S_2相差较大，则按上述方法继续进行。直到量出的距离与计算值相接近。

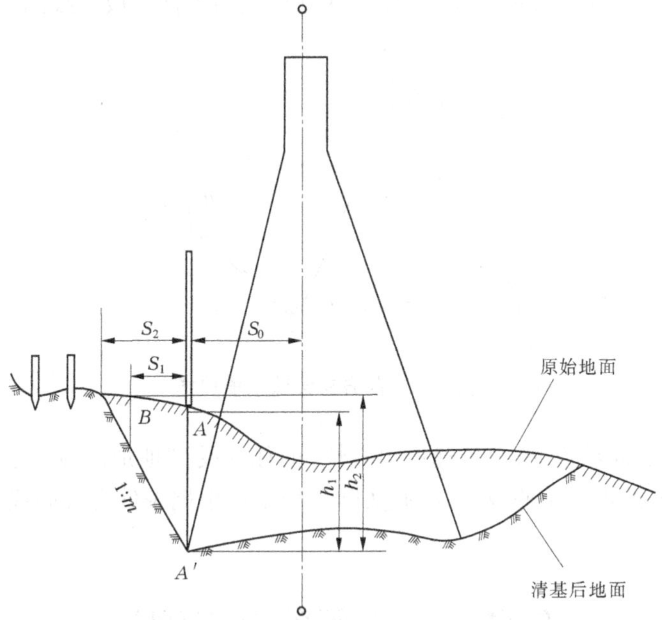

图11-11　某坝基点的设计断面图

开挖点定出后，还应在开挖范围外的该断面上设立两个以上的保护桩，以备校核。用同样的方法可以定出各断面上的开挖点，将这些开挖点连接起来即为清基开挖线。

在清基开挖过程中，还应控制开挖深度，在每次爆破后及时在基坑内选择较低的岩面测定高程（精确到厘米即可），并用红漆标明，以便施工人员和地质人员掌握开挖情况。

三、直线型混凝土重力坝坝体的立模放样

在坝体分块立模时，应将分块线投影到基础面上或已浇好的坝块面上，模板架立在分块线上，因此分块线也叫立模线，但立模后立模线被覆盖，还要在立模线内侧弹出平行线，称为放样线（如图11-10中虚线所示），用来立模放样和检查校正模板位置。放样线与立模线之间的距离一般为0.2～0.5 m。

（一）方向线交会法

如图 11-10 所示的混凝土重力坝，已按分块要求布设了矩形坝体控制网，可用方向线交会法，先测设立模线。如要测设分块 2 的顶点 b 的位置，可在 7′安置经纬仪，瞄准 7″点，同时在Ⅱ点安置经纬仪，瞄准Ⅱ′点，两架经纬仪视线的交点即为 b 的位置。在相应的控制点上，用同样的方法可交会出该分块的其他三个顶点的位置，得出分块 2 的立模线。利用分块的边长及对角线校核标定的点位，无误后在立模线内侧标定放样线的四个角顶，如图 11-10 中分块 $abcd$ 内的虚线所示。

（二）前方交会（角度交会）法

如图 11-12 所示，由 A、B、C 三控制点用前方交会法先测设某坝块的四个角点 d、e、f、g，它们的坐标由设计图纸上查得，从而与三控制点的坐标可计算放样数据——交会角。如欲测设 g 点，可算出 β_1、β_2、β_3，便可在实地定出 g 点的位置。依次放出 d、e、f 各角点。也应用分块边长和对角线校核点位，无误后在立模线内侧标定放样线的四个角点。

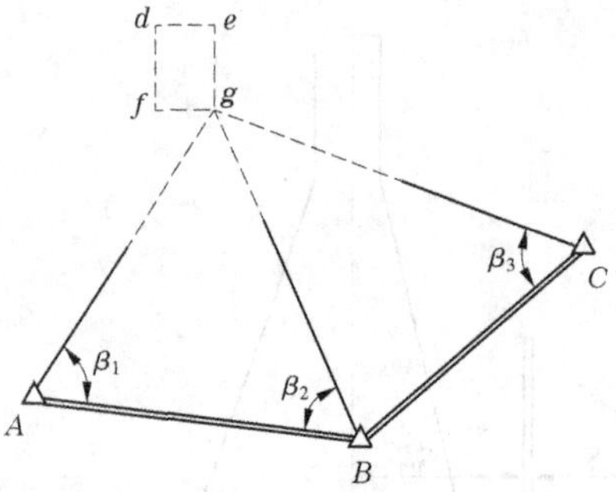

图 11-12　前方交会法立模放样

方向线交会法简易方便，放样速度也较快，但往往受到地形限制，或因坝体浇筑逐步升高，挡住方向线的视线不便放样，因此实际工作中可根据条件把方向线交会法和角度交会法结合使用。

任务三　水闸的施工测量

水闸一般由闸室段和上、下游连接段三部分组成（见图 11-13）。闸室是水闸的主体，包括底板、闸墩、闸门、工作桥和交通桥等。上、下游连接段有防冲槽、消力池、翼墙、护坦（海漫）、护坡等防冲设施。水闸一般建筑在土质地基甚至软土质地基上，因此通常以较厚的钢筋混凝土底板作为整体基础，闸墩和翼墙就浇筑在底板上，与底板结成一个整体。放样时，应先放出整体基础开挖线；在基础浇筑时，为了在底板上预留闸墩和翼墙的连接钢筋，应先放出闸墩和翼墙的位置。具体放样步骤和方法如下。

一、主轴线的测设和高程控制网的建立

水闸主轴线由闸室中心线（横轴）和河道中心线（纵轴）两条互相垂直的直线组成。从水闸设计图上可以量出两轴交点和各端点的坐标，根据坐标反算出它们与邻近测图控

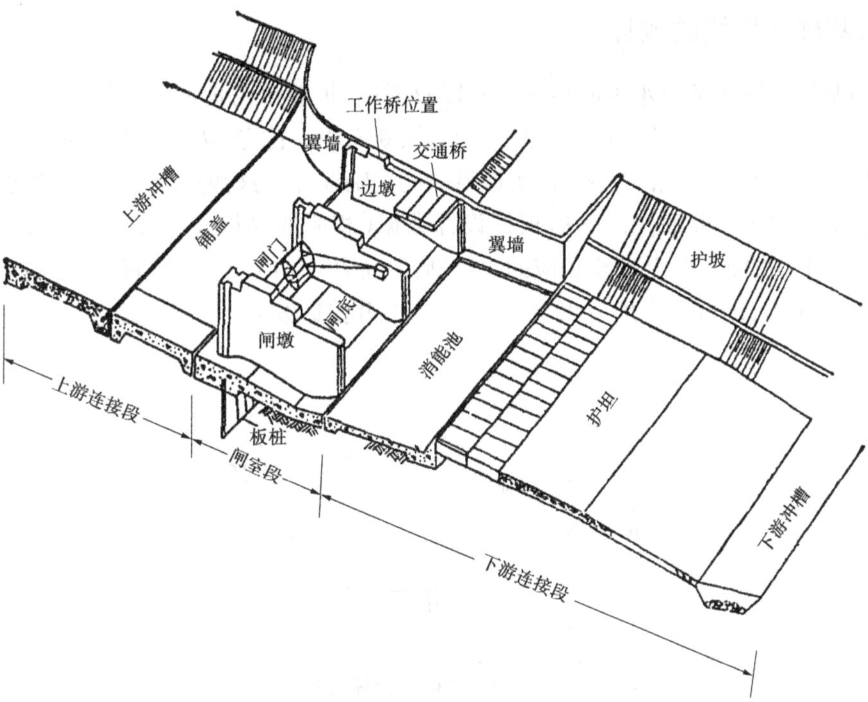

图 11-13　水闸的组成

制点的方位角,用前方交会法定出它们的实地位置。主轴线定出后,应在交点检测它们是否相互垂直:若误差超过 10″,应以闸室中心线为基准,重新测设一条与它垂直的直线作为纵向主轴线,其测设误差应小于 10″。主轴线测定后,应向两端延长至施工影响范围之外,每端各埋设两个固定标志以表示方向(见图 11-14)。

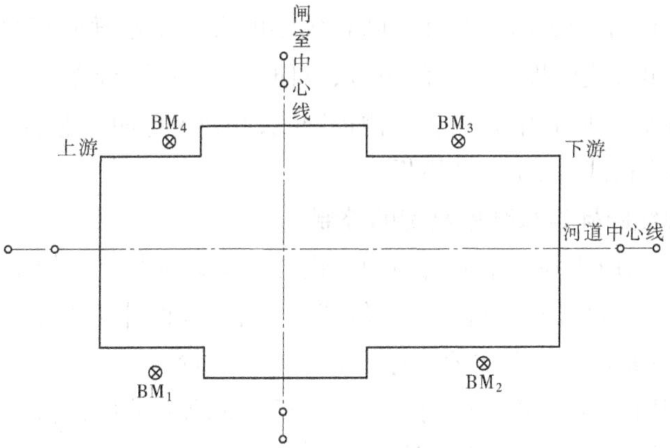

图 11-14　水闸主轴线测设

高程控制采用三等或四等水准测量方法测定。水准基点布设在河流两岸不受施工干扰的地方,临时水准点尽量靠近水闸位置,可以布设在河滩上。

二、基础开挖线的放样

水闸基坑开挖线是由水闸底板的周界以及翼墙、护坡等与地面的交线决定的。为了定出开挖线，可以采用本项目任务一介绍的套绘断面法。首先，从水闸设计图上查取底板形状变换点至闸室中心线的平距，在实地沿纵向主轴线标出这些点的位置，并测定其高程和测绘相应的河床横断面图。然后根据设计数据（相应的底板高程和宽度、翼墙和护坡的坡度）在河床横断面图上套绘相应的水闸断面（见图 11-15），量取两断面线交点到测站点（纵轴）的距离，即可在实地放出这些交点，连成开挖边线。

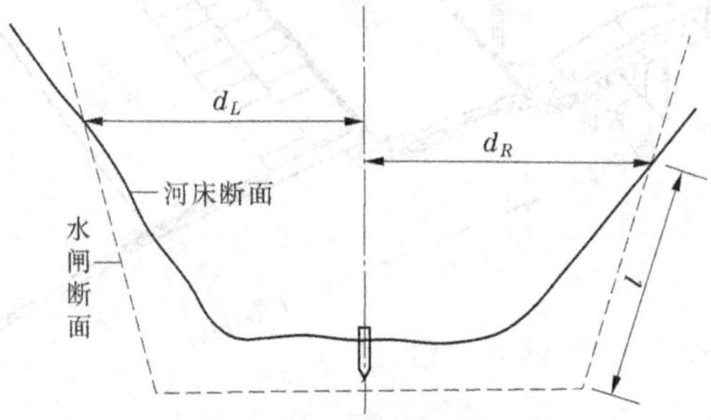

图 11-15　基础开挖线放样

为了控制开挖高程，可将斜高 l 注在开挖边桩上。当挖到接近底板高程时，一般应预留 0.3 m 左右的保护层，待底板浇筑时再挖去，以免间隙时间过长，清理后的地基受雨水冲刷而变化。在挖去保护层时，要用水准测定底面高程，测定误差不能大于 10 mm。

三、水闸底板的放样

底板是闸室和上、下游翼墙的基础。闸孔较多的大中型水闸底板是分块浇筑的。底板放样的目的是放出每块底板立模线的位置，以便装置模板进行浇筑。底板浇筑完后，要在底板上定出主轴线、各闸孔中心线和门槽控制线，并弹墨标明。然后以这些轴线为基准标出闸墩和翼墙的立模线，以便安装模板。

（一）底板立模线的标定和装模高度的控制

为了定出立模线，应先在清基后的地面上恢复主轴线及其交点的位置，于是必须在原轴线两端的标桩上安置经纬仪进行投测。轴线恢复后，从设计图上量取底板四角的施工坐标（至主袖线的距离），便可在实地上标出立模线的位置。

模板装完后，用水准测量在模板内侧标出底板浇筑高程的位置，并弹出墨线表示。

（二）翼墙和闸墩位置及其立模线的标定

由于翼墙与闸墩是和底板结成一个整体的，因此它们的主筋必须一道结扎。于是在标定底板立模线时，还应标定翼墙和闸墩的位置，以便竖立连接钢筋。翼墙、闸墩的中心位置及其轮廓线，也是根据它们的施工坐标进行放样，并在地基上打桩标明。

底板浇筑完成后，应在底板上再恢复主轴线，然后以主轴线为依据，根据其他轴线对主轴线的距离定出这些轴线（包括闸孔和闸墩中心线以及门槽控制线等），且弹墨标明。因为墨线容易脱落，故必须每隔 2 ~ 3 m 用红漆画一圈点表示轴线位置。各轴线应按不同的方式进行编号。根据墩、墙的尺寸和已标明的轴线，再放出立模线的位置。圆弧形翼墙的立模线可采用弦线支距法进行放样。

任务四 水库淹没界线测量

水库边界线一般是在水库设计批准以后或小坝开始施工时才进行实地测设的，水库边界线测设的目的在于测定水库淹没、浸润和坍岸范围，由此确定居民地和建筑物的迁移、库底清理、调查与计算由于修建水库而引发的各种赔偿、规划新的居民地、确定防护界线等。边界线的测设工作通常由测量人员配合水工设计人员和地方政府机关共同进行。

水库边界线的界桩可分为永久性界桩和临时性界桩。永久性界桩以混凝土桩或经涂上防腐剂的大木桩或在明显易见的天然岩石上刻凿记号作为标志，主要测设在大居民点、工矿企业、名胜古迹、大片农田和经济物产区，既要能长期保存又要便于寻找。临时性界桩可用木桩或明显地物点（如明显而突出的树干或建筑物的墙壁等）作为标志，临时性界桩只需保持到移民拆迁和清库工作完成。可以说，水库边界线测设的实质就是利用这些界桩在实地放样出一条设计高程线。临时性界桩平均 50 ~ 100 m 设一个，高程测设误差不应超过 0. 2 m；永久性界桩要求在居民地和工矿区两头各有一个，大片农田和经济作物区平均 2 ~ 3 km 设一个，高程测量误差应小于 0. 1 m。

为了满足测设界桩的精度要求，一般需在库区边缘布设三、四等闭合水准路线，或利用原有三、四等水准成果，然后用五等水准进行加密控制。五等水准应按附合路线从三、四等水准点上进行引测，其路线长度应不超过 30 km；尽可能不采用支线或环线，以免弄错起算高程而造成严重后果。

水库边界线的测设常采用几何水准测量法。如图 11-16 所示，欲测设移民线上的两个界桩点 76 人 - 105 和 76 人 - 106，可先从附近的水准点 BM_5 开始，将高程引测至边界附近的正点上，然后以正点为后视，读取后尺读数，并按下式依次计算两界桩点的前尺读数 b，即

$$b = H_a + a - H_0 \tag{11-2}$$

式中 H_a——后视点的高程；

a——后尺读数；

H_0——待测界桩点的高程。

由观测员指挥前视尺沿河谷的斜坡方向移动，直至望远镜中丝照准水准尺黑面的读数 b，并在此埋设相应的界桩，再用黑红面读数精确测定界桩高程。对于能够纳入高程作业路线的永久性界桩或临时性界桩，均应作为转点纳入路线（如图 11-16 中的 76 人 - 108，即 B 点），这时应注意使转点到测站的前后视距相等。当水平视线方向通视条件不好时，可采用经纬仪测设比较方便。

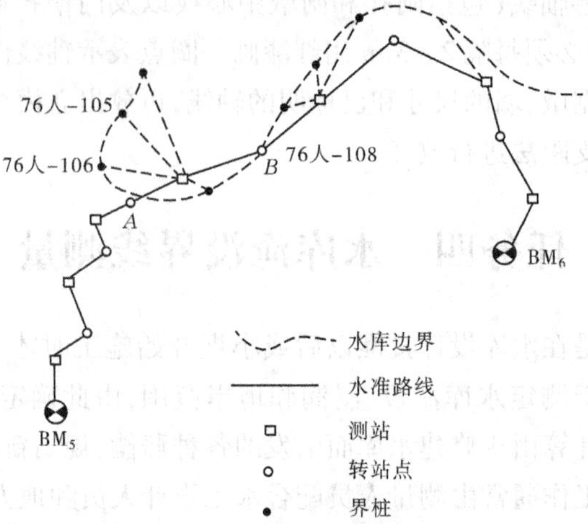

图11-16 淹没界线测设

项目小结

水工建筑物的施工测量和水库测量是水利工作者经常应用的测量知识和技能，主要讲述了土坝的施工测量、混凝土重力坝和拱坝的施工测量、水闸施工测量、水库测量，具体内容如下：

土坝的控制测量包括土坝控制测量、土坝坝身控制线的测设、土坝高程控制测量。

土坝施工过程中的测量工作包括清基开挖线的放样、起坡线的放样、坝体边坡的放样。

混凝土坝控制测量包括基本控制网的建立、坝身控制网的建立（格网控制线测设和三角网建立）、高程控制网的建立。

混凝土坝施工测量主要介绍了重力坝施工测量，介绍了在施工的过程中所涉及的几种测量工作，包括坡脚线开挖的放样及混凝土重力坝立模放样。

水闸的施工测量包括主轴线的测设和高程控制网的建立、基础开挖线的放样。

水库淹没界线测量。

项目考核

一、选择题

1. 在修建水库的拦水坝或道路的桥涵等工程时，需要知道拦水坝、桥涵的上游（ ）的大小，以便计算来水量。

A. 土地面积　　B. 地形起伏　　C. 汇水面积

2. 土石坝坡脚线是指土石坝坡面与（ ）的交线。

A. 地面　　B. 横断面　　C. 纵断面

3. 淹没线是由大坝洪道起点高程围成的（ ）。

A. 自然曲线　　B. 曲线　　C. 自然闭合线　　D. 闭合线

4. 布置永久性和临时性界桩的基本要求分别是（　　）。

A. 2 ~ 3 km 一个和 5 ~ 200 m 一个　　B. 50 ~ 200 m 一个和 2 ~ 3 km 一个

C. 5 ~ 6 km 一个和 50 ~ 250 m 一个　　D. 50 ~ 250 m 一个和 5 ~ 6 km 一个

5. 汇水面积是由水库大坝和库区内分水线围成的（　　）。

A. 封闭曲线　　B. 自然曲线　　C. 曲线　　D. 闭合线

6. 勾绘分水线的注意事项是（　　）。

A. 分水线应通过山顶和鞍部　　B. 分水线应与山脊相连

C. 分水线应与等高线正交　　D. 以上皆是

7. 闸墩迎水面一般做成的形状是（　　）。

A. 圆形　　B. 抛物线型　　C. 椭圆形　　D. 方型

8. 水工建筑物一般可分为（　　）类，点位中误差也不一样。

A. 2　　B. 3　　C. 4　　D. 5

9. 大坝的主轴线（　　）。

A. 建什么地方都可以　　B. 现场选定

C. 设计后放样　　D. 以上说法都正确

二、简答题

1. 进行库区地形测量时应该注意些什么？
2. 如何计算水库库容？
3. 如何测设平行于坝轴线的控制线？
4. 大坝施工测量主要包括哪些内容？
5. 简述水库淹没界线测量的主要目的。

参考文献

[1] 王家贵,金继读,刘立忱,等.测绘学基础[M].北京:教育科学出版社,2000.
[2] 张慧慧.地形测量[M].成都:西南交通大学出版社,2014.
[3] 合肥工业大学,重庆建筑大学,天津大学,等.测量学[M].4版.北京:中国建筑工业出版社,1995.
[4] 中华人民共和国国家质量监督检验检疫总局,中国国家标准化管理委员会.GB/T 12898—2009 国家三、四等水准测量规范[S].北京:中国标准出版社,2009.
[5] 常允艳,谢波,董红娟,等.土木工程测量[M].成都:西南交通大学出版社,2014.
[6] 牛志宏,吴瑞新.水利工程测量[M].2版.北京:中国水利水电出版社,2013.
[7] 王金铃.土木工程测量[M].武汉:武汉大学出版社,2010.
[8] 全国科学技术名词审定委员会.测绘学名词[M].2版.北京:科学出版社,2002.
[9] 张正禄,等.工程测量学[M].武汉:武汉大学出版社,2005.
[10] 李青岳,陈永奇.工程测量学[M].北京:测绘出版社,1995.

重庆市骨干高等职业院校建设项目规划教材
重庆水利电力职业技术学院课程改革系列教材

工程测量实训手册

(修订本)

主　编　常允艳　陈志兰　徐　健
副主编　陈文玲　祝　婕　戴　卿
主　审　王大国

黄河水利出版社
·郑州·

前 言

为配合工程测量及相关课程的课堂教学，加深学生对工程测量课程基本概念和基本理论的理解，掌握工程测量实训的方法与实训成果的整理，为学生更快地适应工作岗位需求服务，我们编写了这本《工程测量实训手册》。

本实训手册按照高等职业技术教育培养应用型、技能型人才的教学要求编写，建议配合《工程测量》教材使用。本实训手册共包括十九项实训项目，主要包含水准测量、角度测量、距离测量、导线测量、地形图测绘、全站仪施工测设、渠道测量以及水工建筑物及水库测量等内容，并在实训项目后配套了实训报告，具有很强的实用性。本书的实训规范、名词、术语、符号等均采用最新的国家标准与行业标准编写。

为了不断提高教材质量，编者于2024年1月，根据国家及行业最新颁布的规范、标准等，以及近年来在教学实践中发现的问题和错误，对教材进行了全面修订完善。

本书编写人员如下：重庆水利电力职业技术学院常允艳、徐健、戴卿，长江工程职业技术学院陈志兰、陈文玲、祝婕。本书由常允艳、陈志兰、徐健担任主编，陈文玲、祝婕、戴卿担任副主编；全书由常允艳负责全书统稿、定稿；由西南科技大学王大国教授担任主审，谨此致以衷心的感谢！

本书可作为高等职业技术学院、高等专科学校水利水电工程建筑、农田水利工程、水利工程施工、工业与民用建筑、给水排水工程等专业的配套手册使用，也可供土木建筑类其他专业，高、中等专业学校相应专业的师生及工程技术人员参考。

由于行业更新发展较快，且技术标准不完全一致，又限于编者水平有限，书中难免会出现疏漏、不妥之处，欢迎广大师生及读者提出宝贵意见。

编 者

2024年1月

目 录

实训一 水准仪认识与使用

一、实训目的

熟悉水准仪的结构、观测、记录和计算方法：

(1)了解普通水准仪的结构及各部件的功能。

(2)熟悉水准仪的安置、瞄准与读数。

(3)掌握水准仪的读数、记录计算方法。

二、实训仪器与工具

自动安平水准仪 1 台、水准尺 2 把、记录板 1 个。

三、实训内容

练习水准仪的安置、水准尺的读数方法。

每组分别在不少于 5 个不同的位置完成仪器的安置，每名学生至少安置 2 次仪器。

每名学生至少读出 3 个不同位置的数据，并完成实训报告。

四、实训步骤

(一)安置仪器

将三脚架张开，使其高度在胸口附近，架头大致水平，并将三脚架脚尖踩入土中，然后用连接螺旋将仪器连在三脚架上。

(二)认识仪器

了解仪器各部件的名称及其作用并熟悉其使用方法。熟悉水准尺的分划注记。

(三)粗略整平

先对向转动两只脚螺旋，使圆水准器气泡向中间移动，再转动第三只脚螺旋，使气泡移至居中位置。

(四)瞄准

转动目镜调焦螺旋，使十字丝清晰；转动仪器，用准星和粗瞄器瞄准水准尺，拧紧制动螺旋(手感螺旋有阻力)，转动微动螺旋，使水准尺成像在十字丝交点处。当成像不太清晰时，转动对光螺旋，消除视差，使目标清晰。

(五)精平(自动安平水准仪没有此项)

在水准管气泡窗观察，转动微倾螺旋使符合水准管气泡两端的半影像吻合，视线即处于精平状态。

(六)读数

在同一瞬间立即用中丝在水准尺上读取米、分米、厘米,估读毫米,即读出四位有效数字。

五、实训注意事项

不要在没有消除视差的情况下进行读数。

六、实训报告完成与上交

实训结束时,学生需完成实训报告(见表1-1)并上交。

表1-1 实训记录计算

1. 记录水准尺上读数

A	B	C

2. 计算

(1) A 点比 B 点(高、低)__________ m。

(2) A 点比 C 点(高、低)__________ m。

(3) B 点比 C 点(高、低)__________ m。

(4) 假设 C 点的高程 H_C = __________ m,求 A 点和 B 点的高程 H_A = __________ m, H_B = __________ m,水准仪的视线高 H_i = __________ m。

实训二　等外水准测量

一、实训目的

掌握闭合水准测量的观测、记录及计算方法：

(1)学会在实地选择测站和转点，完成一个闭合水准路线的布设。

(2)掌握等外水准测量的外业观测方法。

二、实训仪器与工具

自动安平水准仪 1 台、水准尺 2 把、记录板 1 个。

三、实训内容

已知 BM_1 点高程为 360.123 m，采用闭合水准测量求 BM_2、BM_3 点的高程。

四、实训步骤

(1)指导教师给定一个已知点和待测点，构成一个闭合水准路线。

(2)从给定的 BM_1 点出发，按照水准测量的方法，测至 BM_2 点，再由 BM_2 点测至 BM_3 点，最后再测回至 BM_1 点。

(3)每测段外业数据记录表中。

(4)计算检核。

高差闭合差　　$f_h = \sum h_{测}$

允许闭合差(平地)　　$f_{h允} = \pm 40\sqrt{L}$　(mm)

允许闭合差(山地)　　$f_{h允} = \pm 40\sqrt{L}$　(mm)

其中，L 为闭合水准路线闭合环长度。

若 $f_h \leqslant f_{h允}$，精度合格；否则，精度不合格，要重新测量。

五、实训注意事项

(1)每个待定点都要作为转点，且其上下不能放置尺垫。

(2)每一个测段均应进行往返观测。

(3)注意消除视差的影响。

(4)闭合差调整与待测点高。

六、实训报告完成与上交

实训结束时，学生需完成实训报告(见表 2-1)并上交。

表 2-1　水准测量记录手簿

测自________点至________点　天气：________呈像：________日期：________________

仪器号码：________________观测者：________________记录者：________________

测站	测点	上丝读数（m）	下丝读数（m）	视距（m）	后视读数 a（m）	前视读数 b（m）	高差 h（m）	高程（m）	备注
校核计算									

实训三　三、四等水准测量

一、实训目的

(1)熟练掌握水准仪的操作,掌握三、四等闭合水准路线测量的观测、记录和计算方法。

(2)了解三、四等闭合水准测量的主要技术指标,掌握闭合差改正方法。

二、实训仪器与工具

自动安平水准仪 1 台、水准尺 2 把、尺垫 2 个、记录板 1 个。

三、实训内容

三、四等水准测量是高程控制测量的常用方法,在每个测站上安置一次水准仪,采用视距测量方法保证仪器处于中间位置。采用后—后—前—前的观测顺序,进行测站检核。

四、实训步骤

(1)从实习场地的已知水准点出发,选定一条闭合水准点路线。设置 6 ~ 8 个测站,视线长度约为 30 m。

(2)安置水准仪时,可用步测使前、后视距相等。在每一测站,按顺序进行观测。

三等水准测量观测步骤:

瞄准后视尺的黑面,精确整平后读取下、上、中三丝读数;

瞄准前视尺的黑面,精确整平后读取下、上、中三丝读数;

瞄准前视尺的红面,精确整平后,读取中丝读数;

瞄准后视尺的红面,精确整平后,读取中丝读数。

这种观测顺序简称为“后前前后”(黑、黑、红、红)的观测程序。

四等水准测量观测步骤:

瞄准后视尺的黑面,精确整平后读取下、上、中三丝读数;

瞄准后视尺的红面,读取中丝读数;

瞄准前视尺的黑面,精确整平后读取下、上、中三丝读数;

瞄准前视尺的红面,读取中丝读数。

这种观测顺序简称为“后后前前”(黑、红、黑、红)的观测程序。

(3)每测段外业数据记录表中。每站读数结束,随即进行各项计算,并进行各项检核,满足限差要求后,才能搬站,见表3-1。

表3-1 水准测量技术要求

等级	视线长度	前后视距差	前后视距累积差	黑红面读数差	黑红面高差之差	高差闭合差(mm)	
						平原	山区
三	≤75 m	≤2.0 m	≤5.0 m	≤3.0 mm	≤2.0 mm	$\leqslant 12\sqrt{L}$	$\leqslant 4\sqrt{n}$
四	≤80 m	≤3.0 m	≤10.0 m	≤5.0 mm	≤3.0 mm	$\leqslant 20\sqrt{L}$	$\leqslant 6\sqrt{n}$

注:L 为水准路线总长,km。

(4)依次设站,用相同的方法进行观测,直至路线终点,计算路线高差闭合差。按四等水准测量的规定,路线高差闭合差的容许值为 $\pm 20\sqrt{L}$mm,其中 L 为路线总长,单位为km。

五、实训注意事项

(1)三、四等水准测量比普通水准测量有更严格的技术规定,要求达到较高的精度,其关键在于,前、后视距要相等,从后视转为前视,望远镜不能重新调焦,水准尺应竖直,最好用附有圆水准器的水准尺。

(2)每站观测结束后,应立即进行计算和各项规定的检核,若有超限,则应重测该站。全路线观测完毕,路线高差闭合差应在容许值以内,方可结束实习。

(3)实习结束后,应上交合格的测量记录表和计算表。

六、实训报告完成与上交

实训结束时,学生需完成实训报告(见表3-2、表3-3)并上交。

表 3-2　三、四等水准测量原理观测手簿

测自__________至__________　　__________年__________月__________日

开始时间:__________时__________分　　天气:____________________

结束时间:__________时__________分　　呈像:____________________

测站站号	后尺 下丝	前尺 下丝	方向及尺号	标尺读数		K+黑−红	高差中数	备注
	后尺 上丝	前尺 上丝						
	后距	前距		黑面	红面			
	视距差 d	$\sum d$						
			后					
			前					
			后−前					
			后					
			前					
			后−前					
			后					
			前					
			后−前					
			后					
			前					
			后−前					
			后					
			前					
			后−前					
			后					
			前					
			后−前					
			后					
			前					
			后−前					
			后					
			前					
			后−前					

表 3-3　水准测量路线成果计算表

仪器号:________　观测者:________　记录者:________

日　期:________　天　气:________　班　组:________

测点	测站数 n	距离 L (km)	实测高差 h (m)	改正数 v (mm)	改正后高差 $\bar{h}=h+v$ (m)	最后高程 H (m)	备注
Σ							
辅助计算							

实训四　二等水准测量

一、实训目的

(1)掌握精密水准仪及水准尺的正确使用方法。

(2)熟练掌握精密水准测量的观测顺序、记录及计算方法。

(3)学会测段计算。

二、实训仪器与工具

水准仪 1 台、水准尺 1 对、脚架 1 个、50 m 测绳 1 根、撑杆 2 个、尺垫 2 个、记录板 1 个、计算器 1 个、铅笔 1 支、小刀 1 把、橡皮 1 块、三角板 1 副。

三、实训内容

(1)每组选取两个已知水准点,设为偶数站,要求前后视距相等。

(2)采用二等水准的观测顺序进行观测和记录,每人完成一段水准路线的观测与记录及测站数据检核(检核的规定见《二等水准测量技术规定》,也可参考表 4-1 中技术要求)。

表 4-1　二等水准测量技术要求

视线长度(m)	前后视距差(m)	前后视距累积差(m)	视线高度(m)	两次读数所得高差之差(mm)	水准仪重复测量次数	测段、环线闭合差(mm)
≥3 且≤50	≤1.5	≤6.0	≤2.85 且≥0.55	≤0.6	≥2 次	$\leq 4\sqrt{L}$

注:L 为路线的总长度,km。

(3)进行测段计算。

(4)若误差超限,则应分析原因并进行重测。

四、实训步骤

(1)整平水准仪(望远镜绕竖直轴旋转时,符合水准器气泡两端影像分离不超过1 cm)。

(2)将望远镜对准后视尺(此时利用标尺上的圆水准器使标尺垂直),使符合水准器气泡两端的影像符合,随后用望远镜的上丝和下丝照水准标尺的基本分划进行视距读数,视距读数的第四位数由测微器直接读取。然后使符合水准气泡两端影像完全密合,转动测微轮用楔形平分丝精确夹准标尺的基本分划线,读取标尺的基本分划读数(前三位在标尺上读取,后两位在测微器上读取)。

(3)旋转望远镜照准前视标尺,使符合水准器气泡两端的影像精密符合,转动测微轮,用楔形丝精确夹准标尺基本分划线,读取标尺基本分划和测微器读数,然后用上丝和下丝照准标尺基本分划线进行视距读数。

(4)照准前视标尺的辅助分划线,并使符合水准器气泡两端影像准确符合,读取标尺辅助分划和测微器读数。

(5)旋转望远镜,照准后视标尺辅助分划线,重复步骤(4)的操作,读取后视标尺辅助分划和测微器的读数。

以上即为一个测站上的全部操作,测站为多站时重复上述操作。

五、实训注意事项

(1)正确地使用精密水准仪进行读数。

(2)扶尺时应使用竹竿,不可脱手,以免摔坏标尺。

(3)观测记录要严格按照《工程测量规范》(GB 50026—2007)的规定来执行。

(4)记录的数字与文字力求清晰、整洁,不得潦草;按测量顺序记录;不得转抄成果;不得涂改、就字改字;不得连环涂改;不得用橡皮擦,刀片刮。

六、实训报告完成与上交

实训结束时,学生需完成实训报告(见表4-2、表4-3)并上交。

表 4-2　一(二)水准测量观测记录表

测自________至________　　　　时间:______年____月______日

始________时________分　　　　末________时________分

天气:________________　　　　成像:________________

测站编号	后距	前距	方向及点号	标尺读数(m)		两次读数之差(mm)	高差中数(m)	备注
	视距差(m)	视距累积差(m)		第一次读数	第二次读数			
			后					
			前					
			后－前					
			后					
			前					
			后－前					
			后					
			前					
			后－前					
			后					
			前					
			后－前					
			后					
			前					
			后－前					
			后					
			前					
			后－前					

表 4-3 高程误差配赋表

日期：______________ 计算员：______________

点名	距离 （m）	观测高差 （m）	改正数 （m）	改正后高差 （m）	高程 （m）

W = mm

$W_{允}$ = mm

实训五 经纬仪认识与使用

一、实训目的

(1)熟练 DJ_6型光学经纬仪各部件的名称、作用及使用方法。

(2)掌握经纬仪的对中、整平及读数方法。

二、实训仪器与工具

(1)DJ_6 型光学经纬仪(或 DT_5 电子经纬仪)1 台、记录板 1 块、测伞 1 把、测钎或花杆 1 个。

(2)自备:铅笔、计算器。

三、实训内容

(1)认识经纬仪各部件名称,掌握其作用和使用方法。

(2)练习经纬仪的对中、整平、瞄准及读数方法。

(3)学生可重复多次照准两固定目标点,也可分别照准多个目标点,进行读数、记录,每名学生在盘左状态下完成不少于 2 个点的观测,计算半测回角度值。

四、实训步骤

(1)指导教师讲解经纬仪的构造、各部件名称及作用,示范经纬仪对中、整平、瞄准、读数的操作,并讲解操作要领。

(2)安置经纬仪。

①松开三脚架,安置于测站点上,使其高度合理,架头大致水平。

②打开仪器箱(从箱中取经纬仪时,应注意仪器的装箱位置,以便用后装箱),双手握住仪器支架,将仪器从箱中取出置于架头上。一手紧握支架,一手旋转位于架头底部的连接螺旋,使连接螺旋穿入经纬仪基座压板螺孔,并旋紧螺旋。

③对中。

将仪器中心大致对准地面测站点。

通过旋转光学对中器的目镜调焦螺旋,使分划板对中圈清晰;通过推、拉光学对中器的镜管进行对光,使对中圈和地面测站点标志都清晰显示。

移动脚架或在架头上平移仪器,使地面测站点标志位于对中圈内。

逐一松开三脚架架腿制动螺旋并利用伸缩架腿(架脚点不得移位)使圆水准器气泡居中,大致整平仪器。

用脚螺旋使照准部水准管气泡居中,整平仪器。

检查对中器中地面测站点是否偏离分划板对中圈。若发生偏离,则松开底座下的连接螺旋,在架头上轻轻平移仪器,使地面测站点回到对中器分划板刻对中圈内。

检查照准部水准管气泡是否居中。若气泡发生偏离,需再次整平,即重复前面过程,最后旋紧连接螺旋。

④整平。转动照准部,使水准管平行于任意一对脚螺旋,同时相对旋转这对脚螺旋,使水准管气泡居中;将照准部绕竖轴转动 90°,旋转第三只脚螺旋,使气泡居中。再转动 90°,检查气泡误差,直到小于刻划线的一格。对中整平应反复多次同时进行,一般是粗略对中、粗略整平(伸缩脚架)、精准对中、精准整平(调节脚螺旋)两次完成。

(3)瞄准目标。取下望远镜的镜盖,将望远镜对准天空(或远处明亮背景),转动望远镜的目镜调焦螺旋,使十字丝最清晰;然后用望远镜上的照门和准星瞄准远处一线状目标(如远处的避雷针、天线等),旋紧望远镜和照准部的制动螺旋,转动对光螺旋(物镜调焦螺旋),使目标影像清晰;再转动望远镜和照准部的微动螺旋,使目标被十字丝的纵向单丝平分,或被纵向双丝夹在中央。

(4)读数。调节读数窗目镜对光螺旋及反光镜,使读数窗内影像清晰,根据 0 指标线在读数窗内读取读数。

(5)记录。用铅笔将观测的水平方向读数记录在表格中,用不同的方向值计算水平角。

五、实训注意事项

(1)仪器应严格对中。

(2)使用制动螺旋,达到制动目的即可,不可强力过量旋转。

(3)只有将制动螺旋制动后,调节微动螺旋才起作用,微动螺旋不可强力过量旋转。

(4)在操作过程中,动作要轻、稳、慢。

(5)读数时应注意消除视差的影响。

(6)观测过程中,注意避免碰动光学经纬仪的复测扳手或度盘变换手轮,以免发生读数错误。

(7)日光下测量时应避免将物镜直接瞄准太阳。

(8)仪器安放到三脚架上或取下时,要一手先握住仪器,以防仪器摔落。

(9)电子经纬仪在装、卸电池时,必须先关掉仪器的电源开关(关机)。

(10)勿用有机溶液擦试镜头、显示窗和键盘等。

六、实训报告完成与上交

实训结束时,学生需完成实训报告(见表 5-1)并上交。

表 5-1 经纬仪认识

天气:__________呈像:__________日期:__________仪器号码:__________观测者:__________

测站点	目标	水平度盘读数 (° ′ ″)	半测回角度值 (° ′ ″)

实训六　测回法水平角观测

一、实训目的

(1)熟悉 DJ_6 型光学经纬仪与南方 ET－05 电子经纬仪的使用方法。

(2)掌握测回法观测水平角的观测、记录和计算方法。

二、实训仪器与工具

(1) DJ_6 型光学经纬仪(或 DT_5 电子经纬仪)1 台、记录板 1 块、测伞 1 把、木桩 3 个、小钉 3 个、线垂 2 个、斧头 1 把、小竹竿 6 根。

(2)自备:铅笔、计算器。

三、实训内容

练习用测回法测水平角。

四、实训步骤

(一)光学经纬仪的使用

(1)在指定的场地内,选择边长大致相等的 3 个点打桩,在桩顶钉上小钉作为点的标志,分别以 O、A、B 命名(见图 6-1)。

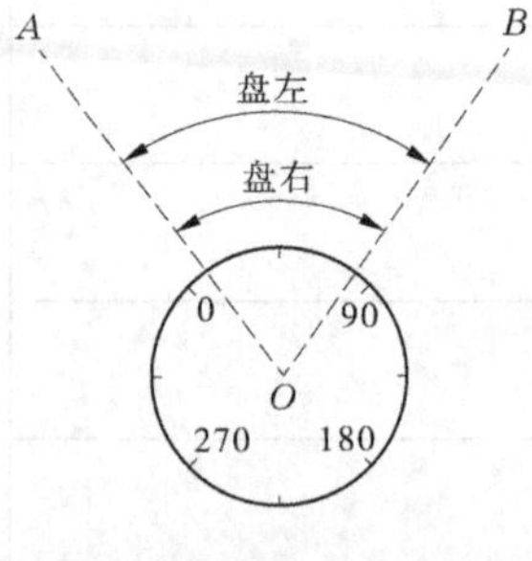

图 6-1　测回法观测顺序

(2)在 A,B 两点插标杆。

(3)将 O 点作为测站点,安置经纬仪进行对中、整平。

(4)使望远镜位于盘左位置(观测员用望远镜瞄准目标时,竖盘在望远镜的左边,也称正镜位置),瞄准左边第一个目标 A,即瞄准 A 点垂线,用光学经纬仪的度盘变换手轮将水平度盘读数拨到0°或略大于0°的位置上，读数并做好记录。

(5)按顺时针方向，转动望远镜瞄准右边第二个目标 B，读取水平度盘读数，记录，并在观测记录表格中计算盘左上半测回水平角值(B 目标读数 $-A$ 目标读数)。

(6)将望远镜盘左位置换为盘右位置(观测员用望远镜瞄准目标时，竖盘在望远镜的右边，也称倒镜位置)，先瞄准右边第二个目标 B，读取水平度盘读数，记录。

(7)按逆时针方向，转动望远镜瞄准左边第一个目标 A，读取水平度盘读数，记录，并在观测记录表格中计算出盘右下半测回角值(B 目标读数 $-A$ 目标读数)。

(8)比较计算的两个上、下半测回角值，若限差≤40″，则满足要求，取平均求出一测回平均水平角值。

(9)如果需要对一个水平角测量 n 个测回，则在每测回盘左位置瞄准第一个目标 A 时，都需要配置度盘。每个测回度盘读数需变化$\frac{180°}{n}$(n 为测回数)(例如：要对一个水平角测量3个测回，则每个测回度盘读数需变化$\frac{180°}{3}=60°$，则3个测回盘左位置瞄准左边第一个目标 A 时，配置度盘的读数分别为0°、60°、120°或略大于这些读数)。

采用复测结构的经纬仪在配置度盘时，可先转动照准部，在读数显微镜中观测读数变化，当需配置的水平度盘读数确定后，扳下复测扳手，在瞄准起始目标后，扳上复测扳手即可。

(10)除需要配置度盘读数外，各测回观测方法与第一测回水平角的观测过程相同。比较各测回所测角值，若限差≤24″，则满足要求，取平均求出各测回平均角值。

(二)南方 ET-05 电子经纬仪的使用

(1)与光学经纬仪步骤(1)~(3)相同。

(2)按 PWR 键开机后，将望远镜上下转动，待屏幕上“0SET”的位置上显示出竖直方向值时，则可进入角度测量状态。

(3)按 R/L 键，使显示器显示“HR”，表明设置水平角为右旋增大的测量模式(若显示器上显示“HL”，则表明设置水平角为左旋的测量模式)。盘左位置瞄准左边第一个目标 A(瞄准 A 点垂线)，按 0SET 键两次，使目标 A 的水平方向读数为0°00′00″，做好记录。

(4)顺时针方向转动(右旋)照准部，用望远镜瞄准右边第二个目标 B(瞄准 B 点垂线)，显示器上显示 B 的水平方向读数，进行记录，并在观测记录表格中计算盘左上半测回水平角值(B 目标读数 $-A$ 目标读数)。

(5)将望远镜盘左位置换为盘右位置，先瞄准右边第二个目标 B(瞄准 B 点垂线)，读取水平方向读数，记录。

(6)逆时针方向转动照准部，用望远镜瞄准左边第一个目标 A(瞄准 A 点垂线)，读取水平方向读数，进行记录并在观测记录表格中计算出盘右下半测回角值(B 目标读数 $-A$ 目标读数)。

(7)比较盘左、盘右两个半测回角值,若限差≤40″,则满足要求,取平均求出一测回的平均角值。

(8)第二测回在配置度盘时,可在盘左位置状态下转动照准部,使显示器显示的水平方向读数变化到需配置的角度值上,然后按压 HOLD 键两次,进行锁定(此时照准部转动时,显示器显示的水平方向读数不再发生变化)。

(9)瞄准起始目标 A(瞄准 A 点垂线),再按 HOLD 键一次,解除锁定。再按照与第一测回水平角的观测同样的方法完成其他测回水平角的观测。

(10)比较各测回所测角值,若限差≤25″,则满足要求,在观测记录表格中取平均求出各测回平均角值。

(11)各小组可分别以 A、B 作为测站,观测水平角 $\angle A$、$\angle B$。

(12)任务完成后。小组间光学经纬仪与电子经纬仪互换使用,以便学会用两种仪器按测回法进行水平角测量。

五、实训注意事项

(1)观测过程中,若发现气泡偏移超过一格,应重新整平仪器并重新观测该测回。

(2)光学经纬仪在一测回观测过程中,注意避免碰动复测扳手或度盘变换手轮,以免发生读数错误。

(3)计算半测回角值时,当第一目标读数 a 大于第二目标读数 b 时,则应在第一目标读数 a 上加上 360°。

(4)上、下半测回角值互差不应超过 ±40″,超限须重新观测该测回。

(5)各测回互差不应超过 ±25″,超限须重新观测。

(6)仪器迁站时,必须装箱搬运,严禁装在三脚架上迁站。

(7)使用中,若发现仪器功能异常,不可擅自拆卸仪器,应及时报告实训指导教师或实训室工作人员。

六、实训报告完成与上交

实训结束时,学生需完成实训报告(见表 6-1)并上交。

表 6-1　测回法测量水平角度观测手簿

天气:＿＿＿＿＿呈像:＿＿＿＿＿日期:＿＿＿＿＿仪器号码:＿＿＿＿＿观测者:＿＿＿＿＿

测站点	测回数	度盘位置	目标	水平度盘读数 (° ′ ″)	半测回角度值 (° ′ ″)	一测回平均值 (° ′ ″)	各测回平均值 (° ′ ″)

实训七　全圆测回法水平角观测

一、实训目的

(1)掌握全圆测回法水平角观测的方法,同时包括记录方法和计算方法。
(2)了解经纬仪按全圆方向法观测水平角的各项技术指标。
(3)进一步了解经纬仪的使用方法。

二、实训仪器与工具

(1)DJ_6 型光学经纬仪(或 DT_5 电子经纬仪)1 台、记录板 1 块、测伞 1 把、测钎或花杆 1 个。
(2)自备:铅笔、计算器。

三、实训内容

(1)练习经纬仪的对中、整平、瞄准及读数方法。
(2)练习全圆测回法水平角观测的方法。

四、实训步骤

(1)指导教师讲解,并示范观测步骤和注意事项。
(2)安置经纬仪,按照图 7-1 所示布点。
(3)正镜(盘左),瞄准零方向 C,顺时针依次照准目标 D、A、B、C(归零),读数。
(4)倒镜(盘右),瞄准零方向 C,逆时针依次照准目标 B、A、D、C(归零),读数。
(5)计算。

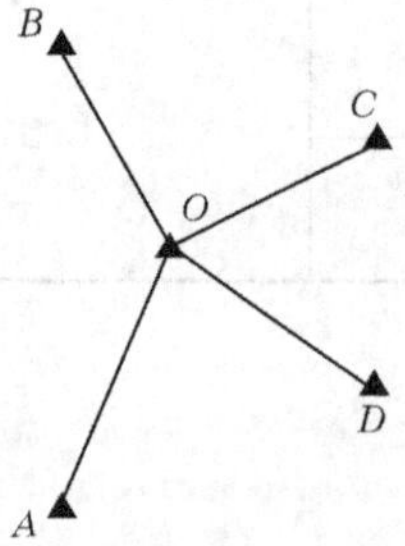

图 7-1

①归零差的计算:

分别计算盘左、盘右两次瞄准起始方向读数之差Δ(若Δ超限,应及时重测)。

②计算 $2c$ 值(两倍视准误差):

$$2c = \text{盘左读数} - (\text{盘右读数} \pm 180°)$$

若 $2c$ 超限,应及时重测。

③各方向平均读数的计算。

④归零后方向值的计算:各方向平均读数分别减起始方向平均读数。

⑤各测回归零后平均方向值的计算:各测回归零后方向值的平均值。

⑥水平角的计算:相邻方向值之差,即为相邻方向所夹的水平角。

五、实训注意事项

(1)爱护仪器,搬运工具时应小心轻放,不受震动和冲击;不横放或倒置;检查背带提环是否牢实;箱盖应扣好加锁。

(2)由箱内取出仪器时,应拿其坚实部分,如基座,不可提望远镜。

(3)仪器装在三脚架上以后,应检查是否确已装牢,否则不能松手。

(4)仪器安置以后,必须有人在仪器附近,不可离去,以免发生意外。

(5)在野外远距离搬移仪器时,应将仪器装在仪器箱内;近距离搬移时,应将仪器装在胸前:一手托住基座部分,一手抱住三脚架,切勿扛在肩上。

(6)在野外遇雨时,应把仪器套套上,或放入箱内。勿使仪器淋雨受潮。

(7)仪器如受雨淋,应立即擦干,再放在外面晾一会,不可立即装入箱内。如望远镜需要擦拭或仪器内进入雨水,则应送回仪器室处理,严禁自己动手拆、擦。

六、实训报告完成与上交

实训结束时,学生需完成实训报告(见表7-1)并上交。

表 7-1 全圆方向法测量水平角记录手簿

仪器号：__________观测地点：__________观测者：__________

日　期：__________天　　气：__________记录者：__________

测站	测回数	目标	水平度盘读数		2c =（左 −（右 ±180°））（° ′ ″）	平均读数 = 1/2（左 +（右 ± 180°））（° ′ ″）	归零后方向值（° ′ ″）	各测回归零后方向平均值（° ′ ″）	角度（° ′ ″）	备注
			盘左（° ′ ″）	盘右（° ′ ″）						
1	2	3	4	5	6	7	8	9	10	11
	1									
		A								
		B								
		C								
		D								
		A								
		归零差								
	2									
		A								
		B								
		C								
		D								
		A								
		归零差								

实训八 竖直角观测

一、实训目的

(1)了解竖直度盘的构造及注记方式。

(2)掌握竖直角测量的观测、记录和计算方法。

二、实训仪器与工具

(1)DJ_6 型光学经纬仪(或 DT_5 电子经纬仪)1 台、记录板 1 块、测伞 1 把、测钎或花杆 1 个。

(2)自备:铅笔、计算器。

三、实训内容

练习竖直角的观测、记录和计算。

四、实训步骤

(1)指导教师讲解竖直角测量的观测、记录和计算方法。

(2)光学经纬仪。

①领取仪器后,在各组给定的测站点上安置经纬仪,对中、整平,对照实物说出竖盘部分各部件的名称与作用。

②上下转动望远镜,观察竖盘读数的变化规律,确定出竖直角的推算公式,在记录表格备注栏内注明。

③选定远处较高的建(构)筑物,如水塔、楼房上的避雷针、天线等作为目标。

④用望远镜盘左位置瞄准目标,用十字丝中丝切于目标顶端。

⑤转动竖盘指标水准管微倾螺旋,使竖盘指标水准管气泡居中(有竖盘指标自动归零补偿装置的光学经纬仪无此步骤)。

⑥读取竖盘读数 L,在记录表格中做好记录,并计算盘左上半测回竖直角值 $\alpha_{左}$。

⑦用望远镜盘右位置瞄准同一目标,同法进行观测,读取竖盘读数 R,记录并计算盘右下半测回竖直角值 $\alpha_{右}$。

⑧计算竖盘指标差 $x=\frac{1}{2}(\alpha_{右}-\alpha_{左})=\frac{1}{2}(R+L-360°)$,在满足限差($|x|\leqslant 25''$)要求的情况下,计算上、下半测回竖直角的平均值 $\alpha=\frac{1}{2}(\alpha_{左}+\alpha_{右})$,即一测回竖角值。

⑨同法进行第二测回的观测。检查各测回指标差互差(限差 ±25″)及竖直角值的互差(限差 ±25″)是否满足要求,如在限差要求之内,则可计算同一目标各测回竖直角的平均值。

(3)电子经纬仪。

①竖直角在开始观测前就应根据测量需要进行初始设置。

设置竖直角 0°方向的位置:天顶方向为竖盘 0°位置或水平方向为竖盘 0°位置。

方法:同时按 CONS 键和 PWR 键,至 3 声蜂鸣后松开按键,仪器进入初始设置模式状态,显示器显示 ND 2000 / 110 11111。将下面一行 8 个数字中左起第三个数字设置为 0,表明选择天顶方向为竖盘 0°位置;设置为 1 表明选择水平方向为竖盘 0°位置。按 MEAS 键或 TRK 键可使闪烁的光标向左或向右移动到要改变的数字位;按▲键和▼键可改变数字。如果竖直角选择天顶方向为竖盘 0°位置,则显示器显示的"V"为天顶距,此时,竖直角可按与光学经纬仪相同的公式进行推算;如果竖直角选择水平方向为竖盘 0°位置,则盘左位置显示器显示的"V"为竖直角。仪器的默认设置为天顶方向为竖盘 0°位置,设置时可选择天顶方向为竖盘 0°位置。设置完成后,最后按 CONS 键予以确认。

设置竖盘指标零点补偿方式:自动补偿或无补偿。

方法:可与上面的设置同时进行,只要将 ND 2000 / 110 11111 下面一行左起第六个数设置为 1,表明选择了自动补偿;设置为 0,表明选择了无补偿。仪器的默认设置为自动补偿,设置时可选择自动补偿。设置完成后,最后按 CONS 键予以确认,仪器返回测量模式。

②在各组给定的测站点上安置电子经纬仪,对中、整平。

③开机后,显示器显示的竖盘值"V"为"0SET",提示应使竖盘指标归零。纵向转动望远镜使竖盘指标归零,"V"行显示出竖盘值(天顶距)后,表示竖盘指标归零完成。

④将望远镜盘左位置瞄准某一选定的目标,用十字丝中丝切于目标顶端,读取竖盘值 L,记录并在记录表格中计算盘左上半测回竖直角值 $\alpha_{左}$。

⑤用望远镜盘右位置瞄准同一目标,同法进行观测,记录并在记录表格中计算盘右下半测回竖直角值 $\alpha_{右}$。

⑥计算竖盘指标差 x,在满足限差($|x| \leqslant 10''$)要求的情况下,计算上、下半测回竖直角的平均值,即一测回竖直角值。

⑦同法进行第二测回的观测。在各测回竖直角值的互差(限差 ±25″)满足要求的情况下,计算同一目标各测回竖直角的平均值。

另外,在测角模式下测量竖直角还可以转换成斜率百分比。按 V% 键显示器交替显示竖直角和斜率百分比(斜率百分比 = $\tan\alpha \times 100\%$)。斜率百分比范围从水平方向至

±45°(±50 G),若超过此值则仪器不显示斜率值。

(4)读数。

(5)记录。

五、实训注意事项

(1)观测过程中,若发现气泡偏移超过一格,应重新整平仪器并重新观测该测回。

(2)光学经纬仪在一测回观测过程中,注意避免碰动复测扳手或度盘变换手轮,以免发生读数错误。

(3)计算半测回角值时,当第一目标读数 a 大于第二目标读数 b 时,则应在第一目标读数 a 上加上360°。

(4)上、下半测回角值互差不应超过 ±40″,超限须重新观测该测回。

(5)各测回互差不应超过 ±25″,超限须重新观测。

(6)仪器迁站时,必须先关机,然后装箱搬运,严禁装在三脚架上迁站。

(7)当显示器显示电池电量的符号由变为时,表示电量不足,应立即结束操作,更换电池。

(8)使用中,若发现仪器功能异常,不可擅自拆卸仪器,应及时报告实训指导教师或实训室工作人员。

六、实训报告完成与上交

实训结束时,学生需完成实训报告(见表8-1)并上交。

表 8-1 竖直角观测手簿

天气:__________ 呈像:__________日期:__________仪器号码:__________观测者:__________

测站	目标	竖盘位置	竖盘读数 (° ′ ″)	半测回竖直角 (° ′ ″)	指标差 (′ ″)	一测回角值 (° ′ ″)

实训九　钢尺量距

一、实训目的

掌握钢尺量距的方法。

二、实训仪器与工具

钢尺(30 m)1 副、标杆 3 根、测钎 1 组(6 根或 11 根)、斧子 1 把、木桩及小钉各 4 ~ 6 个、垂球 2 个,自备铅笔、小刀、记录板、记录表格等。

三、实训内容

用钢尺完成距离测量。

四、实训步骤

(1)指导教师指定场地和直线的两个端点。

(2)指导教师讲解,并示范钢尺普通量距的方法和要领。

(3)距离测量。

平坦地面上量距:

①测量。在 A、B 两点各竖一根标杆,后尺手执尺零端将尺零点对准点 A。前尺手持尺盒并携第三根标杆和测钎沿 AB 方向前进,行至约一尺段处停下由后尺手指挥左右移动标杆,使其在 AB 连线上(目测定线)。拉紧钢尺在整尺段注记处插下测钎 1;两尺手同时提尺及标杆前进,后尺手行至测钎 1 处。如前所做,前尺手同法插一根测钎 2,量距后后尺手将测钎 1 收起;同法依次丈量其他各尺段;到最后一个不足整尺的尺段时,前尺手将一整分划对准 B 点,后尺手在尺的零端读出厘米数或毫米数,两数相减即为余长。

②计算。后尺手所收测钎数(n)即为整尺段数,整尺段数(n)乘以尺长(l)加余长(Δl)为 AB 的往测距离,即 $D_{往} = nl + \Delta l$。

③返测。由 B 点向 A 点同法量测,即 $D_{返} = nl + q$。

④求往、返测距离的相对误差 K,$K = \frac{|\Delta D|}{D}$。若 $K \leqslant 1/3\ 000$,取平均值作为最后结果;若 $K > 1/3\ 000$,应重新丈量。同法丈量出其他线段的距离。

斜量法:

当地面坡度较大且较均匀时,可沿地面直接量出 MN 的斜距 L,用罗盘仪或经纬仪测

出 MN 的倾斜角 θ，按下式将斜距改算成水平距离 D。

$$D = L\cos\theta$$

(4)读数。

(5)记录。

五、实训注意事项

(1)使用钢尺时，不得在地面上拖拉，不得扭折、碾压和踩踏钢尺。

(2)不能将钢尺全部拉出尺架，以免拉断尺跟。

(3)钢尺用完后应擦拭干净以防生锈。

(4)注意定线员、前尺手、后尺手等操作人员的互相配合。

六、实训报告完成与上交

实训结束时，学生需完成实训报告(见表 9-1)并上交。

表 9-1　钢尺量距、距离测量

尺长方程式：$l_t = 50 + 0.005 + 1.25 \times 10^{-5} \times 50 \times (t - 20\ ℃)$

天气：__________日期：__________仪器号码：__________观测：__________

测段	往/返测	次数	钢尺读数		尺段长度（前减后）	温度(℃)	尺长改正数（m）	高差(m)	尺段平距（m）	相对误差 K	备注
			前尺读数	后尺读数		改正数（m）		改正数（m）			
	往测	1									
		2									
		3									
		往测平均									
	返测	1									
		2									
		3									
		往测平均									
	往测	1									
		2									
		3									
		往测平均									
	返测	1									
		2									
		3									
		往测平均									

实训十　视距测量

一、实训目的

(1)了解视距测量原理。

(2)掌握视距测量的方法。

二、实训仪器与工具

经纬仪 1 台、水准尺 1 根、小钢尺 1 把、计算器 1 个(自备)、记录板 1 个。

三、实训内容

练习经纬仪视距测量的观测与记录。

四、实训步骤

(1)在地面选定间距大于40 m 的 A、B 两点打木桩,在桩顶钉小钉作为 A、B 两点的标志。

(2)将经纬仪安置(对中、整平)于 A 点,用小卷尺量取仪器高 i(地面点到仪器横轴的距离),精确到厘米,记录。

(3)在 B 点上竖立视距尺。

(4)上仰望远镜,根据读数变化规律确定竖直角计算公式。

(5)望远镜盘左位置瞄准视距尺,使中丝对准视距尺上仪器高 i 的读数 v 处(即使 $v=i$),读取下丝读数 a 及上丝读数 b,记录,计算尺间隔 $l_{左}=a-b$。

(6)转动竖盘指标水准管微倾螺旋使竖盘指标水准管气泡居中(电子经纬仪无此操作),读取竖盘读数 L,记录,计算竖直角 $\alpha_{左}$。

(7)望远镜盘右位置重复第(5)、(6)步得尺间隔 $l_{右}$ 和 $\alpha_{右}$。

(8)计算竖盘指标差,在限差满足要求时,计算盘左、盘右尺间隔及竖直角的平均值 l、α。

(9)用计算器根据 l、α 计算 A、B 两点的水平距离 D_{AB} 和高差 h_{AB}。当 A 点高程给定时,计算 B 点高程。

(10)将仪器安置于 B 点,重新用小卷尺量取仪器高 i,在 A 点立尺,测定 B、A 点间的水平距离 D_{BA} 和高差 h_{BA},对前面的观测结果予以检核,在限差满足要求时,取平均值求出两点间的距离 D_{AB} 和高差 h_{AB}($h_{AB}=-h_{BA}$)。当 A 点高程给定时,计算 B 点高程。

上述观测完成后,可随机选择测站点附近的碎部点作为立尺点,进行视距测量练习。

五、实训注意事项

(1)读取竖盘读数时,应打开竖盘自动归零装置。
(2)水准尺应扶直。

六、实训报告完成与上交

实训结束时,学生需完成实训报告(见表 10-1)并上交。

表 10-1 视距测量记录、计算手簿

测站: A 测站高程:100. 123 m 仪器高:i = ______ 指标差 x =0

点号	上丝读数	下丝读数	中丝读数	KL	竖盘读数(° ′)	竖直角(° ′)	平距(m)	高差(m)	高程(m)

实训十一 全站仪距离测量

一、实训目的

(1)了解全站仪的构造和原理。
(2)掌握测量距离的方法和操作流程。

二、实训仪器与工具

全站仪 1 套、单棱镜 1 个、对中杆 1 个、记录板 1 个。

三、实训内容

练习全站仪的平距测量和斜距测量方法。

四、实训步骤

(1)教师选定场地基线两端,学生完成全站仪与棱镜的安置。
(2)在全站仪上进行设置。
(3)用全站仪照准棱镜并连续测量 3 次,读取 3 次斜距读数,并记录。
(4)人员进行交换,安置棱镜进行观测。

五、实训注意事项

(1)阳光下或雨天进行观测时及安置棱镜时要打伞,避免仪器直接在阳光下暴晒或被雨淋。

(2)仪器安置时必须确保上紧脚架上的连接螺旋,方可将固定仪器的手放开,防止仪器从脚架上摔落。

(3)实习操作过程中,按按钮及按键时动作要轻,用力不可过大及过猛。

(4)照准头切忌对向太阳,以防将发光及接收管烧坏。

(5)实习过程中仪器有棱镜要有人守候。

(6)切忌用手触摸棱镜及仪器的玻璃表面。

(7)应按事先安排好的实习步骤和观测顺序有秩序地进行,不得抢先哄挤,做到文明观测。

六、实训报告完成与上交

实训结束时,学生需完成实训报告(见表 11-1)并上交。

表 11-1　全站仪距离测量

天气:____________日期:____________仪器号码:____________观测者:____________

测段	次数	往测(m)	返测(m)	往返测平均值(m)	相对误差 K	备注
	1					
	2					
	3					
	平均					
	1					
	2					
	3					
	平均					
	1					
	2					
	3					
	平均					
	1					
	2					
	3					
	平均					
	1					
	2					
	3					
	平均					
	1					
	2					
	3					
	平均					
	1					
	2					
	3					
	平均					

实训十二　导线测量

一、实训目的

掌握闭合导线测量的观测、记录及计算方法。

二、实训仪器与工具

DJ_6型经纬仪1台、罗盘仪1台、水准尺2根、标杆2根、钢尺1副、测钎1组、斧子1把、油漆1小瓶、毛笔1支、计算器1台、坐标纸1张、三棱尺1把、木桩及小钉若干,自备铅笔、小刀、记录表格等。

三、实训内容

距离丈量、方位角测量、导线内角测量、高程测量、导线内业计算。

四、实训步骤

(一)外业观测

(1)选点。根据选点注意事项,在测区内选定4~6个导线点组成闭合导线,在各导线点打下木桩,钉上小钉或用油漆标定点位,绘出导线略图。

(2)量距。用钢尺往、返丈量各导线边的边长(读至mm),若相对误差小于1/3 000,则取其平均值。

(3)测角。采用经纬仪测回法观测闭合导线各转折角(内角),每角观测1个测回,若上、下半测回差不超过±40″,则取平均值。若为独立测区,则需用罗盘仪观测起始边的磁方位角。

(4)测高差。经纬仪测角的同时用视距法观测各相邻导线点间的高差,若高差闭合差不超限,则将其调整后,根据起点高程(可假定)计算其他各导线点的高程。

(5)计算角度闭合差和导线全长相对闭合差。外业成果合格后,内业计算各导线点的坐标。

(二)内业计算

(1)检查核对所有已知数据和外业数据资料。

(2)角度闭合差的计算和调整:

角度闭合差:$f_\beta = \sum\beta - (n-2) \times 180°$

限差：$f_{\beta容} = \pm 40''$

(3)坐标方位角的推算：$\alpha_{前} = \alpha_{后} + \beta_{左} - 180°$

坐标方位角计算时，应由起始边 α_{AB} 算起，再算回 α_{AB}，并校核无误。

(4)坐标增量计算：

$$\Delta X_{AB} = D_{AB}\cos\alpha_{AB};\Delta Y_{AB} = D_{AB}\sin\alpha_{AB}$$

(5)坐标增量闭合差的计算和调整：

纵坐标增量闭合差：$f_x = \sum \Delta X_{测}$

横坐标增量闭合差：$f_y = \sum \Delta Y_{测}$

导线全长绝对闭合差：$f = \pm \sqrt{f_x^{\ 2} + f_y^{\ 2}}$

导线全长相对闭合差：$K = \dfrac{f}{\sum D} = \dfrac{1}{\sum D/f}$

若 $K < K_{容}$，符合精度要求，可以平差。将 f_x、f_y 按符号相反、边长成正比例的原则分配给各边，余数分给长边。各边分配数如下：

$$V_{xi} = -\frac{f_x}{\sum D}D_i;V_{yi} = -\frac{f_y}{\sum D}D_i$$

分配后要符合：

$$\sum V_x = -f_x;\sum V_y = -f_y$$

(6)坐标计算：

若干与国家控制点联测，可假定起点坐标。

$$X_B = X_A + \Delta X_{AB};Y_B = Y_A + \Delta Y_{AB}$$

由 X_A、Y_A 算起，应再算回 X_A、Y_A，并校核无误。

(7)高差闭合差的计算与调整：

根据各边往、返测高差计算各边平均高差：$h = \dfrac{1}{2}(h_{往} + h_{返})$

计算高差闭合差：$f_h = \sum h$

计算高差闭合差的限差：$f_{h容} = \pm 40$ mm

若 $|f_h| \leqslant |f_{h容}|$，则将 f_h 按符号相反、边长成正比例分配给各边。

(8)高程计算：$H_B = H_A + h_{AB}$，由 A 点算起，应再算回 A 点，并校核无误。

(9)展点。根据所选比例尺大小及起点在测区位置，在坐标纸上绘出纵、横坐标线。根据各导线点坐标，将其展绘在图纸上，并将高程注于其旁。

五、实训注意事项

(1)相邻导线点间应互相通视，边长以 60 ~ 80 m 为宜。若边长较短，测角时应特别注意提高对中和瞄准的精度。

(2)在标尺上与仪器同高处做标记，当十字丝交点对准标记时，读取盘左时竖盘读数，可简化高差计算，即 $h=\frac{1}{2}kl\sin2\alpha$。

(3)若未与国家控制网联测，起点坐标及高程可假定，要考虑使其他点位不出现负值。

(4)导线测量的主要技术要求见表 12-1。

表 12-1　导线测量的主要技术要求

<table>
<tr><th rowspan="2">等级</th><th rowspan="2">符合导线长度(km)</th><th rowspan="2">平均边长(m)</th><th rowspan="2">往返丈量较差相对误差</th><th rowspan="2" colspan="2">测角中误差(″)</th><th colspan="2">测回数</th><th rowspan="2" colspan="2">方位角闭合差(″)</th><th rowspan="2">导线全长相对闭合差</th></tr>
<tr><th>DJ_2</th><th>DJ_6</th></tr>
<tr><td>一级</td><td>4</td><td>400</td><td>1/30 000</td><td colspan="2">±5</td><td>2</td><td>4</td><td colspan="2">$\pm10\sqrt{n}$</td><td>1/15 000</td></tr>
<tr><td>二级</td><td>2.4</td><td>200</td><td>1/14 000</td><td colspan="2">±8</td><td>1</td><td>3</td><td colspan="2">$\pm16\sqrt{n}$</td><td>1/10 000</td></tr>
<tr><td>三级</td><td>1.2</td><td>100</td><td>1/7 000</td><td colspan="2">±12</td><td>1</td><td>2</td><td colspan="2">$\pm24\sqrt{n}$</td><td>1/3 000</td></tr>
<tr><td>图根</td><td>1.0</td><td>不大于测图视距的1.5倍</td><td>1/3 000</td><td>取±30</td><td>首级±20</td><td></td><td>1</td><td>一般$\pm60\sqrt{n}$</td><td>首级$\pm40\sqrt{n}$</td><td>1/2 000</td></tr>
</table>

六、实训报告完成与上交

实训结束时，学生需完成实训报告(见表 12-2)并上交。

表 12-2　闭合导线坐标计算表

点号	观测角值 (° ′ ″)	改正数 (″)	改正后的角值 (° ′ ″)	坐标方位角 (° ′ ″)	距离 (m)	坐标增量		改正后的坐标增量		坐标值		点号
						Δx(m)	Δy(m)	$\Delta\hat{x}$(m)	$\Delta\hat{y}$(m)	$\hat{x}$(m)	$\hat{y}$(m)	
Σ												
辅助计算	$f_\beta =$ $f_D =$			$f_{\beta允} =$ $K_D =$		$f_x =$ $K_{容} = \frac{1}{5\,000}$			$f_y =$			

实训十三　三角高程测量

一、实训目的

(1)理解三高教程测量的原理。
(2)掌握三角高程测量的施测方法和计算方法。

二、实训仪器与工具

经纬仪1台、觇标、记录簿等。

三、实训内容

用三角高程测量的方法加密高程点。

四、实训步骤

三角高程测量是根据两点间的水平距离或斜距离以及竖直角,按照三角公式求出两点间的高差,如图13-1所示。

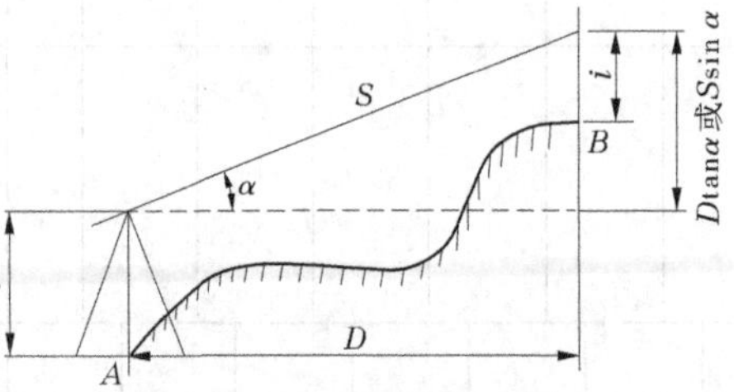

图13-1　三角测量原理

若测出 A、B 两点间的水平距离 D,则可以算出 A、B 两点间的高差 h_{AB},即

$$h_{AB} = D\tan\alpha + i_A - v_B$$

考虑球气差 $f = 0.43\dfrac{D^2}{R}$,式中,D 为两点的水平距离;R 为地球的平均半径,取值6 371 km。当两点水平距离 $D<300$ m时,其影响不足1 cm,一般规定当 $D>300$ m时,才考虑球气差的影响。考虑球气差后

$$h_{AB} = D\tan\alpha + i_A - v_B + f$$

若用测距仪测得 A、B 两点间的斜距 S,高差 h_{AB} 为

$$h_{AB} = S\sin\alpha + i_A - v_B$$

则 B 点的高程 H_B 为

$$H_B = H_A + h_{AB}$$

(1)安置经纬仪于测站 A 上,量仪器高 i 和觇标高 v,读数至0.5 cm,量取两次的结果

之差不超过 1 cm,取其平均值高差计入表 13-1。

表 13-1　三角高程计算

起算点	*A*		*B*	
待定点	*B*		*C*	
往返测	往	返	往	返
斜距 S	593.391	593.400	491.360	491.301
竖直角 α	+11°32′49″	-11°33′06″	+6°41′48″	-6°42′04″
$S\sin\alpha$	118.780	-118.829	57.299	-57.330
仪器高 i	1.440	1.491	1.491	1.502
觇牌高 v	1.502	1.400	1.522	1.441
两差改正 f	0.022	0.022	0.016	0.016
单向高差 h	+118.740	-118.716	+57.284	-57.253
往返平均高 $\bar{h}$	+118.728		+57.268	

(2)用经纬仪照准 *B* 点觇标顶端,观测竖直角。竖直角观测的相关技术要求见表 13-2。

表 13-2　竖直角观测的技术要求和记录计算取位

仪器型号	中丝法测回数	指标差	测回差	记录计算取位			
				读数(″)	竖直角(″)	高差(m)	高程(mm)
DJ_2	2	15	15	1	1	1	10
DJ_6	4	24	24	6	1	1	10

(3)将经纬仪搬至 *B* 点,同法对 *A* 点进行观测。

(4)高差及高程计算表。

三角高程测量,要进行测竖直角、量仪器高、量觇标高(棱镜高)几项工作。其技术要求见相关规范,其记录计算如表 13-1 所示。

五、实训注意事项

(1)爱护仪器。

(2)边长误差对三角高程的影响与竖直角大小有关,竖直角越大,影响越大。

(3)竖直角的观测应选择大气折光影响较小的阴天或中午进行较好。

六、实训报告完成与上交

实训结束时,学生需完成实训报告(见表 13-3)并上交。

表 13-3　三角高程测量

起算点	A		B	
待定点	B		C	
往返测	往	返	往	返
平距(D)或斜距(S)				
竖直角 α				
仪器高 i				
觇标高 v				
两差改正数 f				
高差				
平均高差				
起算点高程	360.00			
所求点高程				

实训十四　交会测量

一、实训目的

交会法测量是加密图根点的常用方法，尤其适合于测区内已知点较多而需要加密图根点较少的局部地区。通过本次实训掌握前方交会法加密控制点方法。

二、实训仪器与工具

全站仪 1 台、棱镜、三脚架、计算器、笔、记录簿等。

三、实训内容

已知 3 个点坐标，通过测量角度，完成两个三角形的前方交会，求出待测点坐标。

四、实训步骤

如图 14-1(a)所示，在已知点 A、B 处分别对 P 点观测了水平角 α 和 β，求 P 点坐标，称为前方交会。为了检核和提高 P 点精度，通常需从三个已知点 A、B、C 分别向 P 点观测水平角，如图 14-1(b)所示，分别由两个三角形计算 P 点坐标。

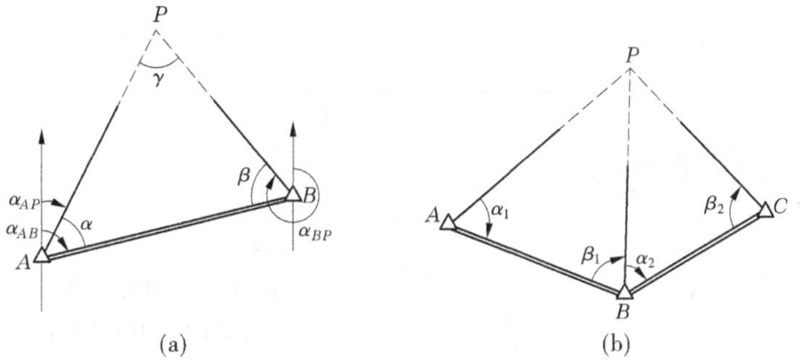

图 14-1　前方交会

应用 A、B 坐标(x_A, y_A)和(x_B, y_B)，在 A、B 两点设站，测出的水平角 α、β，直接计算 P 点坐标：

$$\left.\begin{aligned} x_P &= \frac{x_A\cot\beta + x_B\cot\alpha + (y_B - y_A)}{\cot\alpha + \cot\beta} \\ x_P &= \frac{y_A\cot\beta + y_B\cot\alpha + (x_B - x_A)}{\cot\alpha + \cot\beta} \end{aligned}\right\} \tag{14-1}$$

为了提高精度，在三个已知点上进行观测，得到 P 点的两组坐标，其点位较差为

$$\left.\begin{aligned}\delta_x &= x_{P1} - x_{P2}\\ \delta_y &= y_{P1} - y_{P2}\end{aligned}\right\} \tag{14-2}$$

根据点位较差计算 e 和 $e_{容}$，判别精度：

$$e = \sqrt{\delta_x^2 + \delta_y^2} \tag{14-3}$$

$$e \leqslant e_{容} = 2 \times 0.1M \tag{14-4}$$

通过计算，若满足 $e \leqslant e_{容}$，则精度合格。

五、实训注意事项

(1)爱护仪器。

(2)注意点位顺序。

六、实训报告完成与上交

实训结束时，学生需完成实训报告(见表 14-1)并上交。

表 14-1　前方交会计算表

点名	x		观测角		y	
A	x_A		α_1		y_A	
B	x_B		β_1		y_B	
P	x'_P				y'_P	
B	x_B		α_2		y_B	
C	x_C		β_2		y_C	
P	x''_P				y''_P	
中数	x_P				y_P	
略图	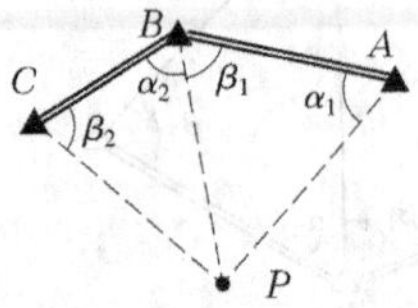		辅助计算	$\delta_x =$ $\delta_y =$ $e =$ 取 M 为 1 000，则有 $e_{容} = 2 \times 0.1M = 200\ \text{mm} = 0.2\ \text{m}$		

实训十五　全站仪施工放样(一)

一、实训目的

练习全站仪的坐标放样。

二、实训仪器与工具

全站仪 1 台、棱镜、测钎、计算器、笔、纸等。

三、实训内容

选择一块场地,根据教师所给图形,完成放样数据计算以及对图形的放样。

四、实训步骤

如图 15-1 所示,11 ~ 14 号的 4 个点为已知坐标,实地有标志,完成 1 ~ 10 号的 10 个点位的放样,完成后,实地拍图可作为放样作业上交。如缺少已知点位,可由教师根据实际情况进行处理。

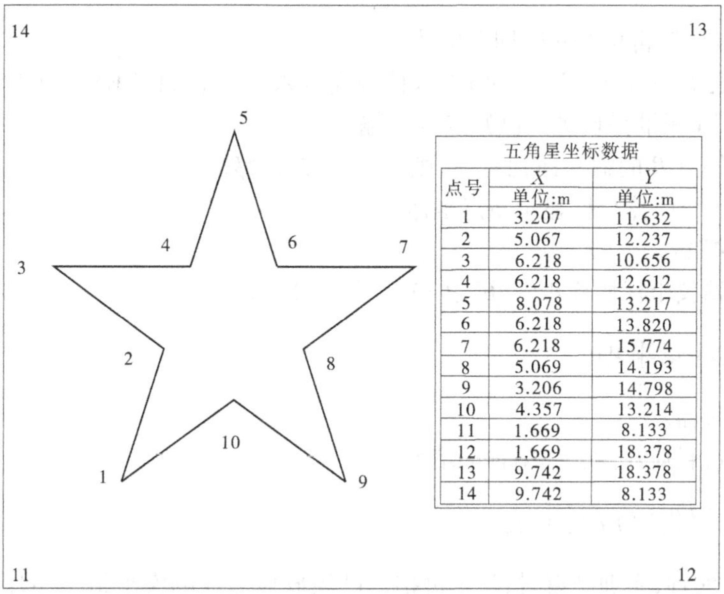

五角星坐标数据

点号	X 单位:m	Y 单位:m
1	3.207	11.632
2	5.067	12.237
3	6.218	10.656
4	6.218	12.612
5	8.078	13.217
6	6.218	13.820
7	6.218	15.774
8	5.069	14.193
9	3.206	14.798
10	4.357	13.214
11	1.669	8.133
12	1.669	18.378
13	9.742	18.378
14	9.742	8.133

图 15-1　全站仪坐标放样图及放样数据

全站仪坐标放样步骤:

(1)仪器调水平同经纬仪(忽略),开机后目镜转 360°使垂直过“0”。

(2)按“MENU”菜单进入模式。

(3)按“F2”:测量程序。

(4)按“S·O”。

(5)按“F3”坐标放样,选择一个文件(按“F4”跳过)。

(6)按“F1”输入测站点,按“F4”(坐标提示)依次输入“N(X)”“E(Y)”“Z”(忽略),全部输完按“ENT”(回车)。

(7)按“F2”后依次输入后视点,按“F4”(坐标)后桌面显示:输入“N(X)”“E(Y)”坐标值后照准棱镜后(仪器中发出声响)然后按“F3”(是)确定后进入坐标放样模式。

(8)按“F3”放样点:显示放样点名。按“F3”(坐标)桌面显示:“N(X)”“E(Y)”“Z”(忽略)依次输入 N、E 的坐标值,按“ENT”(回车)。

(9)照准棱镜,按“F4”继续,当 dHR(显示数值归零后)表明放样方向正确。

(10)按“F2”(距离)键。HD:实测的水平距离;dHD:对准放样点尚差的水平距离。

(11)按“F1”进行精测。dHR、dHD、dZ 均为 0 时,则放样点的测设已经完成。

(12)按“F4”继续下一个点的放样。

注:由建设方提供两点坐标后,如两点间有障碍物后无法施测,操作方法可采用后方交会法。

后方交会法:

(1)同基本操作全站仪坐标放样步骤(1)、(2)、(3)、(4)、(5)。

(2)按“F2”键,显示 F1:极坐标 F2:后方交会法。

(3)按“F2”(后方交会法)键。选择一个文件,按“ENT”回车键确认,继续按“ENT”回车确认。

(4)按“F1”键,再按“ENT”回车确认。

(5)输入已知点 A,按“F4”(是)进入棱镜高输入(忽略),按“ENT”回车确认,照准已知点 A,按“F1”(测量)键,进入已知点 B 的输入。

(6)对已知点 B 的输入,同上(5),则显示后方交会残差。

(7)按“F4”(计算)键,显示新点坐标。

(8)按“F4”键。

(9)同全站仪坐标放样步骤(6)、(7)、(8)、(9)、(10)、(11)。

五、实训注意事项

(1)爱护仪器。

(2)放样过程应注意合作精神的培养。

六、实训报告完成与上交

对于本次实训,实训结束时,学生可拍摄已经放样完成的实地情景照片,作为本次实训的作业并上交。

实训十六　全站仪施工放样(二)

一、实训目的

利用全站仪实地进行施工放样。

二、实训仪器与工具

全站仪 1 套(包括脚架)、棱镜、棱镜杆、记号笔、记录手簿、计算器。

三、实训内容

如图 16-1 所示,选择 100 m×35 m 的一个开阔场地作为实训场地, 先在地面上定出水平距离为 55 m、868 m 的两点,将其定义为城建局提供的已知导线点 A5、A6,其中 A5 同时兼作水准点。

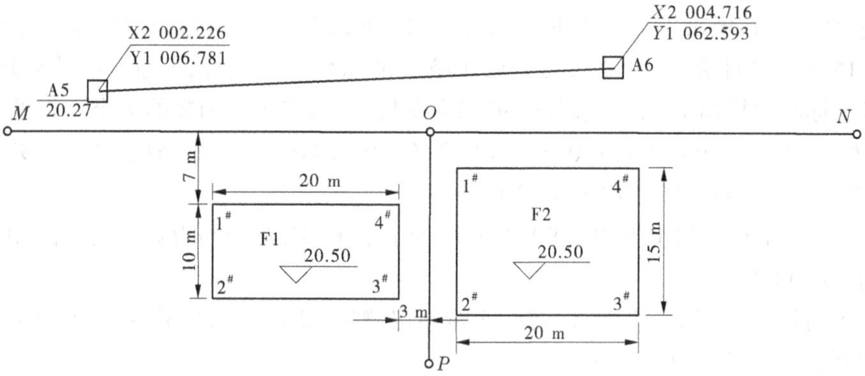

图 16-1

已知各点在城市坐标系中的坐标如下:

A5(2 002. 226,1 006. 781,20. 27),A6(2 004. 716,1 062. 593);

M(1 998. 090,996. 815),O(1 996. 275,1 042. 726);

N(1 994. 410,1 089. 904),P(1 973. 085,1 041. 808)。

四、实训步骤

(一)"T"形建筑基线的测设

根据建筑基线 M、O、N、P 四点的设计坐标和导线点 A5、A6 坐标,用极坐标法进行测设,并打上木桩。

测量水平角$\angle MON$、水平距离$MO(a)$、$ON(b)$，由公式$\delta=\frac{ab}{2(a+b)}\frac{1}{\rho}(180^\circ-\beta)$，计算出$\delta$值，在木桩上进行改正。

测量改正后的$\angle MON$，要求其与180°之差不得超过±24″，再丈量MO、ON距离，使其与设计值之差的相对误差不得大于1/10 000。

在O点用正倒镜分中法，拨角90°，并放样距离OP，在木桩上定出P点的位置。

测量$\angle POM$，要求其与90°之差不得超过±24″，再丈量OP距离，与设计值之差的相对误差不得大于1/10 000。

（二）根据建筑基线进行建筑物的定位

根据图中的待建建筑物F1与建筑基线的关系，利用建筑基线，用直角坐标法放样出F1的1#、2#、3#、4#四个角桩。

检查1～2个角桩的水平角与90°的差是否小于±30″，距离与设计值之差的相对误差不得大于1/3 000。

以A5高程（20.47 m）为起算数据，用全站仪测出F1的1#、2#、3#、4#四个角桩的填挖深度（F1的地坪高程为20.50 m）。

（三）根据导线进行建筑物的定位

设图中NOP构成的是建筑施工坐标系AOB，并设待建建筑物$F2$在以O点原点的建筑施工坐标系AOB中的坐标分别为1#（3，2）、2#（3，17）、3#（23，17）、4#（23，2），且已知建筑坐标系原点O在城市坐标系中的坐标为O（1 996.275，1 042.726），OA轴的坐标方位角为92°15′49″，试计算出1#、2#、3#、4#点在城市坐标系中的坐标，并在A6设测站，后视A5，用极坐标法放样出F2的1#、2#、3#、4#四个角桩。［参考答案：F2的4个角桩的设计坐标分别如下：1#（1 994.158，1 045.644）、2#（1 979.170，1 045.051）、3#（1 978.378，1 065.035）、4#（1 993.366，1 065.629）］

检查1～2个角桩的水平角与90°的差是否小于±30″，距离与设计值之差的相对误差不得大于1/3 000。

以A5高程（20.47 m）为起算数据，用全站仪测出F2的1#、2#、3#、4#四个角桩的填挖深度（F2的地坪高程为20.50 m）。

五、实训报告完成与上交

本次实训以实际操作为主，指导老师检查所放点的位置是否正确。

实训十七　全站仪坐标测量

一、实训目的

(1)掌握坐标测量基本原理。
(2)掌握利用全站仪进行坐标测量的外业工作程序与方法。
(3)掌握全站仪的基本操作方法。

二、实训仪器与工具

全站仪1套(包括脚架)、棱镜、棱镜杆、记号笔、记录手簿、计算器。

二、实训内容

(1)已知两个已知点坐标,测出待定点坐标。
(2)用全站仪测量出单一闭合导线。

四、实训步骤

(一)仪器的安置

(1)在实训场地上选择一点A6作为测站,另外找一点为后视点00,来测量另外4点01、02、03、04的坐标。

(2)将全站仪安置于A6点,对中、整平。打开电源,显示器初始化,检查电量,纵转望远镜,使显示器显示竖直度盘读数和水平度盘读数设置各种参数和测量模式。

(3)在后视点和要测量的点上分别安置棱镜。

(二)仪器的操作

在前面的设置工作结束并确认无误后,就可进行坐标测量工作了。开机→按“MENU”键→“F2”(数据采集)→“F1”(输入),输入一个文件名→“F4”(确定)→“F1”(测站设置)→“F4”(NEC)→“F1”(输入),输入测站点号A7→确定后输入测站坐标(N,E,Z),输入完后确定→“F3”(记录)→“F2”(后视设置)→“F1”(输入),输入后视点号00→“F2”(后视)→确定后输入后视点的坐标(N,E,Z),再确定输入方位角216°40′03″,确定→照准后视点确定后按“F3”(测量)来检测坐标是否正确→确定无误后按“ESC”退出→在坐标页面进行测量,分别测出4个点的坐标并记录。

(三)坐标测量计算公式:

坐标增量计算:

$$\Delta x_{AB} = S_{AB}\cos\alpha_{AB}$$
$$x_B = x_A + \Delta x_{AB}$$

$$\Delta y_{AB} = S_{AB}\sin\alpha_{AB}$$

$$y_B = y_A + \Delta y_{AB}$$

式中 x_A、y_A——测站的 x 轴、y 轴的数值；

x_B、y_B——测点的 x 轴、y 轴的数值；

Δx_{AB}、Δy_{AB}——测站坐标的 x 轴、y 轴的坐标增量。

α_{AB}——测点方位角。

五、实训注意事项

在测量过程中，应注意以下事项：

(1)每迁站一次，都应重新设置测站点坐标和仪器高。

(2)在测量过程中，如果需要改变棱镜高，则在仪器里面也要作相应的改变，才能测量出正确的高程值。

(3)在测量未知点坐标之前，一定要选择一个已知点作为检查点，在没有更多已知点作为检查点时，也可选择后视点作为检查点，以保证后续测量工作的正确性。

(4)在地形图测量工作中，需要测量大量的碎部点坐标，可以利用全站仪数据采集功能进行坐标测量。

六、实训报告完成与上交

本次实训以实际操作为主，教师可抽查学生的动手能力。

实训十八　经纬仪测绘法测绘地形图

一、实训目的

熟悉地形图成图的基本过程,掌握用经纬仪测绘法测绘地形图的过程。

(1)掌握极坐标测量碎部点的方法。

(2)掌握经纬仪测绘法测绘大比例尺地形图的作业方法与步骤。

二、实训仪器与工具

DJ_6 型光学经纬仪及脚架1套、视距尺1根、量角器1个、大头针几枚、绘图板一块、小钢尺1把。

自备:绘图铅笔(3H、4H各1支)、小刀1把、橡皮1块、计算器1个、图纸(绘图白纸)1张(35 cm×35 cm,需打好10 cm×10 cm的方格)。

三、实训内容

每个实训小组由5~6人组成。1人观测,1人记录,1人立尺,1人绘图,可轮流操作,每组测绘一小块1:500地形图,包括1个建筑物、1个花坛、1条道路、1个路灯、1个污水井盖,并用相应的地物符号表示,地物符号如图18-1所示。

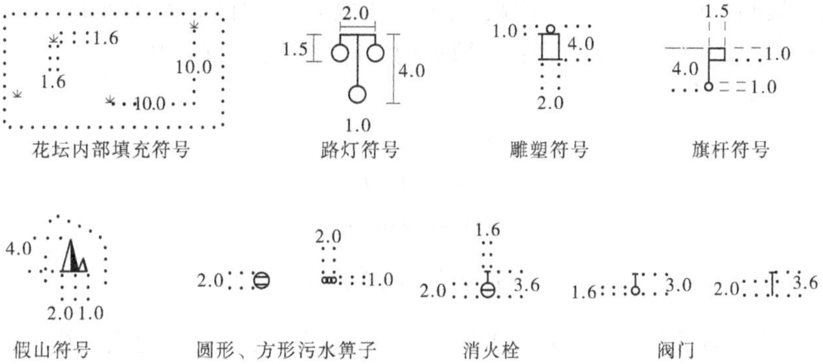

图18-1　地物符号　(单位:mm)

四、实训步骤

(1)两位同学在图纸上绘制方格网,按标准图幅绘制,即格网线的总长度为50 cm×50 cm,其中划分成5行5列共25个正方形格子,即每个格子的边长为10 cm×10 cm。确定方格网左下角的坐标为(600,500),标出所有坐标纵线和横线的坐标值,如图18-2所示。

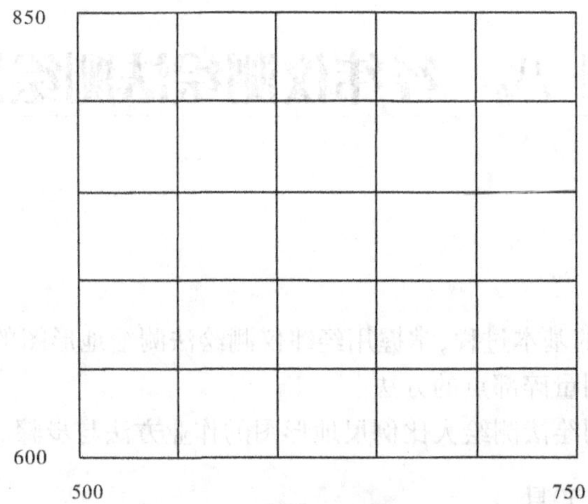

图 18-2

(2)其他同学在实训场地上选定通视良好的控制点 A、B,并用粉笔标定下来，要求 A、B 相距 50 m 左右,A、B 在同一东西方向上,B 点在西,A 点在东,假定 $A(700,625)$,$H_A=5.3$ m;$B(700,575)$,请把 A、B 点展绘在图纸上。

(3)以 A 点为测站点,安置经纬仪,对中、整平;量取仪器高 i。

(4)定向:在 B 点竖立标杆(或测钎、粉笔、铅笔等),用经纬仪盘左位置瞄准 B 点,并将水平度盘读数配置为 0°0′0″。

(5)在测站旁安置图板,在图纸上画出 AB 方向线(只需画出能在量角器上读数的一小段),用大头针将量角器圆孔中心钉在 A 点。

(6)跑尺员按一定路线选择地形特征点 P(如房屋、花坛角点、道路转折点灯)并竖立视距尺,观测员瞄准标尺读出上丝读数 a、中丝读数 v、下丝读数 b、水平度盘盘左读数 β,目标高对应的竖盘盘左读数 L。将相关数据记于碎部测量记录表中。

(7)计算人员计算出:

尺间隔 $$l=|a-b|$$

竖角 $$\alpha=90-L$$

视距 $$D=kl\cos^2\alpha$$

高程 $$H=H_A+\frac{1}{2}kl\sin 2\alpha+i-v$$

(8)绘图员转动量角器,使零方向线对准量角器上一刻划线,使刻划线的读数等于水平度盘读数 β,沿半圆仪直尺边按图上距离定出碎部点 P 的位置,在点的右侧标注其高程。

(9)同法测出其余碎部点,及时绘出地物,并对照实地进行检查。

(10)按地形图图式的要求,描绘地物和地貌,并进行图面整饰。

五、实训注意事项

(1)经纬仪的指标差应进行检验与校正,指标差应不大于 1′,否则应校正仪器。

(2)观测若干点后,经纬仪应进行归零检查,如偏差大于4′,应检查所测碎部点。

(3)应随测、随算、随绘,以防出错。

(4)绘碎部点时,应轻、细,定出碎部点后应擦去方向线。

(5)相近的碎部点,如高程变化较小,不必每点注记高程。注记字头朝北。

(6)选择碎部点应选择地物地貌特征点。

(7)小组成员轮流担任观测员、绘图员、标尺员、记录员等工种。

六、实训报告完成与上交

(1)每人上交实训报告,自己观测、记录、计算的数据写于实训报告中,并写明学号、所属组别及组内成员。

(2)每组上交:碎部测量记录表和1∶500地形图一张(组长把本组成员的报告收集在一起,碎部测量记录表和图形放在最前面,并在上面注明班级、所属组别、成员等,上交结果于班长,班长按学号排好实训报告,上交于指导教师)。

实训十九 土石方的测量与计算

一、实训目的

(1)熟练掌握土石方野外测量的方法。

(2)掌握土石方量内业计算的技巧。

二、实训仪器及工具

全站仪1台、计算机(带有成图软件,本项目以Cass 7.1为例)。

三、实训内容

(1)全站仪野外采集数据。

(2)室内内业计算土石方量。

四、实训步骤

(一)全站仪野外采集数据

土石方量测量外业采集方法等同于地形测图碎部数据的采集方法。

(二)内业计算过程

Cass 7.1成图软件中提供的土石方量计算的方法有方格网法土方计算、DTM法土方计算、断面法土方计算、等高线法土方计算等,如图30-1所示。这里是以方格网法土方计算、DTM法土方计算为例进行实训,其他方法由学生自行练习。

(1)方格网法土方计算。

方格网法土方计算是利用在图上的土方测算范围内绘小方格,先算出每一个方格内的填挖土方量再用累加的方法来进行场地平整的土方量计算。

操作过程:先在图上展点并用封闭复合线绘出要平整场地的范围,再执行本命令,在弹出的搜索文件对话框中给出计算用的高程坐标数据文件后依命令行提示操作。

软件提示过程:

选择土方计算边界线选中事先画好的边界线→输入方格宽度:(米) <20>输入方格的宽度→最小高程=××.×××最大高程=××.×××给出场地高程信息→设计面是:(1)平面(2)斜面(3)三角网文件 <1>选择场地平整方式。

若选1则提示:

输入目标高程:(米)输入目标高程→

显示计算结果总填方=×××.×立方米,总挖方=×××.×立方米

若设计面是斜面,则提示:

点取高程相等的基准线上两点,第一点:捕捉基准线的第一点
第二点:捕捉基准线的第二点→
输入基准线设计高程:(米)输入设计高程→
斜面的坡度为百分之几:输入设计坡度→
指定设计高程高的方向:用鼠标指定坡顶方向→
显示计算结果总填方 = ×××.×立方米, 总挖方 = ×××.×立方米
(2)由 DTM 计算土方量。

由 DTM 计算土方量是由 DTM 模型计算平整土地时的填挖土方量,系统将显示三角网,填挖边界线和填挖土方量,如图 19-1 所示。

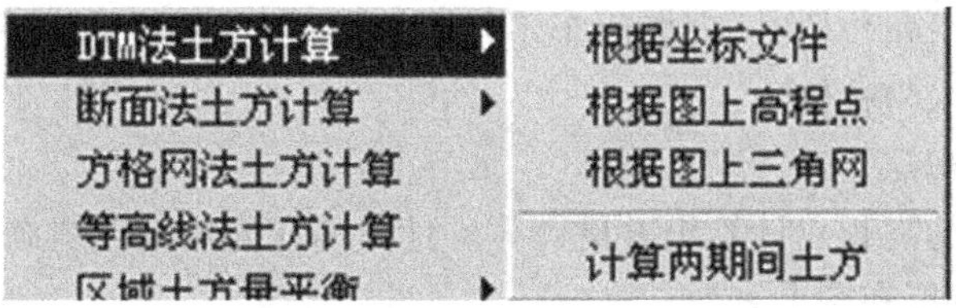

图 19-1　DTM 计算土方量子菜单

①根据坐标文件。

根据坐标数据文件和设计高程计算指定范围内填方和挖方的土方量,计算前应先用复合线画出所要计算土方的区域。

操作过程:点取本菜单命令后按命令行提示进行操作。

操作时应定显示区,并画出所要计算土方量的区域(用复合线画,不要拟合)。

软件提示过程:请选择:(1)根据坐标数据文件,(2)根据图上高程点,根据实际情况选择,然后选择土方边界线,选择填挖方区域边界,系统弹出如图 19-2 所示 DTM 土方计算土方参数设置对话框。其中,参数设置中包括平场标高、边界采样间距。选中复选框处理边坡,则系统可根据边坡参数来计算土方量。

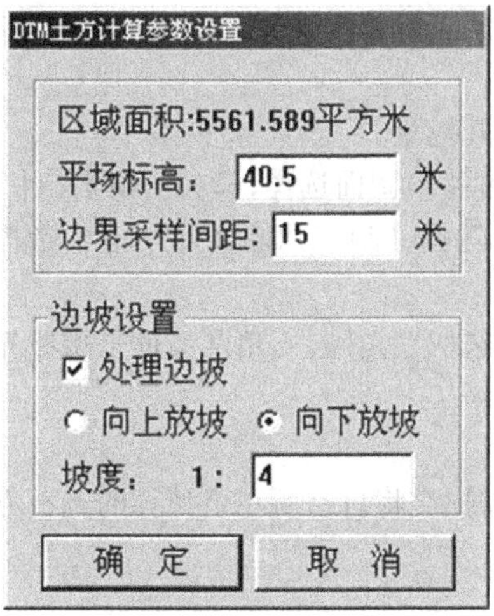

图 19-2　DTM 计算土方参数设置

确定之后系统会有信息提示,如图 19-3 所示。

图 19-3 CASS 信息提示

请指定表格左下角位置: <直接回车不绘表格> 指定表格的左下角的坐标,按鼠标左键确定或者是录入坐标值。

②根据图上高程点。

根据图上已有的高程点计算土方量计算。计算前应先用复合线画出所要计算土方的区域,并且将高程点展在图上。

操作过程:按系统提示完成操作即可。

软件提示过程:选择土方边界线。

请选择:(1)选取高程点的范围,(2)直接选取高程点或控制点<2> 选择土方计算区域,系统弹出如图 30-2 土方计算参数设置对话框。

请选取建模区域边界: 选择土方计算区域,系统弹出填挖土方量信息提示框。

请指定表格左下角位置: <直接回车不绘表格>

③根据图上三角网。

软件提示过程:平场标高(米): 输入设计高程。

请在图上选取三角网: 用鼠标点取要进行计算的三角网,可拉对角线批量选取。

回车之后,系统弹出填挖方量信息提示。

当自动生成的三角网无法正确表示计算土方区域时采用本方法。

④计算两期间土方。

计算一工程前后的土方开挖量。

操作过程:第一期三角网:(1)图面选择,(2)三角网文件 <2>选择开挖前的三角网

第二期三角网:(1)图面选择,(2)三角网文件 <1> 选择开挖后的三角网

系统弹出信息提示框。

图面选择是在图上直接选取三角网,三角网文件是指原先导出的三角网文件。

五、上交资料

实训结束后,每位同学需提交将自己所在组计算的土石方量数据。